天下文化
BELIEVE IN READING

科學天地 175

深入最禁忌的消化道之旅

Gulp:
Adventures on the Alimentary Canal

by Mary Roach

瑪莉·羅曲 —— 著
黃靜雅 —— 譯

深入最禁忌的消化道之旅 目錄

獻給莉莉和菲比，還有我的兄弟利普

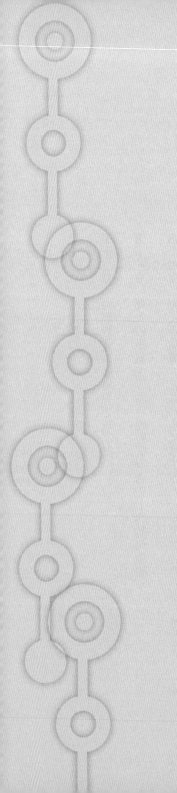

自序

告訴你所有好玩，又有一點點噁心的消化道妙聽聞

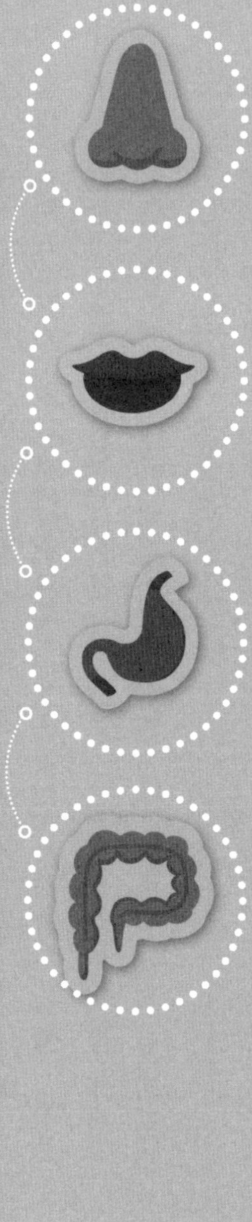

一九六八年，在加州大學柏克萊分校，有六位年輕人做了一件非比尋常且史無前例的事。儘管當年有特殊的時空背景與社會氛圍，但這件事跟不合作主義（非暴力抗爭）或迷幻藥物都扯不上關係。由於事發現場在營養科學系，我甚至無法確定這群人是否穿著喇叭褲或留著古怪的鬢角鬍。我只知道很粗淺的實情：這六個年輕人進入了代謝實驗室，在裡面待了兩天，測試以死細菌製成的食品。

當時太空探索的狂熱伊始，美國航太總署（NASA）一心想飛上火星。假如太空船裝載了兩年飛行任務所需的食物，保證會重到無法發射升空。因此急需研發所謂的「生物再生」菜色，也就是說要用太空人的排泄物成分來養出食物。這六個年輕人寫出的論文，標題為〈人類對以細菌為食的不耐性〉，巧妙的為此研究下了結論。撇開受測者H歷經的嘔吐、暈眩，以及十二小時內的十三次排便，單以美學來說，就應該停止進一步的研究。他們把淺灰色的產氣桿菌（*Aerobacter*）弄成泥漿狀上菜，據說黏糊糊的令人反胃。而H桿菌（*H. eutropha*）則是有一種「鹵素味」。

某些圈內人對這件事很不以為然。我在一篇研究太空合成食品的文章裡發現這段話：「男人女人……不是在攝取養分而是在進食。不僅如此，他們……是在享用三餐。心思單純的生化學家或生理學家似乎覺得飲食這種人類行為無關緊要，甚至有點無聊，但它依然是人類處境中根深柢固的一部分。」

這個論點很到位。柏克萊這群人似乎是找答案找過頭，而少了一點定見。當你可以辨識出路燈的味道時，這個實驗營養學就該暫時休兵了。不過，我想為這些「心思單純的生化學家或生理學家」說句公道話（身為作家，我還得靠這些人過活哩）。這些科學家專門對付沒人想過的問題——或沒人敢問的問題。例如：胃的研究先驅博蒙特（William Beaumont）（第四、五章）曾把舌頭伸進實驗者胃裡的胃瘻管；瑞典醫生基艾貝格（Algot Key-Åberg）（第十章）用餐椅撐住屍體來研究胃容量；馬尚地（François Magendie）（第十三章）是鑑別腸道氣體化學成分的第一人，他為研究增色，靠的是上斷頭台時最後一餐還正在消化的四個法國囚犯；費城的消化不良專家梅茲（David Metz）（第九、十章），幫能一口吃下兩份熱狗的大胃王拍X光片，看看對於消化不良能有什麼大發現；當然，還有那群柏克萊的營養學家，他們把細菌舀到餐盤裡，然後像緊張兮兮的廚師一樣往後退，看看會發生什麼事情。那頓飯是砸鍋了，不過整個實驗不論是好是壞，卻是本書的靈感來源。

說到關於吃的文學作品，在烹飪的喧鬧聲中，科學總是沒沒無聞。如同以「金縷般華貴的愛」來包裝「性」，我們也用「精緻的烹調和美食鑑賞」來包裝「維生的需要」。我超愛費雪（M. F. K. Fisher）❶及美食記者崔林（Calvin Trillin）的作品，但我也欣賞列維特（Michael Levitt）（第十二、十三及十四章）的〈胃腸脹氣病患之研究〉、道爾頓（J. C.

Dalton）（第八章）的〈蛞蝓能否存活於人類胃部之實驗調查〉，以及強森（P. B. Johnsen）的〈養殖鯰魚風味描述詞庫〉。我可沒說我不喜歡享用美食喔。我的意思是：人類的身體裝備（還有研究這些裝備的可愛怪咖研究員），和我們精心完成的上相擺盤一樣有意思。

民以食為天。世間男女都要吃東西，也都要攝取養分。他們把食物碾碎、塑型成一團濕濡的丸子，藉由一波接著一波的連續收縮，輸送到會自動揉壓的鹽酸袋裡，再倒進管狀的瀝濾場所，就在這裡，食物丸轉化成人類史上最難以啟齒的禁忌。午餐只不過是序幕。

我的人體解剖學簡介還少了一大部分。少了什麼呢？少了克拉夫林（Claflin）老師科學教室裡那尊無頭、無四肢的塑膠人體模型❷。它的胸腔骨架早已不知去向，彷彿曾慘遭不可告人的工傷意外，只留下整組駭人的可拆式器官。人體模型擺在教室後方的桌子上，每天忍受小學五年級生無情的把內臟反覆拆解與重組。這本來是想讓小朋友認識自身內在構造，結果卻事與願違。器官就像拼好的拼圖一樣，井然有如肉攤上的貨色❸。消化道分成好幾段，食道和胃分離，胃和腸子也不在一起。比較理想的教具，應該是幾年前在網際網路上廣為流傳的連結消化道：一根管子，從嘴巴一路通到直腸。

但管子並不是消化道最正確的比喻，因為管子有「從頭到尾都相同」的意涵。消化道比較像列車式公寓（railroad flat）：長型的建築物裡，房間開口連著另一個房間，但是每個房間都有獨特的外觀和用途。就像你絕不會把廚房和臥室搞混，從「消化道裡的小小旅行者」的觀點來看，你也不至於把嘴巴、胃和結腸搞混。

我曾經以「消化道裡的小小旅行者」觀點在管子裡旅行，辦法是利用膠囊內視鏡（pill cam，超小型的數位攝影機，形狀如超大顆的綜合維他命）來進行。膠囊內視鏡記錄旅程，就像時下年輕人用智慧型手機不停拍攝一樣，內視鏡一路移動、一路拍下沿途風光。胃裡面的影像是一片陰鬱的綠，攙雜幾許漂浮的渣滓，很像「鐵達尼號」紀錄片的畫面。幾個小時後，除了最頑強的食物碎塊（和膠囊內視鏡）之外，胃酸、酵素（或稱酶）伴隨胃部肌肉的翻騰攪動，把食物都分解成稀粥狀的食糜。

最後，連膠囊內視鏡也跟著隨波逐流。當它突破幽門（從胃進入小腸的門戶），場景陡然驟變。小腸壁的顏色粉紅如香腸，布滿約莫毫米長、密密麻麻的突起，稱為絨毛。絨毛可增加養分吸收的表面積，作用就像毛巾布上的小圈圈那樣。相形之下，結腸內表面光滑閃亮如保鮮膜，絕不適合拿來當浴巾。結腸和消化道最末端的直腸，是主要的排泄物綜合管理區，負責儲存排泄物並抽乾它。

克拉夫林老師的人體模型教具並沒有指出器官的功能，也看不到器官的內表面。小腸和直腸糾結成一團，像是被摔到牆壁上的大腦。然而，我還是欠那傢伙一份感恩之情。即使它只是塑膠做的，但在它的肚皮裡探險，便足以揭開生命的神祕面紗。我幼小的心靈既震撼又佩服，「自己的血肉身軀裡也存在同樣的奧妙世界」，一想到這，更讓我心醉神迷。五年級教室是我的生命轉捩之地，在那裡，好奇心戰勝了噁心、恐懼心（或其他什麼心），讓我從此徹底開竅。

早期的解剖學家無疑都具有好奇心。他們深入人體探索，彷彿開發未知的新大陸。身體各部位的命名就像是某種地形組成：甲狀腺峽、胰小島、骨盆上下口和骨盆入口等。有好幾個世紀，消化道的英文就是「供給營養的運河」（alimentary canal）。想像一下，你的晚餐正沿著一條靜謐蜿蜒的水道漂流，這樣的畫面多麼宜人啊。消化與排泄不再令人感覺不適或厭惡，倒像是在萊茵河上巡遊般愜意。這種探索未知的興奮感、在陌生異域旅行的驚喜和愉悅感，正是這本書想要撩動的心情與思緒。

這可需要費點工夫。一般人對消化的普遍心態是嫌惡。有些人（厭食症患者）光想到身體裡的食物，就厭恨到無法進食。印度婆羅門教傳統儀式上，唾液是很嚴重的不潔物，只要嘴唇沾到一丁點唾沫星子，就算是大不敬。我還記得為了寫前一本書，曾訪問一位NASA公共事務部門的職員，他負責NASA電視螢幕的串流選播。攝影鏡頭通常都停留在飛行任務控制中心，看著人員進進出出，假如看到某人正在座位上吃午餐，鏡頭很快就會轉掉。在餐廳裡，宴飲的歡樂讓我們分心，不會察覺在生物面現實狀況下，正進行「營養攝取與口腔處理」。然而，獨自吃著三明治的人看起來，無非就是「正在滿足生理需求的生物」。其他的生理需求也一樣，我們都寧可不要被看到。攝食，或其他討人厭的相關動作，就像交配、死亡一樣讓人忌諱。

這些忌諱倒是對我的工作有好處。消化系統深處蘊藏著豐富的傳奇故事，大都未經發掘。一堆作家為大腦、心臟、眼睛、皮膚、陰莖、女性生理構造，甚至頭髮❹著書立傳，卻從未有人寫過腸子。從嘴巴一路到胃腸，我全包了。

好吃的東西吃了一口，就會忍不住從頭吃到尾，這本書也會讓你想從頭讀到尾。它雖不是實用的健康教育讀本，卻必定能滿足你對消化系統求知若渴的好奇心，內容毫無壓力，容易消化。充分咀嚼可以降低國債嗎？如果唾液充滿細菌，為什麼動物要舔自己的傷口？自殺炸彈客為什麼不把炸彈暗藏在直腸裡？為什麼胃不會把自己消化掉？脆脆的食物為什麼吃起來很「續嘴」？便祕會不會要人命？貓王是否死於便祕？

有時候你會不相信我，不過，我真的沒打算讓人反胃。我想方設法非常努力，試著盡量克制。我聽過「便便報導網」www.poopreport.com，但忍住沒去瀏覽。我在某篇論文的參考文獻裡，不小心瞄到〈生病刺蝟的排泄物臭味化解了壁蝨的嗅覺吸引力〉這篇文章，也忍住想要訂閱的衝動。我不想聽你說：「這真是噁心死了。」而是想聽你說：「我還以為這會很噁心，想不到這麼好玩。」呃……可能還是會有一點點噁心啦，哈哈！

注釋

❶譯注：費雪（一九〇八—一九九二）是當代飲食文學的傳奇人物，著有《飲食之藝》（*The Art of Eating*）、《普羅旺斯的兩個廚房》（*Two Kitchens in Provence*）、《牡蠣之書》（*Consider the Oyster*）等書。

❷類似的人體模型產品至今猶存，例如「頭部可拆卸之雙性人體模型」和「豪華版人體模型（十六件裝）」之類的，為教材目錄增添了連續殺人魔與性侵罪犯的驚悚感。

❸其實，內臟比肉類還要麻煩，幾世紀以來，大家都低估了這個事實。維多利亞時代特別重視規律秩序，結果使調整「器官錯位」演變成一門醫療診斷學。誤導醫生的並不是塑膠人體模型，而是屍體和手術病患，由於屍體與病患都是平躺著，器官位置因此偏高。X光問世後，病患都坐著照X光，五臟六腑順勢下滑，因而衍生出把「下垂的器官」重新歸位的風潮，數以百計的人體器官莫名其妙被往上拉、縫回所謂的原位。

❹李納德（Charles Henri Leonard）於一八七九年寫了《頭髮》（*The Hair*）這本書。由於這本書，我才知道有人把總統的頭髮裱框展覽，陳列在美國國家歷史博物館，與第一到第十四任總統的遺物共同展示，其中包括亞當斯（John Quincy Adams）總統遺留下的一副黃灰色、粗糙、相當罕見的鎖。李納德本人不算頂怪咖，他算出「兩百位觀眾中，任何一位用整頭的頭髮（正常生長的髮量）編成繩索，就可以支撐全體的重量」。我雞婆的加注：「使得劇院這一夜更加難忘。」

第一章　鼻子的功能

品嘗味道和味覺沒太大關係

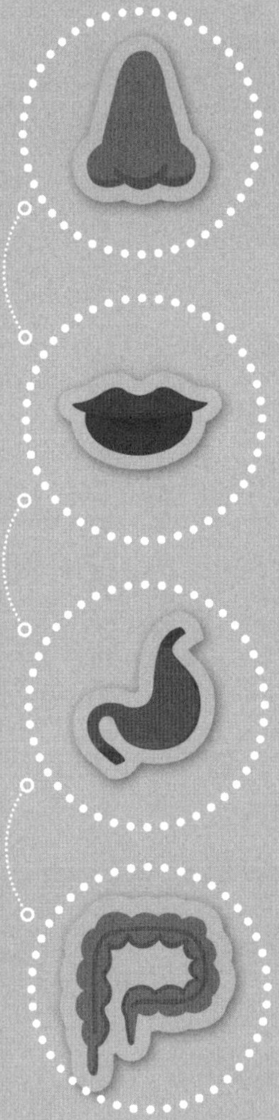

這位感官分析師的座騎是哈雷。讓她愛上騎重型機車兜風的原因當然很多，但是蘭斯塔夫（Sue Langstaff）告訴我，其中有一樣是空氣，是那戶外甜美無比的空氣灌進鼻子的感覺。那是一股巨大、持續不斷、被動的嗅聞❶。這就是小狗老愛把頭伸出車窗的原因，狗狗可不是為了享受「風吹狗毛飛」的飄逸感。如果你的鼻子像狗或像蘭斯塔夫一樣敏銳，就會以嗅覺來看風景。在美國加州二十九號公路，從納帕到聖海倫娜之間的路段，聞進蘭斯塔夫鼻子裡的風景有：剪過的草地、葡萄酒廠觀光火車頭的柴油、灑在葡萄上的硫磺、寶緹嘉義大利餐廳的大蒜、納帕河退潮時的腐爛蔬菜、戴普托斯酒桶廠的烤橡木、卡萊斯托加礦泉浴池的硫化氫、高特漢堡得來速服務的燒肉和洋蔥、白廳巷酒廠開放式發酵桶的酒精蒸發、葡萄園耕耘機揚起的泥土、芥末美式燒烤店的燻肉，以及糞肥與乾草。

品嘗味道，就以「品酒」和蘭斯塔夫在品評某種產品時的行為來說，主要就是在聞味道。精確的字彙應該是**識味**（flavoring），跟**嘗味**（tasting）、**聞味**（smelling）一樣，都當動詞用。滋味是「味覺」（舌頭表面的感覺輸入）與「嗅覺」的綜合產物，但大部分是後者。人類可感知五種味覺：甜、苦、鹹、酸和鮮味，以及數不清的嗅覺。吃東西的感官經驗，有八〇%到九〇%來自嗅覺。蘭斯塔夫就算沒有舌頭，仍然可以相當準確的做好她的工作。

她的工作是感官的辯證。「人家跑來跟我說：『我的酒有臭味，是怎麼了？』」蘭斯塔夫能夠解讀臭味。以行家的口吻來說，「走味」或「變味」是癥結所在。橄欖油有麥草或乾草味，問題可能在於乾掉的橄欖。啤酒有「醫院味」，表示釀酒商可能使用了加氯消毒的水，即使只是用這種水來沖洗設備。「皮革味」與「馬汗味」的酒則是用了敗壞酵母 *Brettanomyces*。

鼻子是人肉氣相層析儀。當你咀嚼食物，或把酒含在溫暖的嘴裡，芳香氣體就會散發出來。呼氣時，這些揮發的香味飄送過嘴巴後方的鼻孔內後側❷，連結到鼻腔上端的嗅覺接收器。（內部聞味的專有名詞稱為「鼻後嗅覺」，而一般較熟悉、藉由鼻孔較外側來嗅聞香味的方式，則稱為「鼻前嗅覺」。）聞到的訊息會上傳到大腦，由大腦進行掃描比對。行家的鼻子跟一般人不同之處，並非僅在於對某種食物或飲料中諸多香味的敏銳度，更在於區分、辨別這些香味的能力。

例如，蘭斯塔夫嗅聞了一種名為Noel的烈性黑啤酒，指出其中有：「櫻桃乾、糖蜜——嗯，是黑糖蜜。」就是這麼神。我們正在加州奧克蘭的「啤酒革命」（這是一家酒貨供應充足、以蘭斯塔夫的啤酒走味輪標準來說，是略帶臭鼬味❸的酒吧），我在那裡有間辦公室（位在市區，不是在酒吧裡），蘭斯塔夫則剛好有親人到附近醫院。她可以喝一杯，我們叫了四杯，因為要用來做示範。

通常蘭斯塔夫並不健談。她說起話來聲音低沉、慢條斯理，不太加重語氣或用驚嘆句。好不容易她問了我一句：「瑪莉，妳要哪一杯啤酒？」當她的鼻子湊近其中一杯酒，似乎觸動了某個開關。她坐得更挺，說話速度也快了些，興趣和專注讓她整個人亮了起來。「這我聞起來也像是營火。有煙燻味，像木頭，是燒焦的木頭。像杉木箱、雪茄、菸草、深色的東西、冒煙的夾克。」她喝了一口酒，「現在我嘴巴裡有巧克力的味道。有焦糖、可可粒……」

我聞了聞啤酒。喝一口，在嘴裡漱了漱，卻什麼感覺也沒有。我可以感受到它很強烈、很複雜，但卻辨認不出任何成分。為什麼我做不到？為什麼很難找到字眼來形容滋味和氣味？這是因為：嗅覺和其他感官不同，它是不自覺的。氣味的訊息輸入直達情感和記憶中心，蘭斯塔夫對於某種氣味或滋味的第一印象，可能是閃現出某種顏色、影像、感覺暖意或涼意，而不是冒出某個字眼。比如在Noel黑啤酒中想到冒煙的夾克、在有啤酒花與松脂香的印度淡啤酒中，感受到聖誕樹。

這也因為人類的視覺裝備優於嗅覺裝備。我們處理視覺輸入的速度比嗅覺快十倍。視覺和認知信號輕易贏過嗅覺信號，二〇〇一年在法國塔朗斯的波爾多大學，一位感官科學家和一組釀酒學家完美展示了共同研究的成果。實驗找來四十五位釀酒系學生，要求他們用標準的葡萄酒風味描述詞來形容一款紅酒和一款白酒。品酒到了第二輪，白酒仍是同一款，配對的紅酒則是把這款白酒偷染成紅色來混充。（事先已測試過，確定紅色染料不會影響風味。）結果在描述染紅的白酒時，學生不再使用第一輪中用來形容白酒的描述詞，而改用一些紅酒專用的描述詞。「由於視覺訊息，」作者寫道：「使品酒人對嗅覺訊息打了折扣。」他們以為自己品嘗的是紅酒。

氣味和滋味的用語詞彙並非與生俱來。嬰兒時期，我們看見東西、說出名字，以此來學習講話。「嬰兒指著燈，媽媽說：『這是燈』，」費城蒙乃爾化學感覺中心的生物心理學家倫德斯特倫（Johan Lundström）說：「嬰兒聞到氣味，媽媽卻什麼也沒說。」我們一生都經由視覺來溝通。沒有人會說：「在聞到『煮熱狗的味道』時左轉。」但蘭斯塔夫或許是例外。

酒吧適逢減價時段，人潮愈來愈多。嘈雜聲中，蘭斯塔夫說：「在我們的社會裡，認識顏色很重要。」我們必須知道綠燈和紅燈的差別，但是辨別苦與酸、臭鼬味與酵母味、柏油味與燒焦味就沒那麼重要。「誰理它，反正這些味道都很糟。不過如果你是釀酒人，這就非常重要了。」釀酒人透過長期浸淫，逐漸琢磨出重點並深化自我的體認。藉由嗅聞、比對成批成堆的酒和各種成分，他們學會如何說這套「味語」——風味的語言。「這就如同聽管弦樂團演奏。」蘭斯塔夫說。一開始你聽到的是整體的聲音，但是仔細聽、聽久了，等你學會解構音樂，就會聽出巴松管、雙簧管、弦樂部分等等❹。

嗅覺和音樂一樣，有些人似乎生來就有天分。也許他們身上的嗅覺接收器比較多，或大腦的迴路結構跟人家不一樣，搞不好兩者都是。蘭斯塔夫小時候喜歡嗅聞父母的皮製品。「皮包、公事包、皮鞋，」她說：「我是個奇怪的小孩。」我的皮夾放在桌上，想都沒想我就拿起來湊到她的鼻子前。「嗯，很好，」她說，不過我沒看出她在嗅聞。工作上這種要猴戲的事情已經讓她有點煩了。

即使蘭斯塔夫不否認基因差異可能有關係，但她相信感官分析靠的主要還是練習。外行人和新手可以從訓練工具著手，例如「酒鼻子葡萄酒鑑賞訓練組」，這是許多小瓶裝的參考成分組合：以各種化學樣本合成出的天然風味。

簡單說明一下關於化學成分和風味。自然界所有的風味都是化學成分構成的，食物就是化學成分組成的。有機、在叢黃、加工或未加工、素食或葷食，全部都是化學成分造成的。新鮮鳳梨的特有香氣？3-甲硫基丙酸乙酯，搭配上內酯類、碳水化合物以及醛類。剛切片黃瓜的鮮美香味？2E, 6Z-壬二烯醛。成熟西洋梨難以掩蓋的芳香？（2E, 4Z）-2, 4-癸二烯酸烷基酯。

在我們的桌子上，有四杯各為半品脫的酒，蘭斯塔夫比較喜歡最淡的草莓小麥啤酒。我最喜歡IPA（印度淡啤酒），但是對她來說，IPA不是「坐下來單品」的啤酒。她會邊喝IPA邊吃東西。

蘭斯塔夫在啤酒釀造業做了二十幾年的感官顧問，還曾兩次擔任丹佛的美國啤酒節評審。我問她，如果必須從IPA和百威啤酒之間選一種的話，她現在會選哪一種？

「我選百威。」

「不會吧！小姐。」

「就是！」今天下午她第一次爆出驚嘆號。「大家都不屑喝百威。其實百威釀得極好。它純淨、清涼提神。如果你割完草，想喝點什麼來提神解渴，你就不會想喝這個。」她指著IPA說。

在我今天帶來的「啤酒風味描述」詞典的詞彙裡，蘭斯塔夫只用到其中的兩個詞來形容百威：麥芽味及麥汁味。她提醒我，繁複的形容詞與酒的品質不能畫上等號。「妳在酒瓶、葡萄酒雜誌上看到的那些東西，都堆疊了許多形容詞吧？那不是感官品評，而是行銷手法。」

與個人的喜好、眼光一樣，味道也是主觀的。它稍縱即逝，是由潮流與時尚塑造出來。嘴巴與鼻子占一分，自我意識占兩分。即使是品評專家認為「欠味」的味道，也可能變成「超凡風味」的表示。蘭斯塔夫提到，北加州有一家小型啤酒廠，就是添加某些具有腐敗變質作用的菌種，刻意把啤酒釀得不盡完美。無論是經由大量接觸或意欲領先潮流，人人都可以培養出對任何東西的愛好。假如能開始喜歡林堡乳酪（Limburger cheese）的臭腳丫味，或者榴槤如死屍般的臭味，就能開始享受經細菌酸化的啤酒。（不過，凡事還是有限度。如果讓橄欖油接觸罐子底部的腐爛沉澱物，竟然會產生蘭斯塔夫在「橄欖油走味輪」上列舉的這些味道：嬰兒尿布、糞肥、嘔吐物、壞掉的義大利臘腸、汙水道渣滓、養豬場的廢汙池。）

由於很難以風味來衡量品質，大家便傾向以價格來衡量。這是不對的。蘭斯塔夫從事專業品評葡萄酒這一行已經二十年了，她認為，五百美元和三十美元的葡萄酒的差別，其實被誇大了。「一瓶酒賣五百美元的葡萄酒商，和一瓶酒只賣十美元的酒商有同樣的問題。不能說便宜的酒就沒好貨。」民眾假如不能看標籤，通常不會想買昂貴的酒。瓦格納（Paul Wagner）是頂尖的葡萄酒評審，也是業界部落格「穿越瓶口」（Through the Bunghole）的創辦人之一，他在納帕山谷學院教葡萄酒行銷課時，會和學生玩一種遊戲。大部分學生在業界都有很多年的經驗，他要學生為六種葡萄酒排名，而這些酒的標籤都用棕色的紙袋遮住（這招很妙）。瓦格納自己對這些酒都很喜歡，而其中至少有一瓶不到十美元，有兩瓶超過五十美元。他告訴我：「過去十八年來，每一次最便宜的酒平均排名都最高，而最貴的兩種酒都墊底。」二〇一一年，嘉露（Gallo）酒莊的紅酒平均排名最高，而拉侯斯酒堡（Chateau Gruaud Larose）紅酒（零售價大約六、七十美元）卻敬陪末座。

不道德的商家竟利用這種情形來牟利。在中國，攀權附貴的暴發戶很捨得花錢，買到的卻是偽造的波爾多酒。類似的情況也發生在美國的橄欖油。「劣質橄欖油都傾銷到美國來了。」蘭斯塔夫告訴我。這在歐洲製造商之間已經不是什麼機密，美國人根本吃不出橄欖油的好壞。加州大學戴維斯分校「蒙達維葡萄酒與食品科學研究所」（Robert Mondavi Institute for Wine and Food Science）新成立的橄欖中心，意圖改變這種情況。

一切先從品嘗味道開始。我不知道是哪一個葡萄園首開先例，讓「品酒」這件事脫離葡萄酒商的刁嘴，轉而進入一般消費者的嘴巴，但這絕對是行銷天才的神來之筆。品酒造成一股葡萄酒熱，葡萄酒收藏、葡萄酒觀光、葡萄酒雜誌、葡萄酒大賽、（葡萄酒上癮），總共創造出好幾十億美元的商機。橄欖樹和葡萄生長在同樣的氣候與土壤條件下，製橄欖油的人同樣也在納帕山谷待了一輩子，「欸，怎樣才能分一杯羹？」

除了舉辦品嘗大會，橄欖中心還聘請蘭斯塔夫來訓練加州大學戴維斯分校最新的「橄欖油口味評鑑小組」。口味評鑑小組（或更正確來說，是風味評鑑小組）基本上是由業界的行家組成的。蘭斯塔夫想開放招募新人，理由很簡單：訓練什麼都不知道的人，比訓練什麼都知道的人來得容易。中心在網站上徵求品嘗學徒，甄選即將開始。至少有一個「什麼都不知道的人」肯定會去參加。

橄欖中心位在蒙達維研究所感官大樓的一樓，相當陽春，只有一間辦公室和一位合聘的接待員。油瓶及罐裝橄欖排列在櫃子上方，而且也開始要把地板鋪滿了。中心沒有空間可以舉行甄試，所以借用隔壁的西爾佛拉多葡萄園感官劇場，這裡也是這棟大樓的演講廳和課堂品嘗設備的所在。（由西爾佛拉多贊助設立，此外每個座位都有贊助者，大名就刻在座位上的小牌匾上。）

蘭斯塔夫進來時帶著大包小包，活像馱滿貨物的騾子。她肩背三個大購物袋，還推著一部多層推車，裡面堆滿油、筆記型電腦、水瓶和幾疊杯子。她穿著暗褐色的褲子、黑色運動拖鞋，還有短袖的夏威夷衫（雖然沒有海島圖樣）。一開始先點名：總共二十個人。第一輪會先選出十二人，最後只有六人能夠成為入門弟子。

蘭斯塔夫為未來弟子立下規矩：要出席、要準時。完全合情合理。「我們將會品鑑一些劣質的油。你們必須把油放進嘴巴裡試試[5]。這是為了科學好，也是為了橄欖油好。

我們是為了要幫助製造商，告訴他們：橄欖的屬性、有沒有缺陷、明年可以做什麼改變——例如對橄欖好一點、在不同的時間採收等等。」沒有酬勞，每人七塊美金的停車費也不能退，而且據目前的評鑑員說，會讓你有「刺痛感」（借用正式的橄欖油風味描述詞來說）。

「你可能會想，哇靠，我幹嘛來這裡找自己麻煩。」心臟不夠強的最好自己打包走人。不過，沒有人落跑。

「那好，」蘭斯塔夫環顧整個房間，「上防護罩。」她指的是房間裡用來把長桌隔成「個人品嘗座」的移動式隔板。如此一來，你就不會受身邊的人的臉部表情（或測試回答）影響。受雇而來的感官科學系學生沿著長桌移動，把隔板從桌子前方的狹縫拖出、拉到設定的位置，很像遊戲節目的布景助理。

每個人面前都有一個塑膠托盤，上頭有八個附有杯蓋的小杯子：這是我們的第一個測驗。每個杯子各盛著一種芳香的液體。我們晃一晃、聞一聞，辨認出是什麼液體。有些似乎很簡單：杏仁萃取物、醋、橄欖油。杏子則讓我絞盡腦汁整整兩分鐘才想出來。其他的不管我多麼用力嗅聞、聞了多少次，還是聞不出所以然。根據《化學感官》（Chemical Senses）期刊，典型的人類嗅聞時間長達一．六秒，體積約為兩個杯子大小。我又很用力的嗅聞了兩次，像是「少根筋的美國人聲嘶力竭大喊大叫，想讓聽不懂英語的人聽懂」那樣。結果其中一個味道是橄欖水（瓶裝或罐裝橄欖裡的水）。今天來參加甄試的橄欖專業人士表現很優秀，二十人當中有十三人答對，令人佩服。

接下來是「三角測驗」：三個橄欖油樣本，其中兩個是一樣的。我們的任務是要挑出那個不一樣的樣本。每人有一個紙杯的水，用來漱口，吐出來的水則裝在紅色的大塑膠杯（像是週末清晨丟棄在兄弟會草坪和門廊的那種）。紅色也許代表一種警示：「千萬別喝這杯水！」進行測驗時，蘭斯塔夫坐在教室前面看報紙。

坐在柯恩酒廠（B.R. Cohn Winery）贊助座位上的我，狀況不是很好。對我來說，三杯油嘗起來根本都一樣：帶一點剛割過的草坪味道，後韻是辛辣味。我察覺不出蘋果、酪梨、香瓜、番木瓜、舊的水果盤、杏仁、綠番茄、朝鮮薊、肉桂、貓尿、大麻、帕瑪森乳酪、臭掉的牛奶、OK繃、壓扁的螞蟻，或任何其他好的或壞的橄欖油的味道，以此區分這些油的差別。時間快到了，我都懶得把油吐出來了，直接當成茶來喝。蘭斯塔夫隔著眼鏡瞄了我一眼。我用手掌抹一抹嘴唇和下巴，擦掉油亮的汙漬。

最後一關是排序測驗：把五種橄欖油依苦味程度排出順序。這對我而言是個挑戰，因為我從來不曾用「苦」來形容橄欖油。周圍的人全都像那種大聲喝湯不懂餐飲禮儀的人，弄出很吵的聲音，好讓油的香氣散發出來。我學卡通裡的兔寶寶那樣，用舌頭咂咂咂的舔嘗，不過沒什麼幫助。離測驗結束還很久，我就不玩了。我做了讓自己一世英明毀於一旦的事：放棄品嘗，直接用猜的。部分是因為我的胃在抗議，它一下子要應付這麼多純橄欖油，實在難以承受。

等到其他人都走了，蘭斯塔夫給我看某些組的答案（名字已先拿掉）。那些在油的排序測驗表現很好的人（嚇死人了，有好多個人幾乎全對），都注意到在第一個測驗中，編號七號的氣味不只是橄欖油，而且是**臭酸**的橄欖油。二十人當中有四人明確指出這點，而這四人都是橄欖專業人士。（我倒覺得那油很好聞。另一位鼻子遲鈍的人跟我半斤八兩，他在答案紙上寫著：「嗯，像一片好吃的麵包！」）

我發現一件事很有趣：從事橄欖及橄欖油相關工作的人，大部分在排序測驗和三角測驗表現都超級好，但是有時候對一些最普通、最明顯（對我來說）的香味反而會突槌。有個女生在一開始的嗅聞測驗時，就發現橄欖油臭酸有霉味，但卻沒能聞出杏仁萃取物。她寫的是：「蔓越莓、水果、甜甜的、蘆薈汁」。還形容雙乙醯（人工奶油香味，例如看電影吃的爆米花的香味）是「甘草、糖果、泡泡糖」。在橄欖專業人士的日常生活裡，這些都不是重要的味道，所以她沒必要知道。這也印證了蘭斯塔夫之前的說法。如同學習任何語言，嗅聞也要多接觸、多練習才會精通。（這是急不來的；感官評鑑員的平均訓練時間就要六十小時。）

至於我，短時間內應該不會有什麼成果。當晚九點左右，蘭斯塔夫寄了封電子郵件給我。「嗨，瑪莉，希望妳的甄試過程還算愉快。很遺憾，妳沒有入選。」

感官分析並不局限於納帕山谷的美食工業界。任何大量生產的食品或飲料製造過程中，都需要許多訓練有素的品評專家和感官描述師。隨便翻閱一些感官科學期刊，我看過的風味詞彙包括關於羊肉、草莓、優酪乳、雞塊、成熟鯷魚、杏仁、牛肉、巧克力冰淇淋、池塘養殖鯰魚、陳年切達乳酪、米、蘋果、裸麥麵包，還有「重加熱的回鍋味」。

感官分析師和評鑑小組不僅解決疑難雜症，還能協助產品開發。當配方有所改變（例如減少脂肪或鹽分），他們得確保產品的風味不受影響。他們與市場調查人員共同合作，如果重點族群消費者比較喜歡某一種沙拉醬（和其他風味相比，或和其他廠牌相比），感官分析師就要來弄清楚，到底比較受歡迎的產品有什麼顯著的特色。然後食品科學家就可以參考那些特色，重新調整配方。

為什麼要用人來分辨而不用實驗室的器材設備？因為實驗室設備雖然會從兩種不同的產品中，找出幾十種化學成分的差異[6]，但如果沒有人來品鑑，這些化學特色就不可能具有感官意義。在這幾十種不同的化學成分中，改變哪些部分會讓人察覺味道不一樣？

哪些是人工難以偵測出來的？簡單說好了，哪些會讓消費者吃起來，或在心理上感覺不同？「況且你又不能去問消費者，」蘭斯塔夫說：「如果問消費者：『為什麼這種比較好吃？』他們會說：『因為我比較喜歡吃這種。』」消費者的風味詞彙很少：只有「好吃」和「難吃」。

順帶一提，感官品評專家喜歡什麼口味的產品根本無關緊要。他們可能什麼口味都不喜歡，甚至連一般常見的口味都不喜歡。（拿蘭斯塔夫來說，她很少喝啤酒純消遣。）「你不會去問氣相層析儀喜不喜歡它正在分析的橄欖油。」蘭斯塔夫在甄試時這麼告訴我們。目標是要盡可能中立、客觀，像《星艦迷航記》裡的史巴克一樣。

這或許可以解釋，加拿大研究人員如何能找到九名男女來編寫貓食罐頭風味詞典，以及一組嘗味協定。這些是給人用的，目的是用來品嘗貓食，而且他們還不能覺得不好意思。在品評「肉塊」的協定部分（「肉汁凍」也有自己單獨的協定），規定品評時，肉塊樣本要「含在嘴裡動一動，咀嚼十到十五秒，然後吞下部分的樣本」。

這用意是想找出一種規範，幫不會說話的貓翻譯出牠們的喜好。理論上，廠商可以利用人的品嘗，加上貓所愛食品的感官檔案，來預測新的食品配方會不會成功。但實際上，從未有人真正啟用這項技術。

由於擔心對品嘗貓食有「強烈負面心態」的人，可能會在計畫結束前就落跑，所以一開始篩選時，應試評鑑員的人就被要求，不但要描述貓食的味道，還要根據自己的喜好程度來排序。（結果頗令人傻眼，平均來說，喜好程度落在「稍微喜歡」和「沒有喜歡也沒有不喜歡」之間。）多虧這組不尋常的資料，我們現在知道人類比較喜歡帶有鮪魚或草藥口味的貓食，比較不喜歡帶有「臭酸」、「麥片」或「燒焦」等風味描述的貓食。

不過，人並不是貓。我們等一下就知道了。

注釋

❶來談談以鼻子用力吸氣、聞味道的「嗅聞」。沒有嗅聞（或哈雷），你會錯失周遭的氣味，而只聞得到最濃烈的味道。正常呼吸時，吸入的空氣只有五％至一〇％可到達位於鼻腔頂端的嗅覺上皮。

嗅覺研究人員需要可控制、等量的嗅聞，所以利用嗅覺計來提供「氣味脈衝」（odorant pulse）。這種技術取代了較強力的「氣浪式嗅覺測定儀」（blast olfactometry）以及原始的嗅覺儀，後者連著一個稱為「聞味機」（camera inodorata），以玻璃和鋁製成的盒子。（發明者在一九二一年的文章中嚇人的寫道：「測試者的頭就放在盒子裡。」）

❷我在網際網路上搜尋鼻孔的醫學名詞，結果出現：「鼻孔用藥大拍賣！亞馬遜免運費快速送貨兩天到府。」天啊，他們還真是無所不在。

❸蘭斯塔夫設計了幾種輪盤，用來診斷走味的葡萄酒、啤酒和橄欖油。在「啤酒走味輪」上，「臭鼬味」介於「臭蛋味」和「罐裝玉米」之間。就算臭鼬本尊不在，要假冒並不難，只要把啤酒氧化即可，意即把啤酒暴露於空氣中，灑出來或留在半滿的杯子裡都可以。

❹二〇一〇年，發明家伊彭（George Eapen）與零食業巨擘菲多利（Frito-Lay）公司所採用的食物與音樂的對照，超越了「隱喻」的境界。他們申請專利的系統，是在零食包裝

袋上加印條碼，讓消費者可以擷取、下載一段十五秒的交響曲音樂片段，不同的樂器代表不同的風味成分。伊彭在專利中舉墨西哥莎莎醬風味的玉米脆片來做例子。「隨著鋼琴前奏，顧客感受到香菜調味……整個樂團的合奏段出現時，消費者大約正在感受番茄與檸檬的香氣……次要旋律段則伴隨著聖羅納辣椒（Serrano chili）所散發的熱辣快感。」這個美國專利字號No.7942311還附有「墨西哥莎莎醬風味玉米脆片之音樂體驗」樂譜。

❺還有比把劣質油放在嘴裡更慘的。一九八四年，為了查出汙染羊奶的難聞「羊騷味」從何而來，賓州的一組農業研究人員招募「羊奶風味評鑑員」。最有嫌疑的，是從發情公羊身上的臭腺發出的臭味。但是這也有嫌疑：「發情的公羊將尿液灑在下巴和頸部。」他們從發情公羊的尿液和臭腺分離出五種刺鼻成分，每次加一種到甜美的純羊奶樣本中。評鑑員以「羊騷味」、「臭酸味」和「哈密瓜味」為每種樣本評分。結果證明很難找出簡單的答案。研究人員的結論是：「『羊騷味』的徹底調查，超出本論文的範圍。」

❻食物的香氣成分，可能不止幾十種。《水果與蔬菜風味手冊》（*Handbook of Fruit and Vegetable Flavors*）中，新鮮鳳梨的「香氣化合物」一覽表長達四頁，總共鑑識出七百一十六種化學成分。

第二章　我要吃腐胺

你的寵物和你不一樣

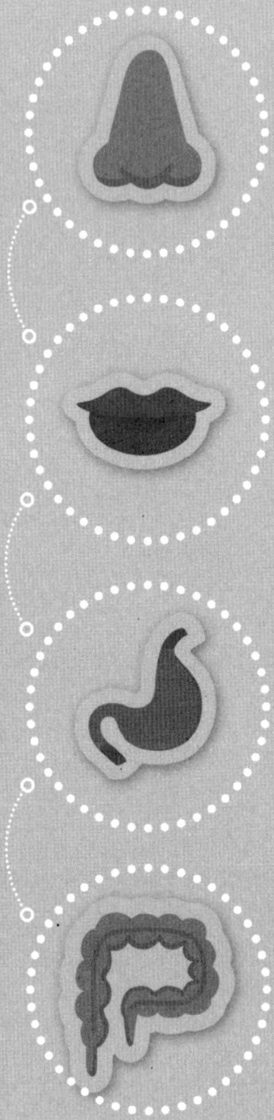

儘管公司名稱故作神祕，辦公室裝潢也毫不起眼，然而從坐下來開會那一刻起，AFB國際公司的企業特質便表露無遺。會議室聞起來就像是乾狗糧，而透過一整面玻璃牆，可以看到小型的乾狗糧成型輸出工廠，身穿實驗室工作袍和藍色衛生鞋套的男男女女，推著金屬手推車來回穿梭。AFB是生產寵物乾糧風味塗層的公司。要測試這些塗層，首先必須生產少量的原味顆粒乾糧，然後再加上塗層。添加了各種風味塗層的顆粒乾糧，會呈給消費者評鑑小組試吃，請牠們多多指教。評鑑員名單如下：史潘奇、湯瑪士、跳跳、豬排、羅威、貓王、珊弟、貝拉、洋基、佛姬、墨菲、林寶，還有族繁不及備載的其他三百多隻狗兒和貓咪——牠們都住在AFB的適口性評估資源中心（PARC），距離位於聖路易郊區的公司總部約一小時車程。

AFB副總經理莫勒（Pat Moeller）、我本人，以及幾位公司員工圍坐在橢圓會議桌前。莫勒是個討人喜歡的中年人，說話率直，他的嘴巴小小的，自然泛紅的嘴唇弧度就像是天使丘比特的弓，不過這可不是說他長得像女生喔。莫勒曾經是美國航太總署的顧問，看起來也確實有那股架式。莫勒說，寵物食品這一行的基本挑戰，是在寵物與主人雙方的「想要」與「需要」之間取得平衡。而兩者通常互相牴觸。

二次世界大戰期間，以穀類為主的寵物乾糧開始盛行，由於錫要限量配給，罐頭業無以為繼，也包括了馬肉製的狗食罐頭工廠。（當時馬肉很多，因為美國人愛上汽車之後，紛紛把原來的坐騎賣給屠宰場。）不管寵物是否明白這項改變，主人倒是很開心。乾的寵物食品比較不髒、不臭，而且更方便。去年，斯普拉特專利貓食（Spratt's Patent Cat Food）的一位顧客就說這種小餅乾「好拿又潔淨」。

為了符合寵物的營養需求，同時提供主人心目中便宜、方便又乾淨的產品，各家寵物食品製造商便把動物的油脂、肉與豆類及麥粒混合在一起，還添加維生素和礦物質，如此生產出來的飼料丸既便宜又營養，但寵物卻都不肯吃。貓和狗天生不吃穀類，莫勒說：「所以我們的任務是要找到方法，誘使牠們多吃一點，以攝取足夠的營養。」

此時該輪到「增味劑」出場亮相了。ＡＦＢ為各式各樣的壓製食材設計粉狀風味塗層。莫勒從零食公司菲多利跳槽到ＡＦＢ，他之前的工作正是，嗯，為各式各樣的壓製食材設計粉狀風味塗層。他承認：「其實，工作大同小異。」奇多如果少了粉狀風味塗層，根本沒什麼味道❶。同理，食品料理包裡的醬汁，基本上也只是適合人類食用的增味劑。微波爐食品裡的雞肉在料理過程中，會散發出淡淡的、若有似無的香味。這股香味幾乎全是從精心設計的醬汁散發出來的。莫勒說：「只要找出一種共同的基礎食材，再往裡頭添加兩、三種甚至更多種不同的醬汁，你就有一整個產品系列了。」

寵物食品的風味繁多，因為我們人類喜歡這樣❷，所以認為寵物也會喜歡我們所喜歡的。這真是大錯特錯！「尤其是貓，」莫勒說：「改變往往比千篇一律還難。」

羅森（Nancy Rawson）坐在我對面，她是ＡＦＢ的基礎研究主任，也是動物味覺與嗅覺專家。她自告奮勇發言，說貓多多少少有點「執著」，亦即牠們會獨鍾某一種食物。野貓多半不是吃老鼠就是吃小鳥，但並非兩種都吃。不過別擔心，因為鮪魚點心和禽肉拼盤之間最大的差別，只在於名稱和標籤上的圖片。「也許其中一種魚粉較多，另一種禽肉粉較多，」莫勒說：「但是風味可能不變。」

美國人把自己對食物的疑慮及成見投射到寵物身上，已經誇張到了極點。有些ＡＦＢ的客戶開始推出百分之百純素食的顆粒貓糧。貓是真正的肉食性動物，植物根本就不是牠們的菜。

莫勒歪著頭，眉毛輕挑了一下，樣子似乎在說：「客戶喜歡就好。」

羅森知道如何讓貓吃光該吃的蔬菜。聽說焦磷酸鹽是「貓的罩門」，寵物食品製造商只要把這玩意兒塗在顆粒乾糧上，便可彌補許多味道上的缺陷。羅森辦公室裡有三種焦磷酸鹽，裝在普通的褐色玻璃瓶內，平淡無奇中隱隱透著邪惡感。我問她可否嘗嘗看，這或許讓她對我的評價加分不少。酸式焦磷酸鈉的暱稱為ＳＡＰＰ，是ＡＦＢ賴以起家的創始專利之一，然而公司裡幾乎沒人說過要嘗嘗。羅森認為這很奇怪，我也是，不過若其他人覺得我們倆是怪咖，我也接受。

羅森今天穿了一件稍長的花裙子，配上低跟褐色馬靴和質地輕盈的梅紅色毛衣。她又高又瘦，臉頰及下顎骨寬寬的，很標致，一看就像是「人家以為她是伸展台上的模特兒，她聞言即婉轉推說不是」的那種女生。她既聰明又勤勞，非常敬業，你絕對想不到寵物食品業界會有這麼認真的人。在受雇AFB之前，她曾是金寶湯公司的營養師，更早之前則是在蒙乃爾化學感覺中心研究動物的味覺與嗅覺。

羅森扭開其中一個瓶子的瓶蓋，把一丁點清澈液體倒入塑膠杯裡。雖然寵物食品增味劑多半是粉狀，但品嘗時卻是液狀比較好。要嘗出味道，受品嘗的物體分子必須溶解於液體中。液體流進舌頭上乳突間的微觀峽谷裡，與覆蓋著乳突的味覺接收器細胞「味蕾」接觸。這是我們必須感激唾液的原因之一。此外，這也解釋了為什麼有人倡議吃甜甜圈要先浸泡一下。

味覺是一種化學感知，味覺細胞是特化的皮膚細胞。如果你有手可以拿食物塞進嘴巴，則味覺細胞長在舌頭上自然很合理。不過，如果你像蒼蠅一樣沒有手，那麼味覺細胞長在腳上可能會更方便。「牠們停在某個東西上面然後開動，『唔唔唔，是糖耶！』」羅森使出渾身解數，演蒼蠅演得超像。「接著長長尖尖的口器就會自動伸出來吸食汁液。」

羅森有個同事在研究淡水螯蝦和龍蝦，牠們是靠觸鬚來嘗味道。「我一直很羨慕研究龍蝦的人。他們研究完觸鬚之後就可以吃龍蝦大餐。」

她選擇的味覺研究動物是鯰魚❸，理由很簡單，因為牠們全身上下有非常多的味覺接收器。「鯰魚基本上就是會游泳的舌頭。」羅森說。對於無肢動物來說，這種用磨蹭來定位食物的方式，對適應環境很有幫助；有很多種鯰魚便靠著在河底當清道夫來維生。

我試著想像：假如人類也用皮膚摩擦食物來品嘗味道，生活會變成什麼樣子？**嘿！摸摸看這種鹹的焦糖冰淇淋，很讚喔！**羅森指出，鯰魚品嘗食物時，可能並沒有在意識上感知到任何東西。或許鯰魚的神經系統單純只是指揮肌肉去吃東西。品嘗味道卻沒有任何感知體驗，聽起來似乎難以想像，然而你現在或許正是如此。人類的腸道、喉部以及食道上端都有味覺接收器細胞，不過，只有舌頭的接受器會向大腦報告。「我們應該要很慶幸。」瑞德（Danielle Reed）說，他是羅森在蒙乃爾的舊同事。否則，我們就會嘗到膽汁和胰臟消化酶的味道。（一般認為，腸道的味覺接收器會驅使荷爾蒙針對某些分子做出反應，例如鹽和糖分子；以及針對「苦死人的危險成分」啟動防禦機制，例如讓人嘔吐及腹瀉。）

我們認為品嘗味道是對快感的追求，不過對動物王國中多數的動物，以及史前時代的人類來說，味覺的功能性大過於官能性。味覺和嗅覺一樣，是消化道的守門員，都在為可能具危害（苦、酸）的成分與理想（鹹、甜）的養分進行化學掃描。不久前，鯨生物學家克萊芬（Phillip Clapham）寄給我一張照片，說明少了守門員的生活會有什麼後果。和大多數性喜狼吞虎嚥的動物一樣，抹香鯨的味覺十分有限。那張黑白靜物照片拍攝的，是從抹香鯨胃裡找到的二十五種物品：大水瓶、杯子、牙膏軟管、濾網、垃圾桶、鞋子，還有裝飾用的雕像等，彷彿是《聖經》中被鯨吞入肚的約拿在鯨肚內大掃除。

閒話少說，該來嘗嘗增味劑了。我拿起杯子湊近鼻子，聞不出什麼味道，沾了一點，液體在我的舌頭上打轉，五種味覺接收器完全沒反應。嘗起來就像是攙了怪東西的水，不算難喝，但有點奇怪，不像是食物的味道。

「可能就是那種奇怪的味道讓貓咪特別有感覺。」羅森說。或許肉類的味道成分中，有些是人類無法感知的。貓科動物對於焦磷酸鹽的熱愛，或許能為牠們洗刷挑食的惡名。「我們依據自己的喜好來挑選（寵物食品），」瑞德說：「要是牠們不捧場，我們就說牠們太挑嘴。」

焦磷酸鹽在貓嘴裡嘗起來是什麼味道，我們無從得知或想像。好比貓無法想像糖的味道一樣。貓嘗不出甜味，這和狗及其他雜食性動物不同。在野生環境中，貓的食物種類裡幾乎不含任何碳水化合物（包含單醣），所以根本沒有嘗出甜味的必要。貓若不是從未有過感知甜味的基因，就是在演化的路上把這種基因弄丟了。

齧齒動物正好相反，牠們是甜味的奴隸。據知牠們寧可營養失調而死，也不願離開糖水滴管。一九七〇年代有個關於肥胖症的研究，用超市食物來餵大鼠，讓牠們吃棉花糖、牛奶巧克力和巧克力餅乾吃到飽，結果和只吃標準實驗室伙食的大鼠相比，牠們的體重足足多出二六九%。某些品種的小鼠吃了一整天的食物，還會喝減肥汽水來消耗體重，你絕對不會想去幫牠們換鋪墊的。

這是否意味著齧齒動物在品嘗甜食時，也和我們一樣感到愉悅？或這純粹只是一系列設定好的反應，由接收器送出訊號，訊號再操控肌肉？從瑞德寄來的影片裡，看得出齧齒動物確實能有意識的感知並嘗出甜食的味道。其中一段影片，主角是隻剛喝過糖水的白小鼠。影片以非常緩慢的慢動作來顯示，鏡頭從透明的塑膠地板底下往上拍，看到牠正在舔嘴邊周圍的毛。（字幕裡，舔嘴唇的科學名詞是「舌頭橫向伸出」。）另一段影片的主角，則是剛嘗完「苯甲地那銨」的小鼠。（苯甲地那銨是一種苦苦的化合物，父母會用來塗在小孩的指尖，防止他們咬指甲。）那隻小鼠盡一切努力想除掉該化學成分的痕跡，牠拚命搖頭晃腦，還用毛茸茸的白色前腳擦臉。牠咧開大嘴、伸出舌頭，想把討厭的食物吐出來。（人類也會這招，科學名詞為「嫌惡之臉」。）

「假如實在討厭到極點，」瑞德告訴我：「牠們真的會把舌頭伸出來晾在鋪墊上，想盡辦法把味道弄掉。」顯然味覺對牠們至關緊要。

反過來說，沒有味蕾的動物在吃東西時，難道全無樂趣，只不過在進行每天的例行公事？有沒有人觀察過，比如說蟒蛇在吃老鼠時，在牠們大腦裡的相同區域，會不會像人類一樣因體驗味覺的愉悅而發亮？瑞德對此並不清楚，「但是，在世界上某個角落，無疑有某位科學家正設法抓一條活生生的蟒蛇，把牠送進fMRI裡去做實驗。」

羅森指出，雖然蛇嘗不出味道，但牠們的嗅覺天賦異稟。牠們會伸出舌頭來蒐集揮發性分子，然後又縮回去，連結到嘴巴頂端的犁鼻器來解讀。對於喜歡的獵物氣味，蛇的辨別能力相當敏銳，敏銳到如果你把大鼠的臉皮剝下，像食人魔漢尼拔❹那樣，然後披在蛇不喜歡的獵物的嘴鼻上，蟒蛇也會試圖把牠吞掉。（幾年前，阿拉巴馬大學的蛇類消化專家西科爾〔Stephen Secor〕曾為國家地理頻道重演這一幕。他告訴我：「這招就像是對蛇下咒，我還可以讓蟒蛇連啤酒瓶也吞下去，只要把鼠頭放在瓶子上就行了。」）

人類胎兒在發育過程中也會生成犁鼻器，雖然沒人知道它有什麼功能（嬰兒成長後，犁鼻器會高度退化）。拿這種事情去問胎兒，跟去問蟒蛇一樣問不出什麼東西。羅森推測，人類祖先「從原生湯❺爬行出來時，需要感覺環境裡的化學成分，以便知道如何趨吉避凶」，因此有犁鼻器，但現在不需要所以退化了。

羅森對於「吃東西無滋無味」是什麼感覺很有概念，因為她曾與因化療損傷味覺接收器的癌症病人談過。這狀況遠比不舒服還嚴重。「你的身體會說：『這不是食物，是硬紙板！』而不讓你吞下去。不管你如何告訴大腦，一定要吃下去才能活命，但你的嘴巴就是堵住。這些人真的可能活活餓死。」羅森認識一位研究人員，他一直在實驗利用濃烈的風味來彌補失去的味覺。（我們從上一章得知，風味主要是嗅覺。）味覺和嗅覺之間的關係如膠似漆，以至於我們在意識上察覺不出分別。食品科技專家有時會利用兩者間的協同效應，藉由添加草莓或香草（這些味道會讓我們聯想到甜味），讓人誤以為某食物比實際上要甜。雖然狡猾，卻不一定是壞事，因為這表示產品添加的糖分，分量可以較少。

說到這點，讓我們再回頭看增味劑，以及寵物食品製造業為何愛死它們。有位AFB員工爆料：「客戶會說：『這是我的產品，我要在這裡、這裡和那裡偷工減料，你們要掩蓋所有罪行。』」這對狗食來說尤其可行，因為狗在選擇要吃什麼、吃起來有多起勁時，更多是依賴嗅覺而非味覺。（莫勒估計，以狗來說，聞香和嘗味的重要性，比例為七〇：三〇。以貓來說，比例則大約是五〇：五〇。）我們學到的教訓是：如果增味劑聞起來特別有吸引力，狗會立刻明顯的陷入狂熱，主人便認為這種狗食很讚。但實際上，可能只是聞起來很讚而已。

詮釋動物的飲食行為並不容易。舉例來說，狗對食物的最高讚譽方式之一，就是把食物吐出來。套句莫勒的詞，當「好吃鬼」因食物的香味而興奮不已，可能會狼吞虎嚥一下子吃太多、太快，導致胃裝太滿裝不下，於是本能的把吃下去的食物吐出來，以免撐破肚皮。「沒有顧客喜歡這樣，不過，這是狗狗超愛這種狗食的最佳證明。」幸好，對於ＡＦＢ適口性評估資源中心（ＰＡＲＣ）的員工來說，還有其他方式可以判斷寵物食品的受歡迎程度。

麥卡錫（Amy McCarthy）說：「大家都肖想成為咪咪樂（Meow Mix，一家美國貓食公司）。」麥卡錫是ＰＡＲＣ的主管。她站在虎斑貓二號房的厚玻璃窗戶外，房間裡有一位我們姑隱其名的客戶，正在進行咪咪樂、喜躍貓糧，與無風味塗層顆粒貓糧之間的偏好測試。如果客戶大言不慚，敢說貓咪喜歡他們家生產的貓食更甚於咪咪樂，就得去ＰＡＲＣ這類機構證明。

兩位身穿褐色手術袍的動物技術員相向而立。他們每隻手各拿一只淺淺的金屬盤，裡頭裝有深淺不一的各種褐色顆粒乾糧[6]。二十隻貓咪以小碎步繞著他們的腳踝轉。技術員相繼彎下身，單膝跪地，把盤子放下來。

狗和貓的差別立即顯現。食物一放下，狗幾乎（有時簡直就是）馬上猛聞猛吃，貓就謹慎多了。貓只會先嘗一小口。麥卡錫指給我看那些沒添加增味劑塗層的顆粒乾糧，「妳看，牠們是不是用嘴巴嘗一下，然後又吐出來？」

只見地上一大群貓頭攢動，分不清誰是誰，但我依然點頭稱是。

「現在看那邊。」她又將我的視線引向咪咪樂，裝乾糧的盤底已清晰可見。我問麥卡錫有沒有什麼專業術語❼來形容那個被吃到見底的部分。

「嗯……『本來有乾糧的地方』？」麥卡錫的嗓門比想像中大，這或許是長期間在講話時都跟狗吠聲對抗的副作用。她約三十幾歲，中分的金髮老是垂下來蓋住臉。每隔幾分鐘，她就會舉起兩隻食指把臉頰旁的頭髮撥回去。羅森的頭髮恰好相反，短短的服貼在頭上。這種髮型叫作赫本頭，不過她在跟髮型設計師討論時，可能並不是用這個名詞。羅森和我一起來參觀PARC，因為她也沒來過，她想知道偏好測試如何進行，以及技術要如何改進。

同時，在走廊另一頭，塗上AFB增味劑最新配方的編號A顆粒狗糧，正在與競爭對手展開大車拚。場面有多熱烈，用耳朵就可以聽出來。有隻小狗尖聲哀號，聽起來像是球鞋鞋底在籃球場地板上的摩擦聲。另一隻狗咻咻怒吼，令人聯想起伐木用的雙人鋸。技術員都戴著強力護耳罩，就像機場停機坪人員戴的那種。

其中一位技術員名叫克蘭索（Theresa Kleinsorge），她打開一間大狗舍的門，把兩只碗放在一隻帶有黑眼圈的混血獵犬面前。矮個子的克蘭索很花俏，頂著染成紫紅色的刺蝟頭髮型。克蘭索是德國姓氏，德文的意思是「小麻煩」，這似乎是個不錯的姓——善意的惡作劇造成的**小麻煩**，很有親切感。她自己養了七隻狗，麥卡錫家裡則有六隻。PARC的員工顯然都是愛狗人士。這裡是第一家動物「群居管理」的寵物食品試驗所。進行偏好測試期間用板條箱把動物隔開以免分心，但其他時間PARC並不會把動物關在籠子裡。狗兒依照個別的活動程度分組，全在戶外的院子裡打打鬧鬧消磨終日。

那隻名叫阿拉巴馬的混血獵犬一直搖尾巴，甩得板條箱壁啪啪作響。「阿拉巴馬是超級好吃鬼。」克蘭索說。在撰寫報告時，AFB的技術員必須顧及每隻動物的飲食怪癖，有的狼吞虎嚥，有的愛團團轉，有的愛把食物打翻，有的邊吃邊做鬼臉。比方說，如果你和阿拉巴馬的鄰居艾維斯不熟的話，可能會以為剛放在牠面前的兩種狗食牠都吃膩了。克蘭索邊看艾維斯的飲食行為邊做實況報導，另一位同事則簡短寫下筆記。「聞A，聞B，舔B，舔自己的爪子。回到A，看看A，聞B，吃B。」

大多數的狗則乾脆多了，例如那隻名叫豬排的狗。「等一下妳看喔，牠會兩種都聞一聞，然後選一種吃。準備好了嗎？」她把兩只碗放在豬排的前爪旁。「聞A，聞B，吃A。看到沒？牠就是這樣。」

PARC技術員也會試圖了解院子裡狗兒們的互動對測試結果的影響。「我們必須要知道，」麥卡錫說：「某隻狗心情不好是因為不喜歡食物，還是因為剛才派普偷走牠的骨頭？」克蘭索主動說，有隻狗名叫羅威，牠最近胃不舒服，而豬排卻喜歡吃牠吐出來的食物。「所以豬排的胃口才會變小。」看到這裡，大概你也胃口盡失了。

除了計算這些狗兒每種狗食吃了多少，PARC技術員還要統計「首選」的比例：有多少比例的狗會先埋頭猛吃新的狗食。這對寵物食品公司很重要，因為如同莫勒之前所言，對於狗來說，「只要有辦法把狗拖到碗前，牠們多半會開始吃。」不過，就算狗已經開動，牠們還是可能會轉向別種食物，並且反而吃更多。由於大多數人不會給寵物狗兩種選擇，所以對牠們起初因香味驅使而垂涎的熱情，隨進食久了而消退的程度並不清楚。

要找到能讓狗狂吃、又不引起主人「反胃」（套句麥卡錫的話）的氣味是難題。「屍胺會讓狗特別興奮，」羅森說：「或是腐胺。」但人類不會喜歡這類東西，它們是蛋白質分解時散發出來、有股臭味的化合物。當我得知狗對於爛到某種程度的腐肉沒興趣時，感到很驚訝。「狗什麼都吃」其實只是迷思。「大家都以為狗喜歡舊舊、髒髒、在土裡沾來沾去的東西。」莫勒之前這麼告訴我，他說但這僅限於某種程度，而且狗會這樣也是為了某種原因，他說：「剛剛開始腐敗的東西尚含有充分的營養價值。然而當有些東西已經真的遭細菌分解，大部分的營養價值就喪失了，只有別無選擇時，牠們才會吃它。」無論如何，寵物主人都不會想去聞聞看。

有些設計狗食的人則反其道而行，甚至走火入魔，他們量身訂做的味道是為了取悅人類❽，絲毫不顧狗會體驗到什麼。問題是，狗的鼻子比人的靈敏約一千倍。某種香味讓你我聯想起烤牛排，但對狗來說，可能就會濃烈到受不了而失去吸引力。

今天稍早前，我看過一個薄荷味狗零食的測試，以清潔牙齒的輔助食品為賣點。從化學上來說，薄荷和墨西哥辣椒差不多，與其說是某種風味，還不如說是刺激物。在狗零食上來說很罕見❾。製造商很明顯是在向飼主獻殷勤，企圖讓人看到薄荷就聯想到口腔衛生，藉此引誘消費者。別家競爭廠商同樣也利用口腔衛生的訴求來取悅飼主，不過是以視覺取勝：狗餅乾的形狀就像是牙刷。只有羅威喜歡薄荷味的狗零食，搞不好那就是牠嘔吐的原因。

有隻叫溫斯頓的狗正用鼻子在碗裡搜尋，在一堆褐色狗食裡，偶爾會有一些白色的肉塊，很多狗都會先把肉挑出來吃。肉塊就像是什錦乾果仁裡的M&M's巧克力。麥卡錫印象很深刻：「那是狗食裡最美味可口的東西。」一位技術員提到，之前她自己試吃過，那些白色的肉塊是雞肉。或者更確切地說，是「仿雞肉」。

聽到這些祕聞，我肯定露出註冊商標的驚訝表情，因為克蘭索插了一句：「如果妳打開的狗食聞起來香噴噴——」

這位技術員聳了聳肩說：「而妳正好很餓……」

一九七三年，營養監督組織「公眾利益科學中心」（ＣＳＰＩ）出版了一本《食物評分表》（Food Scorecard）小冊子，聲稱低收入住宅區所購買的狗食罐頭中，有三分之一是人在吃的。並不是因為這些人發現狗食罐頭很好吃，而是因為買不起更貴的肉製品。〔當時有記者問起該數據從何而來，ＣＳＰＩ創始人賈柯布森（Michael Jacobson）說他想不起來了，直到今天，該組織對此仍語焉不詳。〕

更讓我震驚的是評分表上的分數。三十六種美國市場上常見的蛋白質產品，依照整體的營養價值來排名。維生素、鈣質與微量礦物質可加分，添加玉米糖漿與飽和脂肪則扣分。賈柯布森相信窮人家吃了相當多的寵物食品，並藉此展現他的才幹。他把愛寶（Alpo）狗食也列入排行榜中。愛寶以三十分的高分，擊敗義大利臘腸與豬肉香腸、炸雞、蝦仁、火腿、沙朗牛排、麥當勞漢堡、花生醬、純牛肉熱狗、午餐肉、培根，以及波隆那香腸。

我跟羅森說了ＣＳＰＩ排行榜的事情。我們回到ＡＦＢ公司總部的另一間會議室裡，莫勒再次陪同。（公司有五間會議室：大麥町狗、緬甸貓、灰狗、花貓、秋田犬。員工都以貓狗的品種來稱呼會議室，像是「你要不要去灰狗？」「大麥町中午有人用嗎？」）單就營養學的角度而言，我午餐吃的便宜肉丸潛艇堡，和剛才狗兒吃得津津有味的「聰明搭配」（Smart-Blend）狗糧，似乎沒有差別。但羅森並不同意，她說：「從營養上來講，妳的三明治恐怕還沒人家狗食齊全。」

在ＣＳＰＩ的評分表上，以一百七十二分榮獲排行榜冠軍的食物是牛肝。雞肝和肝腸則分居亞軍及季軍。一份肝臟可提供的維生素Ｃ，相當於建議每日營養攝取量的一半，核黃素（維生素B_2）則是建議每日營養攝取量的三倍，維生素Ａ含量更高達胡蘿蔔平均含量的九倍，此外還含有大量的維生素B_{12}、B_{16}、Ｄ、葉酸以及鉀。

ＡＦＢ的狗食增味劑主成分是什麼？

「肝臟，」莫勒說：「還混合一些其他內臟。野生動物殺死獵物後，最先吃的通常就是肝和胃，還有腸道器官。」大體說來，內臟算是地球上數一數二的營養食品。一份羊脾臟的維生素Ｃ含量幾乎和橘子一樣高，而牛肺的維生素Ｃ含量更比橘子高出五〇％。胃因裡頭裝的東西而含有特別高的營養價值。食肉性動物可從獵物的胃腸中，獲取植物和穀物所含有的營養。「動物歷經適者生存的演化，」羅森說，牠們喜歡的正是對牠們有益的。人們看到寵物食品營養成分表出現「魚粉」和「肉粉」而嚇得臉色發白，但是這些含有各種內臟、頭部、皮和骨頭的食物，與狗和貓在野生環境中吃的東西最類似。肌肉是蛋白質的最佳來源，但所含的其他營養成分比較少。

動物的味覺系統會因環境中的利基點不同而特化。「這會驅使牠們的感官系統發展出不同的特性。」羅森說。我們人類也如此。身為非洲乾燥莽原上的獵人和強征者，我們最早的祖先演化出針對某些重要而稀少的養分的味覺：鹽、高熱量的脂肪與糖類。不同於美國到處可見的美食街，在非洲大草原上，脂肪、糖和鹽都不容易取得。這簡明扼要解釋了垃圾食品的廣為盛行，及其他廣為盛行的許多東西。

和狗一樣，人也需要豐富的維生素、礦物質和鈣質。我們是雜食動物。古早人類不會把動物屍體中最營養的部分丟棄，幹嘛美國人現在要這麼做？二〇〇九年，美國出口的冷凍家畜內臟高達四十三萬八千噸。把這些內臟連接起來，足可環繞地球赤道一周。打個比方，它們在地球上早已串連起來。埃及和俄羅斯是肝臟消耗的大宗國，墨西哥人愛吃腦和唇，心臟則專屬於菲律賓人。

這是怎麼搞的？美國人幹嘛如此龜毛？回到從前那種比較健康的原始飲食有多難？為了找尋答案，我們將前往加拿大的北極地區，去吃一頓北美洲碩果僅存的內臟大餐。

注釋

❶莫勒曾經營過原味的奇多，他說吃起來像膨化的無糖玉米麥片。

❷或者我們以為自己喜歡的食物種類繁多，所以希望狗狗也有很多食物可選擇。但實際上，一般人日常所吃的食物大概不會超過三十種。華盛頓大學肥胖症研究中心的主任德魯諾夫斯基（Adam Drewnowski）說，我們吃的食物「種類很有限」。他真的有計算過，大部分的人在四天內會把常吃的食物全吃過一遍。

❸因為羅森研究鯰魚，這或許可以解釋在一九八〇年代時，蒙乃爾化學感覺中心的某些樓層，為何總是飄著令人不解的沼澤臭味。原來中心的地下室就是一個大鯰魚池。

❹譯注：漢尼拔為驚悚電影《沉默的羔羊》故事主人翁，由金像獎影帝安東尼·霍普金斯主演。漢尼拔被塑造成恐怖的食人魔，其中一幕即為他剝下別人的臉皮，披在自己臉上藉以逃亡。

❺原生湯（Primordial soup）確定不是金寶湯公司的產品。

❻彩色的寵物食品自一九九〇年代初就沒有了。「因為當它們被吐出來時，你們家地毯到處都是綠綠紅紅的染料，」羅森說：「那真是噁心死了。」

❼我弟弟是市場行銷研究員。有一次他來找我，他回去後，我發現垃圾桶裡有一份厚厚的報告，詳述消費者對於濕紙巾的觀感。報告中有個術語叫「擦拭事件」。

❽最理想的寵物食品不僅要聞起來無可挑剔，也要讓寵物的排泄物聞起來無可挑剔。這是一項挑戰，因為大部分可供添加的物質，在消化過程中都會遭到分解破壞殆盡。活性炭是有問題的，因為它不僅會和有味道的化合物鍵結在一起，連養分也是。希爾思寵物營養食品公司（Hill's Pet Nutrition）做過添加薑的實驗，結果成效卓著，甚至還獲得專利，這一定讓那九名從事「藉由嗅聞通過端口的臭味，以偵測糞便惡臭強度之差異」的人類評鑑員感到很欣慰。

❾關於墨西哥辣椒——根據心理學家羅津（Paul Rozin）的說法，墨西哥狗喜歡一點點辣味，這點和美國狗不同。羅津的研究認為，動物也有文化上的飲食偏好，他並非第一位拿異國美食請實驗動物吃的學者。在〈墨西哥當地飲食對白老鼠的學習與思考之影響〉研究中，研究者用墨西哥辣肉醬、水煮大紅豆和黑咖啡來餵實驗白鼠。白鼠在走迷宮測驗保持高分，有可能也是因為急著要找廁所。一九二六年，印度研究基金協會（Indian Research Fund Association）比較兩種大鼠，一種吃印度麵包和蔬菜，一種吃西式飲食如肉罐頭、白麵包、果醬和茶。結果後者對西式飲食極為反感，竟然寧可吃同居一籠的鼠伴，其中有三隻幾乎「屍骨無存而無從驗屍」。

第三章　肝臟和民情輿論

我們為什麼吃我們所吃，卻不吃我們所不吃

北方食物傳統與健康資源組合中，包含一疊附有標示的因紐特傳統食物照片，總共四十八張。大部分都是肉類，卻沒有一張是牛排。其中一張標示為海豹心臟，另一張則是馴鹿腦。這些圖樣盡可能以實物大小印在硬紙板上，沿著輪廓切割下來，像是小時候玩的紙娃娃，讓人恨不得快點幫它們穿上衣服。我當時瀏覽的這套組合是尼倫爵克（Gabriel Nirlungayuk）借給我的，他是佩利灣（Pelly Bay）的社區衛生代表，佩利灣是個小村莊，位在加拿大努納武特地區。他和我一樣，都要去依格魯利克（Igloolik）參觀北極體育競賽❶，依格魯利克是巴芬島附近一座小島上的小鎮。和他同行的還有當時的佩利灣市長納托克（Makabe Nartok）。我們三人在依格魯利克唯一的旅館「土又迷糊客棧」（Tujormivik Hotel）的廚房不期而遇。

尼倫爵克的職責是去各學校訪問，鼓勵因紐特年輕一代的「酗洋芋片與酗汽水」族，恢復像他們長輩一樣的飲食。隨著因紐特獵人數量日益稀少，內臟（以及其他在依格魯利克合作社買不到的動物解剖產品，如肌腱、鯨脂、血和頭等）的消耗量也變少了。

我拿起標示著「生馴鹿腎臟」的圖卡。「真的有人會吃這種東西嗎？」

「我會吃啊，」尼倫爵克說。他長得比大多數因紐特人高，他用尖尖的戽斗下巴指著納托克，說：「他也吃。」

他們兩個告訴我，會打獵的人都會吃內臟。雖然因紐特人（在加拿大，他們一般不說愛斯基摩人）從一九五〇年代就放棄了游牧生活，但大多數的成年男子仍會去打獵，一來幫家裡加菜，二來也可以省錢。一九九三年我去訪問時，一小罐當地的午餐肉要價美金二．六九元。農產品都要靠飛機運來，一顆西瓜可能得花上美金二十五元的天價，令人望之卻步。黃瓜貴到不行，當地教性教育的老師只好拿掃帚把柄，來示範如何使用保險套。

我請納托克看完整疊圖卡，然後告訴我哪些他會吃。他越過桌子把圖片拿過去，手腕以上的手臂很白，以下卻突然變成褐色。這是北極陽光曬成的傑作，猛一看讓人誤以為是手套。他透過細框眼鏡盯著圖卡，「馴鹿肝臟，吃。腦，吃。我吃腦、馴鹿眼睛，生的熟的都吃。」尼倫爵克在旁觀看，也跟著點頭。

「我非常喜歡這個部位。」納托克拿著標示為「馴鹿新娘紗」的圖卡說道。那是比較好聽的說法，其實就是「胃黏膜」。我恍然大悟，原來吃下整隻動物不僅攸關勤儉持家，也是因為喜好。幾天前有場社區辦的宴席，有人請我吃北極紅點鮭「最好的部位」，也就是牠的眼睛，眼睛後面還「牽絲」連著晃來晃去的脂肪和結締組織，像頭燈上的電線那樣。而一群老婦人站在鐵絲網籬笆旁，低著頭在挖馴鹿骨頭裡的骨髓，那副聚精會神的模樣，彷彿是在發手機簡訊。

對於北極游牧民族來說，吃內臟是為了生存，這在歷史上其來有自。即使在夏天，植物仍十分稀少，除了茂盛的苔蘚與地衣之外，凍原上幾乎寸草不生。由於內臟含有非常豐富的維生素，而當地可食用的植物又非常稀少，因此為了北極的健康教育起見，內臟同時被歸類成「肉類」及「蔬菜水果類」。在尼倫爵克的教材裡，一份蔬菜水果的量可以是「二分之一杯莓果或綠色蔬菜，或是六十到九十公克內臟。」

納托克給我看北極「綠色蔬菜」的實例：編號十三號圖卡「馴鹿胃裡的東西」。苔蘚與地衣很難消化，除非你像馴鹿一樣擁有多腔室的胃，方能把它們發酵分解，所以因紐特人就讓馴鹿代勞。我想起莫勒曾說過，野狗和其他肉食性動物會先吃獵物的胃與胃裡的東西，他還說：「其實我們也好不到哪去。」

如果能擺脫現代西方文化與媒體的影響，以及垃圾食物高果糖、高鹽分的誘惑，我們的飲食習慣會不會像因紐特人的祖先那樣，自然而然趨向最健康且營養最多元的食物？有可能。不過也很難講。一九三〇年代有個著名的研究，對象是一群孤兒寶寶，研究人員為他們準備的飲食大雜燴包括三十四種完好、健康的食物。除了切碎或磨碎，食物都未經過任何加工或調理。正常供給的有新鮮水果及蔬菜、蛋、牛奶、雞肉、牛肉，除此之外，研究人員戴維斯（Clara Davis）還準備了肝、腎、腦、胰臟及骨髓。孤兒對於肝和腎都避之唯恐不及（以及全部十種蔬菜、鱈魚跟鳳梨），不過在戴維斯所列的「不喜歡的食物」名單中，腦和胰臟倒是榜上無名。至於最受歡迎的食物是什麼？答案竟然是：

骨髓。

晚上十點半了，天色仍是一派公主粉紅色系。光線還很充足，路上有年輕女孩正騎腳踏車穿過小鎮的碎石小路，她外套的海象貼花繡飾仍清晰可見。有個名叫馬塞爾的男生也加入我們的廚房陣容，他剛從某個狩獵營地回來，白天稍早有人看到一群獨角鯨在那裡出沒。獨角鯨是中型的鯨，一根長長尖尖的角從頭上突出來，彷彿是生日蛋糕上的蠟燭。

馬塞爾把白色塑膠袋往桌上一丟，塑膠袋碰到桌子時還反彈了一下。「鯨皮！」尼倫爵克大表讚許。那是一片獨角鯨的皮，還沒煮過。納托克搖搖手表示不吃，他說：「我才剛吃了鯨皮，吃了一大片。」一邊用手比畫著如精裝書大小的正方形。

尼倫爵克用隨身小刀的刀柄尖戳了一塊，拿給我吃。我本能的想拒絕。成長經歷造就了這樣的我。對生長於一九六〇年代美國新罕布夏州的我來說，所謂的肉類就是肌肉、胸肉、腿肉、漢堡肉和肉排；內臟則是要送人的。腰子是用來形容咖啡桌形狀的詞。我們這種人不會想到要拿內臟當晚餐，尤其是生內臟。生吃動物皮更是匪夷所思。

我把那塊膠皮從尼倫爵克的小刀上扯下來，因為室外空氣的關係，它是冷的，帶著令人渾身不舒服的獨角鯨顏色。鯨皮的味道實在一言難盡。到底像蘑菇還是核桃？我有很多時間可以慢慢想，因為咀嚼獨角鯨皮所花的時間，差不多和捕獵牠們一樣漫長。我知道你們一定不相信我，因為我之前也不相信納托克的話，不過，鯨皮實在妙不可言。（而且再次重申，很健康：維生素A和紅蘿蔔一樣多，維生素C含量也相當多。）

我喜歡吃雞皮和豬皮，為什麼吃鯨皮卻猶豫半天？因為大多數人都意想不到：其實我們的菜單是由文化寫就的。而文化對於替代品，一向不太留情。

尼倫爵克想用內臟來促進健康，美國政府為了戰爭，也做過同樣的事情。第二次世界大戰期間，美國軍方運送非常多的肉類到海外，好餵飽部隊和盟軍的阿兵哥，引起了國內肉類短缺的隱憂。根據一九四三年《飼者公報》（*Breeder's Gazette*）中的一篇文章，美國軍人每天要消耗將近一磅的肉。從那年開始，美國境內的肉都要實施配給——不過只縮減主要的肉類，其他的內臟類你想買多少就有多少。陸軍不吃內臟，因為比較容易腐壞，而且如《生活》雜誌所寫的：「男子漢不喜歡吃內臟。」

老百姓也喜歡不到哪兒去。美國國家研究院（NRC）希望改變大家的觀念，於是聘請一組人類學家來研究美國人的飲食習慣，由備受推崇的米德（Margaret Mead）領軍。人們如何決定什麼東西好吃？要如何改變他們的心意？研究做了，建議擬了，報告也出版了——包括米德一九四三年的著作〈改變飲食習慣的問題：飲食習慣研究委員會報告〉。如果有什麼例子要用到所謂的文字配給，這個題目本身就很適合。

首先要想出一個委婉的說法。如果晚餐菜色的名稱是「內臟」或「腺體肉類」❷，像肉品業那樣直呼其名，人們應該不會覺得太舒服。於是「珍饈」這個字眼變得隨處可見——例如《生活》雜誌的詩意文字：「『珍饈』美肉這般豐饒」——然而「雜肉」（variety meat）一詞還是成為贏家。它帶有尚可接受的曖昧和愉悅感，腦海中會同時浮現蛋白質和黃金時段綜藝節目裡穿著閃亮服裝的舞群，在同一條血管裡——噁！很抱歉。**同理**，寫食譜的人和主廚也熱中於為這些新的內臟類菜色花點心思取名。賣弄幾句法文似乎有助於讓事情更好辦。一九四四年的《飯店管理》（*Hotel Management*）雜誌中有篇文章，曾提到「皇家腦」（Brains à la King）及「牛舌香」（Beef Tongue Piquant）等食譜。

另一個策略則是從小孩下手。「人類嬰兒來到世上，並不知道什麼能吃，什麼不能吃。」心理學家羅津如此寫道，他曾在賓州大學研究消化很多年。小孩長到兩歲大左右，你幾乎可以讓他們嘗試任何東西，羅津也這麼做了。在一項著名的研究中，他針對十六個月到二十九個月大的小孩，把以下的物品放在盤子裡給他們，然後統計孩子吃或品嘗的百分比：魚卵（六〇％）、洗碗劑（七九％）、塗番茄醬的餅乾（九四％）、消毒過的死蚱蜢（三〇％），以及添加林堡乳酪風味且精心繞成「一坨狗便便」狀的花生醬（五五％）。最低接受度的物品有一五％，是人類的頭髮❸。

等小孩十歲大，一般來說，他們已經學會和周遭大人吃同樣的東西。對食物的偏見一旦養成，就很難消除。在另一項研究中，羅津讓六十八名美國大專生吃蚱蜢零食，這回準備的是具有蜂蜜塗層口味的日本商品，結果只有一二％的學生願意嘗一口。

因此NRC試著讓小學來參與。當局敦促家政學家要多接觸教師和規畫午餐的人。克萊恩（Jessie Alice Cline）在一九四三年二月號《實用家政》（Practical Home Economics）雜誌信誓旦旦的說：「我們不要只是跟雜肉說『你好嗎？』；我們應該要和它們做朋友！」「戰時食品管理局」編寫了《食品保育教育》（Food Conservation Education）手冊，裡頭還建議了關於雜肉的作文題目（「我的新食物探險記」）。或許他們意識到，要讓十歲大的小學生愛上吃腦和心，肯定徒勞無功，所以管理局強調的重點在於不要浪費食物。有人建議，學生進行「公開展示在垃圾堆裡找到的，遭丟棄但還能吃的食物」活動，應該會比整晚打電話跟家長說：「您好！」還有效果。

在教室裡大力宣導來改變飲食習慣還有另一個問題：小孩子並不是決定「晚餐吃什

麼」的人。米德和她的研究小組很快就明白，她們必須要找對人，也就是所謂的「把關者」：媽媽。尼倫爵克得到的結論也差不多。十七年後，我追蹤到他，問他「全國食品征戰計畫」是否大獲全勝。他在努納武特野生動物與環境部門的辦公室回答我，他說：「其實不太管用，父母親為孩子準備什麼，孩子就吃什麼。有件事情我沒做到，就是直接去找父母。」

就算真的去找還是會砸鍋。同樣是NRC研究的一部分，米德的同事勒溫（Kurt Lewin）為家庭主婦舉行一系列演講，向她們鼓吹內臟的營養價值，演講結尾還喊出「軍民一心」的愛國口號[4]。根據事後的訪談，聽完演講回家馬上煮一頓內臟大餐給家人吃的女人，只占一〇％。討論小組比演講有效率，不過最有用的還是罪惡感。汪辛克（Brian Wansink）說：「他們跟這些婦女說：『有許多人正在戰爭中犧牲，只要吃內臟，你就可以貢獻一份心力。』突然之間，這就像是：『嗯，我不想成為唯一的害群之馬。』」汪辛克是〈在大後方改變飲食習慣〉一文的作者。

有一招也很有效：發誓。不過，現在似乎很難想像，汪辛克說，政府的人類學家要家長會的成員站起來宣讀：「我在未來兩星期內，至少會準備內臟食物（　）次。」汪辛克說：「這種做出公開承諾的行為，非常非常有效。」插播一下時代背景：一九四〇年代是發誓和賭咒的鼎盛時期[5]。在童子軍大會廳、上課教室，以及愛國者集會裡，大家都很習慣在畫虛線的地方簽名，或是站起來宣讀，一隻手還要舉起來。連一九四二年某位海軍指揮官想出來的「吃光光俱樂部」（Clean Plate Club）也有誓詞：「我，某某人身為信譽良好的會員……在此同意，會將我碗盤裡的所有食物吃光……並堅守承諾，直到山姆大叔把小日本和希特勒」——想必是「吃乾抹淨」之類的吧！

要讓人家對新的食物敞開心扉，有時只需讓他們敞開嘴巴就夠了。有研究顯示，假如嘗試某種食物的次數夠多，或許就會萌生喜好。在戰爭期間，有一群飲食習慣研究人員對某間女子專校進行調查，發現只有一四%的學生表示喜歡喝淡奶（蒸餾過的牛奶）。經過一個月總共讓她們喝了十六次之後，研究人員又做了調查。結果這次有五一%的學生喜歡喝。正如勒溫所言：「人們喜歡他們吃的東西，而不是吃他們喜歡的東西。」

這種現象很早就開始了。母奶和羊水帶有母親所吃食物的味道，而各種研究顯示，嬰兒成長後，較能接受他們在子宮裡及喝母奶時曾嘗過的味道。（嬰兒每天都會喝下數十毫升的羊水。）蒙乃爾化學感覺中心的梅內拉（Julie Mennella）和波亨（Gary Beauchamp）在這個領域已經做了許多研究，甚至還招募感官評鑑員來嗅聞婦女的羊水❻（利用羊膜穿刺檢查時抽取）及母奶（有吞服蒜油膠囊和沒吞服的）。評鑑員一致同意，吃過蒜頭的母奶樣本聞起來有蒜頭味。（小貝比似乎不介意，相反的，蒙乃爾研究小組寫道：「嬰兒……對有蒜頭味的奶，吸得比較多。」）

身為食品行銷顧問，汪辛克曾致力於增加豆漿製品的全球消費量。他發現，執行這項任務能否成功，有很大程度取決於你想改變的飲食來自何種文化。以家庭為重的國家，飲食及烹調都與傳統緊密結合，因而較難滲透，汪辛克舉中國、哥倫比亞、日本及印度這些國家為例。而像美國和俄羅斯，遵循傳統的文化壓力較小，較強調個人，飲食文化便比較有機會改變。

價格也有關係，雖說並非如你所想的那般。省錢可能是問題之一。內臟很便宜，長久以來眾所皆知。米德囉唆的寫道：「對人類來說是可食用的，但並不是自己那一族的人類。」在一九四三年當時，食用內臟會貶低自己的社會地位。美國人寧可吃平淡無味的肌肉，部分是因為在他們長久以來的記憶裡，那就是上流人士在吃的東西。

基於種族與地位而產生的厭惡感如此強烈，竟然讓探險家寧願餓死，也不願意吃得像當地人一樣。英國的極地探險因為飲食的傲慢自負而受苦受難。「英國人相信，愛斯基摩人的食物……比英國水手吃的還不如，堂堂英國政府官員絕對不可能會吃。」費尼（Robert Feeney）在《極地之旅：食物與營養在早期探險中的角色》（*Polar Journeys: The Role of Food and Nutrition in Early Exploration*）一書中寫道。一八六〇年，一支穿越澳洲的探險隊由伯克和威爾斯（Burke & Wills）領軍，隊員大半淪為壞血病的犧牲品或餓死，因為他們不肯吃澳洲原住民吃的食物。博貢蛾的腹部和巫蠐螬（蛾類肥白的幼蟲）聽來或許令人作嘔，但它們的維生素C含量與同等分量的熟菠菜一樣多，可以對抗壞血病，更具有鉀、鈣和鋅等額外的營養。

在所謂雜肉裡，沒有什麼能比得過「生殖器官」給食物勸說員帶來的艱巨挑戰。普恰瑞利（Deanna Pucciarelli）這女人很有種，竟然想把豬睪丸這道佳餚介紹給美國主流社會。「我確實正在進行豬睪丸的研究。」普恰瑞利說，她是蛋蛋，噢！不是啦！是波爾州立大學（Ball State University）酒店餐飲管理課程的主任。礙於保密協議，普恰瑞利不能告訴我誰吃過豬睪丸、為什麼會吃，或煮成什麼樣子來吃。就算它據稱能增強生育能力，而且既新奇又大膽（好比稱為「落磯山生蠔」的牛睪丸），但生殖器官在全世界應該都不會是盤中飧。無論是我，還是美國肉品協會的發言人賴利（Janet Riley），都想不出有哪種現代文明會三不五時就大啖卵巢、子宮、陰莖或陰道，單純只因為好吃。

歷史上，古代的羅馬倒可算是一個。「芝加哥烹飪史學家」（Culinary Historians of Chicago）的總裁克萊格（Bruce Kraig）轉交給我一道來自《阿比修斯》（*Apicius*）的食譜：用豬子宮來製作香腸。《阿比修斯》雖是一本食譜書，卻明顯具有神鬼戰士般的風格。某道食譜開宗明義就是：「宰殺後，在屍體尚未變硬前，立即把內臟從喉部取出。」現代食譜可能會在某處指示我們要「加鹽調味」，那道子宮食譜卻說要「加煮熟的腦，需要多少就加多少。」布爾❼（Sleeter Bull）是一九五一年出版的《餐桌上的肉》（*Meat for the*

Table）一書的作者，他聲稱古希臘人會吃動物的乳房，而且還特別挑「剛分娩完、還沒哺育過小豬仔的母豬乳房」。這可真是史上最殘忍的烹飪法，不然就是布爾先生在胡謅。

我敢打賭，如果你很認真找，還是找得到一張嘴巴，願意吃下任何安全的營養成分，無論那對你來說有多恐怖。食品科學家布雷克（Anthony Blake）寫道：「假如我們考慮世界上所有人類族群所吃的各式各樣食物，應該……會質疑，任何提供營養成分、無不良影響的食材，是否生來便令人討厭？如果從幼兒很小的時候，照料他們的人便積極勸吃，某種食材就能成為他們飲食的一部分。」舉例來說，布雷克提到有一種異他族（Sudanese）調味品，是以牛的尿液發酵製成的，用來增強風味，「跟醬油在世界上其他地方的用法差不多」。

十分貼切的對照發生於二〇〇五年夏天，在中國有個小規模的交易，遭查獲以人類的頭髮取代大豆來製造便宜的仿冒醬油。我們頭髮中含有一四%的L半胱胺酸，這種胺基酸普遍用來製造肉味香精，以及在商業烘焙中用來增加麵糰的彈性。有多普遍？普遍到讓研究猶太飲食教規的學者議論紛紛。「人類頭髮，雖然並不特別令人想吃，卻是潔淨的，符合猶太教教規。」猶太拉比布列（Zushe Blech）在他的著作《猶太教教規食物產品》（Kosher Food Production）中如此表明，猶太飲食教規網站（Kashrut.com）上，布列也在一封電子郵件裡主張，頭髮「沒有『噁心』因子」。把頭髮溶解於鹽酸中，會產生L半胱胺酸，頭髮也變得面目全非，順便消毒殺菌。但是布列的主要疑慮並非在於衛生，而是偶像崇拜。「似乎婦女會把頭髮留長，然後全部剃下來，拿去祭拜神明偶像。」布列寫道。印度的神廟住持會暗中蒐集那些頭髮，然後賣給假髮製造商，猶太飲食教規的圈內人擔心，住持也可能會把頭髮賣給L半胱胺酸[8]的製造商。事實證明並非如此。「製程中使用的頭髮完全來自當地的理髮店。」布列向我們保證。**哦！**

改變飲食最具效果的代言人，莫過於受愛戴的老饕——例如欣然接受海螺肉的國王，或是熱中於「串烤心臟」料理的革命英雄。「一向令人厭惡的物質或物體，若牽涉到崇拜的……人，就不再那麼討人厭，甚至變得可親，」羅津寫道。對於如今的內臟食品來說，那樣的人已經化身為明星主廚，出現在高級餐館裡，如洛杉磯的野獸（Animal）餐廳和倫敦的聖約翰（St. John）餐廳，以及美食頻道的節目裡。在「鐵人料理」某集「內臟料理大戰」節目中，韃靼生猛心臟、羊肝菌巧克力、肚片、胰臟以及胗等各式內臟料理令評審驚豔絕倒。若依照往例，心臟和胰臟或許在未來五到十年，就會開始出現在尋常百姓家的餐桌上。

ＡＦＢ的莫勒曾觀察過各類異國菜餚的演進，屢次都是：從高檔餐廳到路邊攤到餐桌上，再到超級市場的冷凍食品櫃。「基本上一開始會先做成開胃菜，這樣風險低；然後晉升為主菜；接下來變成隨處可買到的食物，可以帶回去煮給全家人吃。」

料理內臟時，準備工作可能包括例如「取下薄膜」，最後一道手續則是慢慢熬煮。與肉片、燉肉不同的是，內臟看起來原原本本就像是：身體的器官。這也是我們心生抗拒的另一個理由。羅津說：「器官，讓人想起我們與動物的共同之處。」屍體會讓我們想到死亡，同樣的，舌頭和肚片也傳遞了令人不堪的訊息：你也是生物，是一具能咀嚼、消化的內臟皮囊。

吃肝的同時，想到自己身上也有肝，於是觸犯了「同類相食」的忌諱。我們和某一種生物愈接近，在情感與親緣關係上來說，那種進食景象的恐懼就愈強烈，宰殺的感覺更像是在謀殺。米德寫道，寵物和靈長類動物都屬於「絕不能吃」的那一類。有些文化會吃猴子肉，但這些文化在傳統上不吃猩猩。

我訪問依格魯利克時，因紐特人並沒有把動物當成伴侶的傳統。雪橇犬只不過是工具。當我告訴納托克我有隻貓時，他竟問說：「妳用牠來做什麼？」在美國，寵物是家人，絕不是食物。第二次世界大戰食物配給期間那幾年，這種情感依然堅定不移，即使當時的馬或兔子（兔子是法國池塘邊隨手可得的佳餚）應該比內臟更適合當食物。在一九四三年的〈長耳大野兔可用來解決肉類短缺問題〉社論中，堪薩斯市的科學家基斯（B. Ashton Keith）表示惋惜，他認為這些長耳大野兔的屍體是「未有效利用的肉類來源」，牠們被牧場工人「大量屠殺好幾千隻」，結果卻便宜了土狼和烏鴉。（基斯的媽媽似乎也蒐集了一大部分：「我少年時代最愉快的一些回憶，就是炸兔肉、烤兔肉、兔肉湯，以及兔肉派。」）

自封為「營養經濟學家」的弗萊契爾（Horace Fletcher）（見第四章）信奉一套奇特的方法，能讓美國人熬過戰時的肉類短缺，既不需採取配給制，也不用叫大家吃長耳大野兔。弗萊契爾所提倡的，是一種簡單卻又麻煩的人體機制調節。

注釋

❶北極體育競賽是因紐特特有的競賽。大都是當初為了在雪屋（igloo）裡舉行而設計的室內競賽。例如「耳朵舉重」（Ear Lift）：參賽選手聽到信號響起，就將掛在耳朵上的重物拖離地面往前走，看耳朵能承受重物走多遠的距離。還有「嘴巴拔河」（Mouth Pull）：兩名選手肩靠著肩站立，手臂環繞對方的脖子，彷彿是非常親密的朋友。在雪地上畫一條界線，兩人分站線的兩側，互相用中指拉扯對手的嘴巴外側，試圖將對手拉出界外。這和生活中的情況類似：「嘴硬的人贏」。

❷美國肉品業對內臟的稱呼有他們的行話。「挖出來的」（pluck）是指胸腔裡的臟器，例如心、肺和氣管。「融化的」（melt）是指脾臟，瘤胃（反芻的第一個胃）是「大肚子」（paunch），胎死腹中的小牛是「早夭崽」（slunk）。在紐約一家肉店倉庫外，我曾看過紙箱上貼著很簡陋的標籤：「皮瓣與三角肌」。

❸小孩子可聰明機警了，才不吃頭髮哩。強迫性吃頭髮的人都有「毛糞石」（人體中的毛團）。最大的毛糞石從胃部延伸到腸子，看起來很像是水獺，或一坨長了毛的糞便，必須由技術高超的外科醫生切除，他們還用相機拍下照片，在醫學期刊發表關於「毛石腸梗阻症候群」的論文。如果你敢在四月二十七日美國的「全國毛球日」（National Hairball Awareness Day）這天看這段注解，將可額外加分。

❹肉和愛國主義很難混為一談，而且設計口號也是難題。「食物戰爭換取自由」這句警語，似乎比較容易引發食堂鬥毆，而不是激勵個人光榮犧牲。

❺發誓的熱潮在一九四二年達到顛峰。《實用家政》雜誌六月號翻印了加州阿罕布拉（Alhambra）學生自治會的二十項「反浪費誓詞」，包括要承諾「小心開車以節約橡膠」以及「準時上課以節省遲到單的用紙」。同一頁的建議欄中提到「男孩短缺」，簡直比金屬、肉、紙張、橡膠短缺還要嚇人。「如果你不找點什麼事情做，就意味著寶貴光陰虛度！」幸好，雜誌給了一些建議。樣式過時的針織套裝可以「拆開、洗淨、染色再重新編織」成嬰兒服。還是很無聊？「把兩件舊洋裝縫在一起，看起來就是一件嶄新的禮拜服」——如果你變成一隻巨無霸昆蟲，或長了四隻手，穿起來就會很合身……哈哈！

❻感官評鑑員只聞羊水，而沒有順便嘗嘗倒是情有可原。羊水含有胎兒因吞飲羊水而排出的尿液，有時還有胎便（胎兒最初的排泄物），組成物還有黏液、膽汁、上皮細胞、胎兒脫落的毛髮，以及其他的羊膜碎屑。「維基百科」很用心的把橄欖色呈柏油狀的一抹胎便（拍攝自一片小尿布），與喝母奶的新生兒黃色便便（同樣的角度）互相對照，兩張照片的解析度都可以放大成一二八〇乘五二八像素。

❼布爾曾擔任美國伊利諾大學肉類科的主任，也是「布爾大學部肉類獎」（Sleeter Bull Undergraduate Meats Award）的創始贊助人。除了肉類獎學金之外，布爾還創立並贊助「阿爾法・迦瑪・若兄弟會」（Alpha Gamma Rho fraternity），在那裡可以學到一些大學裡學不到的東西。

❽L半胱胺酸的另一個常見來源是羽毛。布列的理論認為這或許能解釋雞湯的醫學價值，在猶太教神學書《塔木德》的《革馬拉》〈安息日篇〉可以找到這道食譜。他說L半胱胺酸和化痰用藥乙醯半胱胺酸類似，而鳥類的皮膚中也有L半胱胺酸，不過含量比較少。布列打趣說：「雞湯和它的L半胱胺酸」也許才是真正的「醫生囑咐配方」。

第四章　最長的一餐

完全咀嚼能不能降低國債？

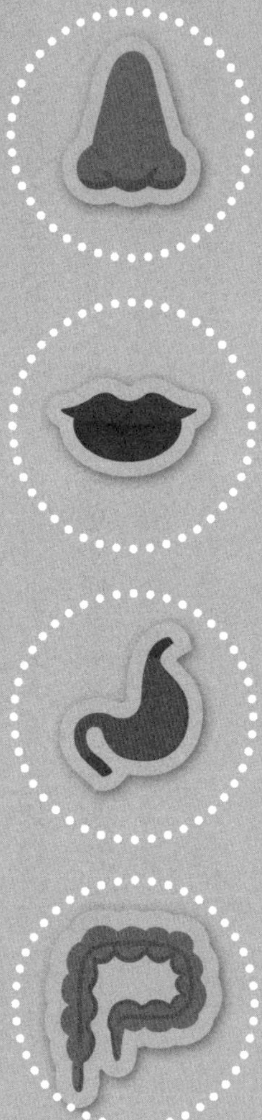

弗萊契爾的文件收存在一個紙箱裡，紙箱大小恰好可以放進一件輕盈的開襟羊毛衫。他自稱是經濟營養學家，沒念過哈佛大學❶，但哈佛卻擁有他的信件，如今收藏在霍頓圖書館（Houghton Library）某個陰暗隱蔽的角落。我專程去造訪它們時，正是春光明媚的五月天。敞開的窗戶外正在進行畢業典禮預演，空蕩蕩的一大片座椅前方，有人在練習演說。想起收藏品的小巧精簡，我感到鬆了一口氣，幾個小時應該就可以全部看完，還有空檔可以享受溫暖、閃耀著葉綠素光輝的劍橋午後時光。

沒想到那箱子會騙人。弗萊契爾竟用最薄的洋蔥皮打字紙來打字。隨著年代逐漸行進，他的頁邊留白愈來愈小，也常常沒有留白。弗萊契爾是「節省狂」，這股狂熱顯然也出現在他寫信的習慣上。如同他深信能從一口食物中萃取出最多的營養，他也想從每張信紙中取得最大的使用空間。一九一三年左右，原本的兩行間距變成單行間距，而且他開始在紙張的雙面都打字。因為紙已經薄到近乎透明，所以弗萊契爾的字全滲入紙裡，雖說是打字，但信件有些地方仍是模糊難辨。

我真的覺得，節省到這種地步簡直是神經有毛病，而且算算花在其他地方的代價，如此省錢或省資源根本划不來。弗萊契爾一輩子都在這樣的情況下怡然自得。最讓我佩服得五體投地的，是他對待事情的認真程度。

弗萊契爾帶頭掀起了一股「徹底完全咀嚼」的風潮。我們說的可不是英國首相格萊斯頓（William Gladstone）的「每一口要咀嚼三十二下」。我們說的是：「五分之一盎司的嫩洋蔥中節部分，有時也稱『紅蔥頭』，需要七百二十二次的咀嚼，才能無意識的吞下，消失不見。」（關於咀嚼及「口腔裝置」更多內容請參閱第七章。）

據大多數記載，弗萊契爾本人並不像是上述文字所寫的那種狂人。他被形容成既風趣又有魅力的享樂主義者，喜歡穿奶油色西裝來襯托他曬黑的皮膚、匹配他雪白的頭髮。他堅信體格健美、潔淨生活、良好舉止以及美食的益處。

弗萊契爾的圓滑魅力和交際手腕讓他如魚得水。政商名流紛紛群起效尤「弗萊契爾細嚼慢嚥法」，例如作家亨利．詹姆斯（Henry James）、法蘭茲．卡夫卡（Franz Kafka），少不得還有偵探小說作者柯南．道爾（Conan Doyle）爵士。一九一二年，這股風潮差不多到了顛峰，奧克拉荷馬州的參議員歐文（Robert L. Owen）執筆寫下公告，這份起草書也收存在弗萊契爾的文件裡，內容極力主張根據弗萊契爾法的原理，來成立國家衛生部門。歐文參議員宣稱，極度的咀嚼是「國家資產」，值得在學校裡強制教學。不久之後，弗萊契爾在第一次世界大戰比利時救濟委員會謀得一職，委員會由當時仍是工程師的胡佛（Herbert Hoover）總統掌理。

他能得到該職位，靠的不僅是超凡的魅力。「弗萊契爾飲食法」頗能迎合直覺的訴求，弗萊契爾相信（事實上是決定），每一口食物若我們能咀嚼到完全變成液體，就能吸收大約兩倍的維生素及其他養分。「對於男人來說，只要消耗平常食物一半的量就夠了。」他在一九〇一年的信中如此透露。這樣一來不僅節省，弗萊契爾估計，藉由弗萊契爾細嚼慢嚥法，美國每天可以省下五十萬美元，而且更健康。他還寫說，如果把一堆未充分咀嚼的食物送入腸道，會使腸子負擔過重，而且「腐爛的細菌分解物」副產品會汙染細胞。當時其他對糞便有成見的人，提倡用灌腸劑讓食物快點通過腐化區（詳情請參閱第十四章），弗萊契爾則建議少吃一點。

他寫道，實行弗萊契爾超效咀嚼食療法的人，製造的身體廢物，只有當時健康衛生教科書認定的正常人的十分之一，而且品質極佳，如某未具名的「受測文青」示範的那樣，一九〇三年七月，他住在華盛頓特區的旅館裡，每天只靠一杯牛奶和四份充分咀嚼的玉米鬆餅過活。這實在是節約飲食的最高境界。八天之後，他產出六萬四千個字，而只製造一次排便。

「他蹲在房間的地板上，絲毫不覺困難的把直腸內容物排入手心……」在弗萊契爾的書裡，這位匿名作家的醫生來信寫道：「排泄物的形狀幾近於圓球，」而且在手上沒有留下汙痕。「聞起來不比熱烤餅的味道重。」這位奇人的排泄渣滓如此令人感動、如此乾淨，以至於他的醫生突發奇想，竟然將它保存起來當成效法的典範。弗萊契爾另外加上注解：「類似的（乾）樣本已經保存了五年還沒有變化。」但願它和烤餅之間有保持安全距離。

若每秒鐘咀嚼一下，用弗萊契爾細嚼慢嚥法每咬一口紅蔥頭就要花十分鐘以上。晚餐時的聊天面臨一大挑戰。「弗萊契爾想要安靜的吃飯，充分咀嚼。」金融家富比士（William Forbes）在他一九〇六年的日記中這麼寫著。不信這一套的人可說是大難臨頭，因為他們不得不忍受歷史學家巴奈特（Margaret Barnett）所說的「令人神經緊繃、可怕的靜默……伴隨著他們咀嚼時極痛苦的折磨」。引領營養風潮的家樂（John Harvey Kellogg，「家樂氏穀麥脆片」就是他發明的）開了一間療養院，曾短暫採用弗萊契爾飲食法❷，在用餐者嚴肅賣力咀嚼時，為了讓氣氛活潑一點，他請了四重唱來助興演唱〈咀嚼歌〉❸，由家樂親自譜曲。我找不到這段影片，不過巴奈特的假設可能是對的：「餐桌旁細嚼慢嚥的景象絕不會太吸引人。」根據她的報告，卡夫卡的父親「晚餐時躲在報紙後面，以免看到這位作家在細嚼慢嚥」。

如此令人不忍卒睹又極端的方法，怎麼會有人把它當一回事？弗萊契爾是汲汲營營、遊手好閒的交際高手，一開始先籠絡科學家為他站台。雖然他沒有醫學或生理學的背景，但他會去結交有這些背景的朋友。一九〇〇年，弗萊契爾住在威尼斯的飯店時，與飯店的醫生方索梅倫（Ernest van Someren）結為好友。方索梅倫原先對弗萊契爾的繼女比對他的理論更有興趣，但終究還是不敵（或被迫接受）弗萊契爾滔滔不絕長篇大論的信件疲勞轟炸（縱使措詞戲謔❹）。方索梅倫用虛構的醫學行話，例如「吞嚥的二次反射作用」之類，把弗萊契爾的理論大大潤飾了一番。

身為飯店醫生，方索梅倫多的是時間，他開始蒐集資料，他與弗萊契爾心知肚明，需要那些資料弗萊契爾才能獲得科學界的認同。弗萊契爾在自己身上做過實驗，但是單憑這點工夫尚不足以說服研究界的人。他只不過秤秤自己和「我的同伴卡爾」的體重，記錄兩人在騎腳踏車環法旅遊的過程中，身體每天的輸入及輸出狀況。據弗萊契爾在一九〇〇年寫給一位贊助者的信中所述，卡爾是「年輕的提洛爾人……穿著民族服飾」受雇用來攜帶磅秤，以及「幫我把腳踏車騎上斜坡，大致上還算有用」。

一九〇一年，方索梅倫在英國醫學會召開的會議中發表論文，隨後又在國際生理學大會中發表這篇論文。雖然半信半疑，但是倫敦的皇家學會和劍橋大學的科學家，以及耶魯的契添登（Russell ChiHenden）❺都進行了後續的研究，結論則是見仁見智。一九〇四年，美國陸軍醫務特種部隊的十三名年輕男子，暫時離開護理工作崗位六個月，來充當弗萊契爾及方索梅倫「低熱量、低蛋白質、超級咀嚼食療法」實驗的白老鼠。這些身穿小短褲、頭戴羽飾呢帽的魁梧壯丁並非在做量體重、收拾整理這些瑣事，他們一大早六點四十五分就開工，先花一個半小時「處理寢務，例如……協助測量尿液和糞便，並把樣本送至實驗室；清洗糞便罐及尿瓶等等」。

契添登宣稱有證據顯示，弗萊契爾法讓每個男人只需目前營養準則建議的三分之二熱量及一半蛋白質就能過活。該宣稱雖然飽受其他科學家的批評且多半不予理會，卻還是打動了糧食供應者，例如部隊長官與其他必須以有限預算餵飽一堆飢民的人。在美國及歐洲，救濟院、監獄和學校的管理者對弗萊契爾飲食法都有點意思，所以美國陸軍醫學部發布正式命令：「有效達到營養成分吸收的方法」——說穿了就是「弗萊契爾法」。（開場白便是老調重彈：「把固體食物都咀嚼到全變為液體。」）一九一七年，契添登成為胡佛的科學顧問，隨後又接掌美國食品管理局。弗萊契爾在第一次世界大戰期間住在比利時，跟美國大使很合得來，於是他善加利用這兩層關係，搖身一變成為胡佛救濟委員會的「榮譽消化道專家」。他和契添登聯手，想盡辦法要說服胡佛，把弗萊契爾飲食法列為美國經濟政策的一部分，以便使運到海外的民間配給減少三分之二。胡佛英明的拒絕了。

弗萊契爾的真面目，偶爾會從他奶油色西裝的衣縫洩漏出來。他在一九一〇年的一封信裡寫說，實行弗萊契爾咀嚼法的五口之家，可以在十五個月內省下足夠裝潢一間五房公寓的家具費，才剛吹噓完，又加了一句：「當然，家具一定得是最簡單的款式。」說這話的人，卻長年住在華爾道夫酒店的豪華套房裡。他在信的結尾總結其政策：「用專家的經濟學來協助那些野心勃勃的笨蛋。」啐，簡直是何不食肉糜！

十九世紀和二十世紀初，有一些貌似善意實則貪婪的人，試圖以一絲絲的經費來餵飽窮人。拿老達塞爾和小達塞爾（Jean d'Arcet Sr. and Jr.）的案例來說好了，真皮做的鞋帶搞不好比他們提議的東西還有營養。一八一七年，化學家小達塞爾想出一種方法，可以從骨頭中提煉出明膠（還可以從巴黎福利救濟的金庫榨出錢來）。公立醫院和救濟院輕信「兩盎司（約五十九毫升）達塞爾明膠的營養價值，相當於三磅（約一．四公斤）多的肉」的謬論，竟開始用明膠煮湯給大家喝。

如此一來民怨四起，直到一八三一年，巴黎一所慈善醫院主宮（Hotel-Dieu）醫院的醫師進行實驗，比較傳統肉湯和明膠煮成的湯。結果後者「味道較差、較容易腐敗、較不易消化、較不營養……此外，通常會引起腹瀉」。法國科學院不願插手，僅任命一個委員會來調查此事。「明膠委員會」前前後後拖了十年，好不容易才發布聲明譴責。委員會的報告說，餵動物吃明膠後，發現「引起無可忍受的反感，嚴重程度使動物寧願挨餓」。

與此相關，一八五九年某期《加州農夫與實用科學期刊》（*California Farmer and Jounal of Useful Sciences*）提供一道食譜❻，用來製作祕魯海鳥糞的營養萃取物。食譜發明人是來自英國的克拉克先生（Mr. Clark），他向社會各階層，介紹這種妙方，且認為特別適合「那些費盡力氣還是買不起肉的人」。克拉克先生宣稱，只要兩、三湯匙就等於兩磅（約○．九公斤）的肉，其優點是可以為勞工朋友的馬鈴薯和豆子增添「非常滿意的風味！」

一九七九年，兩位明尼亞波利斯的研究人員對弗萊契爾飲食法進行測試。他們把十名實驗對象帶到當地的榮民醫院，還買了一些花生和幾罐花生醬。首先，實驗對象的飲食中，脂肪幾乎全部來自花生。之後，再把花生換成花生醬——用來代替過度咀嚼的花生，這在外觀上是可以接受的。實驗對象的「消化灰燼」（弗萊契爾喜歡如此稱呼排泄物）會拿來分析，看看還剩下多少花生脂肪沒由身體吸收。

論文的結論這麼說：「『大自然會懲罰那些不咀嚼的人』或許真有些道理。」這篇論文刊登在一九八〇年十月號的《新英格蘭醫學期刊》（*New England Journal of Medicine*）。食用完整花生，實驗對象排出的脂肪是他們消耗花生量的一八%。換成花生醬的話，排出來的脂肪只剩下七%。

不過，花生不太能代表一般的食物。大家都知道花生碎塊消化不掉，會直接通過消化道，只要在「沖掉之前先看一眼」，或用《新英格蘭醫學期刊》的語氣來說，「用肉眼觀察大便樣本」就會知道。堅果類都這樣。花生（和玉米粒）特別難分解，所以可以當作「標記食物」，用來自我檢測腸道通行時間[7]，亦即「從吃下去到排出來」經過的時間。花生因為具有此特性而被史塔克斯（Martin Stocks）選中，他是「腸胃模型」的業務開發經理，腸胃模型是一款電腦化的桌上型消化道❽，可用來研究胃腸的吸收。

我和史塔克斯聯絡，問有沒有可能用腸胃模型來測試弗萊契爾飲食法。他說有可能，但是「可能要花費一萬到兩萬美金之譜」。史塔克斯的看法是，對於一些頑強的食物（他選出花生及生肉或熟肉），大量咀嚼對熱量與營養吸收多寡或許會造成些許差異，但是「不太可能會對人的整體營養吸收有顯著的作用」。

史塔克斯把我的電子郵件轉寄給腸胃模型的資深科學家佛克斯（Richard Faulks）。佛克斯不僅對徹底咀嚼不以為然，對與其相關的「食物攪碎調理能促進獲取養分」那套時下風尚也不信。唾液所含的酵素確實能分解澱粉類食物，但是胰腺也能製造這種酵素。因此任何因咀嚼草率所造成的消化不足，都會在小腸再繼續消化。

佛克斯說，人類的消化道已經演化到可以從消化的食物中吸取最多的營養，而且這可能就是身體所需的全部。「營養科學受頑固的想法箝制：如果什麼東西很好，愈多就會愈好，」他說：「這也導致我們相信，應該盡量吸收那些目前正在流行的時髦成分。這其實是忽略了演化生物學與生存的法則。」他差不多已經用腸胃模型把弗萊契爾給看透了。

要說完全咀嚼有什麼好處，倒是有一個，就是可以讓人吃東西的速度變慢。如果有人想要甩掉一些體重，這是有幫助的。當大腦收到胃已經滿了的指示時，「每咬一口咀嚼三十二下的慢嚥客」所吃下的食物，會遠少於「每咬一口咀嚼五下的快吞俠」。但是「完全咀嚼」與「弗萊契爾式咀嚼」之間仍有差別。佛克斯說，如果每咬一口咀嚼一百下，反而會有反效果。用餐時間拖太久，讓胃有時間把最早吃下的幾口食物清空、送進小腸，而最後的幾口食物還在餐桌上。如此一來便有空位可吃下更多食物。可想而知，弗萊契爾細嚼慢嚥者的用餐時間將會沒完沒了，等他們好不容易終於吃光盤裡的食物，放下餐巾，搞不好已經又覺得餓了。

更別提早上會因此耗掉大半。阿蘭達米歇爾（Jaime Aranda-Michel）是梅約基金會（Mayo Foundation）的胃腸科專家，我打電話問他關於弗萊契爾細嚼慢嚥法時，他當下的反應是：「誰有這麼多閒工夫啊？光是吃早餐就要花上一整天。你會丟掉飯碗！」

早在消化研究人員拿老兵的糞便及腸胃模型來玩之前，他們的祕密武器是聖馬丁（Alexis St. Martin）。一八〇〇年代之初，聖馬丁在美國毛皮公司擔任陷阱捕獸師，地點在現今的密西根州。十八歲時他遭逢意外，身體側邊受到槍傷。傷口癒合形成一個胃瘻管，這是由胃的破洞與肌肉和皮膚包覆的洞黏合而成。聖馬丁的外科醫生博蒙特（William Beaumont）看得出來，這個洞非比尋常，堪稱窺探人類胃部活動及神祕胃液之窗，直至當時為止，人類對此知之甚少。

一八二五年八月一日中午，第一號實驗開始。「經由這個洞，我將下列食用物品放進胃裡，用一條絲線懸綁著……一片加了香料入味的熟牛肉凍、一片生的用鹽醃過的肥豬肉、一片生的用鹽醃過的瘦牛肉……一片不新鮮的麵包，以及一把切過的甘藍菜；……這小夥子仍繼續做他平常的工作。」

在博蒙特研究生涯的第一天，他的成果就給了弗萊契爾飲食法重重的一擊[9]，而這時間還比弗萊契爾的發明整整早了七十五年。博蒙特記錄：「下午兩點。發現甘藍菜、麵包、豬肉和煮熟的牛肉都完全消化而從絲線上消失。」根本不需要咀嚼[10]。只有生牛肉仍保持完好。

博蒙特在聖馬丁身上進行了超過一百種實驗，最後出版了一本書來記錄實驗成果，奠定他在醫學史上的地位。現今的教科書仍會提到博蒙特，通常說法都很誇張，像是「美國生理學之父」、「美國生理學的守護神」之類的。從聖馬丁的觀點來看，他既不是慈父，更沒進行什麼守護。

注釋——

❶不過弗萊契爾雖然沒讀哈佛，但確實把遺產捐給了哈佛，其中有一部分用來成立「弗萊契爾獎」（Horace Fletcher Prize）。這個獎每年將頒發給「以『輪廓乳突與嘴巴唾液在控制生理經濟營養上的特殊用途』為主題的最佳論文」。自該獎設立以來，哈佛獎學金辦公室還沒有任何申請紀錄，遑論得獎紀錄。

❷家樂與弗萊契爾兩人對於排便的看法大相逕庭。家樂的健康主張是：「每天應解出四條鬆軟的大便」；弗萊契爾則主張：「每週解出些乾乾的屎球一次」。後來這種歧異演變成人身攻擊，家樂不屑的說：「他的舌苔厚得要命，口氣更是難聞死了。」

❸我勉強找到〈咀嚼歌〉其中一段，不過這也夠了。「我決定要咀嚼，因為我想這麼做，這本是大自然的安排，在廚師發明可口的燉肉之前，吃東西的唯一方法就是咀嚼、咀嚼、咀嚼。」

❹例如弗萊契爾寫來的信中有這樣一句：「維蘇威火山正以驚人的速度噴發岩漿。」

❺契添登的研究結論刊登於一九〇三年六月號的《大眾科學月刊》（*Popular Science Monthly*），同頁另有一篇關於「哈佛爾（Havre）兩腳馬」的報導，這是一隻生出來就沒有前腿的小馬，很像袋鼠。「但較為不幸，袋鼠有前腿，雖然又小又短，卻總比完

全沒有好。」接著語氣轉為樂觀，還好小馬「十分健康且從山羊那裡獲得食物」。

❻這道從祕魯海鳥糞萃取營養物的食譜為：「將兩磅半的鳥糞和三夸脫的水放入琺瑯燉鍋裡，滾煮三到四小時，然後放涼。把透明的液體分離取出，即可得到約一夸脫的健康萃取物。」作者警告要省著點用，不然「會像胡椒或醋一樣令人反感」。

❼人類的消化道，就像是西雅圖到洛杉磯之間的美國國鐵火車線（Amtrak line）：通行時間大約為三十小時，最後一段路程的景色相當單調。

❽「腸胃模型」（Model Gut）的設計者自誇說：「它甚至還會嘔吐。」我寫電子郵件問他「腸胃模型會不會排泄？會排泄出什麼？」但一直未獲回應。

❾最近的研究顯示，健康成年男子的消化活動能讓所有的東西灰飛煙滅，除了二十八根骨頭之外，這是屬於未經咀嚼就吞下的鼩鼱塊（鼩鼱總共有一百三十一根骨頭）。這項研究的意圖並不是要拆穿弗萊契爾的伎倆，而是要警告某些考古學家，他們常會根據獵物的骨骼殘骸，妄自對人類和動物的飲食下結論。該研究特別向鼩鼱致謝，而不是吃下鼩鼱的人，讓我不禁懷疑論文的主要作者斯塔爾（Peter Stahl）是否親自擔此重任。他證實此事，還爆料說是借助於「一點點義大利麵醬

汁」。

❿一九〇九年，弗萊契爾在紐約州羅徹斯特的牙醫大會發表演講，在一段演講後的討論時間，有人向他提出博蒙特的發現，來聽演講的某位觀眾說：「食物先前是否咀嚼非常徹底，或是小口食物……以一小塊固體狀……吞入，並無實質上的差別。」弗萊契爾沒來得及回答，另外有兩名醫生一搭一唱提出種種意見。等弗萊契爾再度開講，又講了兩頁演講稿，但對於人家提到的博蒙特，他不是忘了，就是乾脆置之不理。無論如何，弗萊契爾並沒有做出回應。

第五章　難受反胃

博蒙特和聖馬丁之間的酸味關係

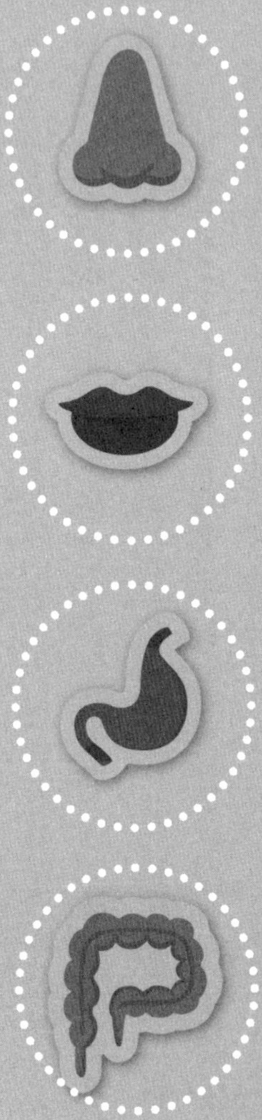

有三幅著名的版畫，畫的都是年輕時的聖馬丁。這些畫我看過很多次——在他的外科醫生博蒙特的自傳裡、在博蒙特寫的書裡，以及在有關他們兩人的期刊文章裡。無論這些作品有多精緻，你也端詳不出聖馬丁長什麼模樣。這三幅木刻版畫都只畫了他的左胸下半部，以及那個名垂千古的洞。在一排人當中，我在抬頭看聖馬丁的眼睛之前，就可以指認出他的乳頭。我認為有可能是因為，博蒙特是研究人員，而聖馬丁是他的研究對象，對博蒙特而言，聖馬丁是一具身體，而不是一個人。不過，他們兩人彼此認識長達三十年，而且斷斷續續住在一起也有十年，這段時間裡，難道都沒有滋生出友情？他們的真正關係**到底**是什麼？聖馬丁是否被虐待？或許對於辛苦的工人來說，「為科學獻身消化」是夢寐以求最輕鬆的工作？

一八二二年六月，兩人在麥其諾島（Mackinac Island）上的零售商店初次相遇，這裡是美國毛皮公司的一個交易點。聖馬丁是法裔加拿大船夫（和公司簽了賣身契的獵人），在密西根地區的森林山水間，利用獨木舟或徒步搬運獸皮。聖馬丁對於兩人的歷史性會面不太有印象，因為他當時躺在地上，幾乎不省人事。某人的槍枝意外走火，一顆獵鴨用的子彈射進聖馬丁的身體一側，身為陸軍外科醫生的博蒙特正好在附近駐守，便被召來幫忙。

麥其諾島的鴨子顯然並不好獵。「發現肺臟有個被撕裂、燒焦的地方，大如火雞蛋，從外部傷口突出來，底下還有另一個突出物，看起來像是胃的一部分，我第一眼見到時，不敢相信在研究對象存活的情況下，這會是那個器官，不過進一步檢查後，我發現它確實是胃，在突出的部分有一個穿孔，大到足以容納我的食指，他剛才吃的早餐有一部分從穿孔流出來，沾黏在衣服上。」博蒙特對傷勢的描述，讀起來有點「膨風」。

在那個穿孔裡，以及從聖馬丁的毛衣皺褶中突然浮現的那攤半消化的肉和麵包糊裡，躺著令博蒙特成為全國矚目焦點的門票。義大利的消化實驗人員曾把食物放進活的動物胃裡又拿出來、用繩子綁住海綿吸收胃液，甚至反芻自己的晚餐。然而聖馬丁身上的開口，提供了前所未有的良機：在活體內觀察、記錄人的體液及作用。（我們將於第八章正式進入胃；現在，我想探究的是醫學上最奇特的一對組合。）

博蒙特當時三十七歲，一心想追尋錦繡前程，不甘在軍隊前哨當個刻苦耐勞、沒沒無聞的助理外科醫生。他究竟何時發現「聖馬丁洞」的價值，以及他到底有多努力想要（或不想要）將它閉合，箇中玄機仍讓人猜不透。當天早上發生意外時，唯一的目擊者名叫賀柏德（Gurdon Hubbard），在他的記憶中，博蒙特發現洞的價值，比他自己宣稱的還要早。「我和博蒙特醫生很熟。醫生第一次檢查後，很快就想到，可以把食物從穿孔放進胃裡做實驗，為了達到目的，便故意讓傷口在痊癒後還留著開口。」

博蒙特予以否認。在他的日記裡，他宣稱試圖「在我能力範圍內，用盡各種方法讓胃的穿孔閉合」。據我猜測，真相應該介乎兩者之間。不過，比較接近賀柏德的版本，這樣才能解釋博蒙特令人費解的行為：為他不認識的人盡心盡力，況且依照與生俱來的階級觀念，他根本不用太在乎聖馬丁的死活，因為他只是新來且階級最低的船夫。一八二三年四月，聖馬丁的醫院治療補助金用完時，博蒙特還讓他搬進自己家裡。博蒙特在日記裡解釋，他這麼做「純粹只是心存善意」。我對此強烈質疑。

聖馬丁一痊癒，博蒙特便讓他在屋子周圍工作。從一開始，博蒙特就嚴密監視那個胃瘻管。「當他側躺在另一邊時，我可以直接看到胃腔，而且幾乎可以看到消化的過程。」博蒙特在日記中寫道。我很想知道他們的實驗協議一開始是怎麼說的。聖馬丁不懂科學方法。他不識字，而且只會講一點點英文。他用某種加拿大法語的方言來溝通，口音非常重，以至於從槍擊意外那天起，博蒙特就在筆記裡把「聖馬丁」寫成「沙馬他」。博蒙特有寫日記的習慣，但是聖馬丁對此不尋常提議的原始反應，我和醫學倫理學家卡羅伊許（Jason Karlawish）在日記上都找不到任何敘述。卡羅伊許曾寫過一篇關於博蒙特與聖馬丁的偵探歷史小說。

在〈工作倫理：博蒙特、聖馬丁，以及美國內戰前的醫學研究〉一文中，歷史學家格林（Alexa Green）解釋，兩人的關係很明顯是「主僕關係」。如果主人要從你身上的洞塞進一片羊肉，你得聽他的，其餘的指派工作也一樣。聖馬丁完全康復後，「提供後續照料」這種說法顯得太矯情，於是博蒙特便提供薪水雇用聖馬丁。

雖說兩人顧及階級與雇傭身分而保持一定距離，但博蒙特和聖馬丁之間卻存在一種極度詭異、親密的關係。「用舌頭舔胃的黏膜，在空無一物、未受刺激的狀態下，感覺不出酸味。」[1]後來我終於找到聖馬丁年輕時的全身畫像，是由康威爾（Dean Cornwell）所畫的，名為「博蒙特與聖馬丁」。這是惠氏藥廠為了打廣告，於一九三八年委託製作的「美國醫學先驅」系列之一。聖馬丁的旁分鮑伯頭自成年後幾乎沒變過，看起來不太適合他，除此之外，康威爾畫筆下的聖馬丁相當搶眼：寬闊的顴骨、直挺的鷹勾鼻，以及肌肉結實、曬得黝黑的胸膛與手臂。博蒙特則是瀟灑又時髦。他的頭髮很怪異的捲成一團，彷彿蛋糕上的奶油裝飾。

康威爾的畫作背景為密西根地區的克勞福德堡（Fort Crawford），時間大約是一八三〇年，在聖馬丁第二次受雇於博蒙特期間。博蒙特在這個階段的消化研究探索，一直試圖確認：胃液在胃的外面、離開身體的「活力」時，是否能發揮作用。（答案是可以。）他裝滿一瓶又一瓶聖馬丁的分泌物，滴在各式各樣的食物上。人家的牧場生產牛奶，他的小屋生產的卻是胃液。畫裡的博蒙特拿著一條長長的橡皮管，一端插在聖馬丁的胃裡，另一端則滴入博蒙特大腿旁的瓶子裡。

我花了很多時間端詳這幅畫，試圖剖析兩人之間的關係。兩人之間的地位差異很明顯。聖馬丁穿著粗棉工作褲，膝蓋處都磨破了。博蒙特則是一身戎裝——披著金色肩章的銅扣外套、塞進長筒皮靴裡的直條鑲邊馬褲。康威爾似乎是在說：「這種狀況對聖馬丁來說確實很難受，但是看看，大家看看他多有福氣，能服侍如此儀表堂堂的人。」（為了美化畫裡的主人翁，在服裝上，想必康威爾是自由發揮。任何與鹽酸為伍的人都知道，在實驗室裡絕不會盛裝打扮。）

情緒很難解讀。聖馬丁看似無喜無悲，以手肘支撐身體側臥。他的姿勢及空洞的眼神，令人聯想起橫躺在營火旁的人。博蒙特英姿勃發，坐在床邊的鹿皮椅上。他凝視著前方略高處，彷彿小屋的牆壁上裝了部電視機。他看起來像是來醫院探病、已經找不到話題可說的人。整幅畫呈現的是淡泊的斯多葛學派畫風：一個為了造福科學而堅苦卓絕，另一個則是為了活下去。考量到這幅畫的目的是在頌揚醫學（以及博蒙特和惠氏藥廠），因此可以合理假設，他們的情緒都經過粉飾。總不能畫成兩個人在那裡大呼小叫吧？至少有一次，博蒙特在筆記裡提到聖馬丁的「憤怒和不耐煩」。實驗程序不僅冗長乏味，身體也會很不舒服。博蒙特寫道，抽取胃液「通常會在胃的深處引起不舒服的感覺，稱為虛脫，這會有某種程度的暈眩，使得抽取的手術必須中斷」。

博蒙特和醫學界都對聖馬丁很不尊重，這在他們關於聖馬丁的往返信件中歷歷可見。聖馬丁都三十幾歲了還被稱為「男孩」，他是「人體試管」、「你的專利消化器」。

做體外消化實驗時，博蒙特要聖馬丁把裝著胃液的小瓶子放在腋下，以便模擬胃的溫度和活動。「保持在腋窩，定時搖動一下，維持一個半小時。」博蒙特的筆記寫著。如果你從來沒聽過什麼叫**腋窩**，可能會以為那是實驗室裡的器材，而不是法裔加拿大人的腋下。博蒙特進行了數十次實驗，每次都要聖馬丁以這種方式固定瓶子，等上六、八、十一，甚至二十四小時（為了消化玉米粒！）。果不其然，聖馬丁兩度請辭，以博蒙特的說法是「潛逃」。部分原因是為了探望加拿大的家人，而且也因為他實在受夠了。他只有第二次落跑時算是違反簽訂的合約，此舉讓博蒙特氣了很久。那時候，他在寫給美國軍醫處處長的信中，譴責聖馬丁是「卑鄙可恥的老頑固和醜陋的傢伙」。

然而，博蒙特沒有別的胃瘻管胃可以用了。雖然他已經做完實驗，但仍需聖馬丁來為他的海外地位撐場面。在他的事業生涯晚期，他認識了一群歐洲科學家，有些是化學家，有些他之前曾把瓶裝胃液海運❷給他們分析。（那段時期，他的書信往來兼具「毛骨悚然」及「彬彬有禮」。「非常感謝您的瓶裝胃液。」「我已……遵照您上封信的建議……特別榮幸能進行碎肉實驗。」）雖然這些人都沒能順利鑑定出各種不同的「體液」，仍有一位邀請他去歐洲演講，聖馬丁也陪同前去充當「真人展示簡報檔」。

之後的發展，彷彿是卡通《土狼與走鵑鳥》（*Coyote and Roadrunner*）裡兩隻動物主角在你追我趕，兩人苦苦糾纏了十年以上。博蒙特、聖馬丁和美國毛皮公司的幾位聯絡人之間，往返了六十封信件，因為公司說聖馬丁是他們的人，也想來抽佣金。這算是賣方市場加上一位殺紅了眼的買家，每一輪信件往返，聖馬丁都會要求更多或是編藉口，不過總是很有禮貌，並加一句「向您的家人致愛」。博蒙特為聖馬丁加薪：每年二百五十美元，外加五十美元安置他的妻子和五個小孩（有一回博蒙特竟然稱他們為「他的家畜」），搞不好還提供了政府養老金和一塊地。他最後的提議是，如果聖馬丁不和家人住在一起，就每年付給聖馬丁五百美元。博蒙特那時暗自盤算著詭計：「等我再度把他單獨掌握在手裡，就可以予取予求了。」但聖馬丁像走鵑鳥一樣，嗶！嗶！巧妙逃離博蒙特的追擊。

最後，博蒙特先離開人世。幾年後，他的一位同事想收藏那充滿傳奇的胃，用來研究並展示於博物館。聖馬丁的遺族發來一封電報：「勿來剖屍，來者必殺。」想必電報員當時一定猶豫了一下。

以今日政治正確的標準來看，博蒙特有種令人不悅的權勢與優越感。我不認為這是道德有瑕疵的結果。畢竟，他在日記上宣稱正追隨富蘭克林（Benjamin Franklin）「為了實現道德完美」的理想。我倒認為，這是十九世紀階級結構與醫學倫理「幼蟲階段」的產物。當時的醫學機構不用太擔心「知情同意」（informed consent）與人體實驗對象的問題。以前的人不會因為博蒙特剝削新進低階人員，來增進科學知識或自己的事業而譴責他。他們會認為聖馬丁已得到補償，且從未被迫違背自己的意志。博蒙特的功過評價，完全來自於他對生理學的貢獻與執著。他是（也永遠是）醫學史上一個值得稱頌的人物。

最重要的是，博蒙特和聖馬丁的故事其實是一則「入迷」的故事。故事主角把成年生涯全投入胃液研究，而且自掏腰包超過一千美元。這個人在科學的名義下，心甘情願去嘗另一個人胃裡「雞肉糜」的味道（「淡而甜」）。正如他的傳記作者麥爾（Jesse Myer）所言，這個人「如此專注於他的實驗主題，以至於他很難了解，為何大家感受不到同樣的樂趣」。博蒙特寫的書《胃液的實驗與觀察及消化生理學》（*Experiments and Observations on the Gastric Juice, and the Physiology of Digestion*）在美國銷路不佳，而且不受英國出版商青睞，讓他受到打擊。（「我已退回博蒙特的實驗書，因為我沒有意願開價。」某封拒絕信如此令人寒心的寫道。）在華盛頓大學貝克醫學圖書館（Becker Medical Library）收藏的博蒙特文件裡，有些是他寫給海軍部長和戰爭部長的信，信中慫恿他們買一百本他的書。（海軍部長有點心軟，買了十二本。）博蒙特有幾個朋友任職高層，他送給每個人一本簽名書。當時的美國副總統范布倫（Martin Van Buren）有張畫像，畫中的他靠坐在華麗的軟皮辦公椅上，隨意打開博蒙特的書閱讀，「早上九點，我把一塊老豬的肋骨放進一瓶……純胃液，今天早上才從胃裡取出。」大使、審判長、參議員以及眾議員，紛紛被迫擱置繁重的公務，提筆為一本關於胃分泌物的書寫致謝函。（「真是饒富趣味的最佳作品。」「很遺憾，我還沒時間仔細拜讀。」）

「入迷」是一副眼罩，博蒙特緊緊戴著。他太過於強調胃酸的角色，忽略了胃蛋白酶和小腸裡的胰酵素對消化的貢獻。經常受胃液逆流所苦的幾萬名患者證明（他們的胃酸已用藥物減少），人類靠極少量的胃酸就能勉強過活。事實上，胃酸的主要任務是殺死細菌，而博蒙特從來沒有想過這點。他做了幾十年的實驗，到底教了我們什麼？消化是化學作用，不是機械作用。（但是歐洲實驗人員利用動物，早在兩個世紀前就已證明這個事實。）蛋白質比植物類容易消化。胃酸不需要身體的「活力」。大致上就這些，不是太多。

我的書架上有本關於唾液的書，厚達二百四十一頁。那是作者希雷提（Erika Silletti）（見第六章）送給我的簽名書。她當然以她的書為傲，就像博蒙特以他的書為傲一樣，而且身為執著的消化科學家，她也同樣背負著格外沉重的擔子：人們的中傷與充滿疑問的沉默，他們不明白怎麼會有人想要以此為生；父母原本指望能誇耀孩子在外科或神經科學的成就，卻大失所望；而且第一次約會後往往就無下文。

聽到我想參觀唾液實驗室時，希雷提醫生很開心。很少有人要求參觀希雷提的實驗室。說真的，我對唾液很好奇，但我對「入迷」以及它在科學探索上的角色也很好奇。我想，某種程度的「入迷」是良好科學的必要條件，這麼說應該沒錯，對科學突破來說更是理所當然。

如果我有機會和博蒙特一起待在他的實驗室裡，我想我原先的負面印象，對於他以及他的研究（他的非正統方法、對聖馬丁的麻木不仁）等等，應該都會消失不見，而且站在他們的立場，對於他工作本質的創新與奉獻，我也應該會感到一定的尊重。我應該會同情聖馬丁，不是因為博蒙特對他不好，而是因為他的命不好，因為他生下來就注定沒有機會成為像博蒙特一樣的人。

當然，比起博蒙特在實驗室裡辛苦工作，還要被同事誤會，聖馬丁和家人一起住在簡單的窩裡，很可能反而比較快樂，且彼此完全坦然。但人各有志，博蒙特是那種把事業擺在第一位的人。他一絲不苟且嚴格苛刻，和任何從事實驗工作的人一樣。人，既麻煩又無法預測；而科學，你可以掌控。難怪聖馬丁是博蒙特的死穴。

關於唾液，博蒙特應該會這麼說：「依我的看法，它的正當且唯一的用途是潤滑食物，好讓食物丸容易通過〔食道〕。」有些事情博蒙特說對了，但是關於口水，他卻是大錯特錯。

注釋

❶用舌頭舔胃的黏膜其實沒有想像中奇怪。在醫生得以把病人的體液送到實驗室分析之前，他們有時會靠舌頭和鼻子來診斷病因。例如，特別甜的尿液表示有糖尿病。庫柏（Samuel Cooper）醫生在他一八二三年的《實用外科辭典》（*Dictionary of Practical Surgery*）中寫道，我們能夠分辨膿和黏液，因為膿具有「甜得令人作嘔」的味道和一種「本身特有的氣味」。至於還不懂得其中差異的醫生，庫柏提供這個祕訣：「膿在水中會沉下去，黏液則會浮起來。」醫生不懂膿與黏液的差別，或許是因為他們只知道努力苦讀辭典來學習外科。

❷一八〇〇年代，體液的運送生意還在嘗試中。一趟船到歐洲需費時四個月，瓶子到達時不是打翻就是損壞或兩者兼有。有位客戶不想冒任何風險，指示博蒙特在運送那些分泌物時，「放在特製的水瓶裡，仔細標示，用堅固的皮革和細繩密封蓋好，裝入錫罐，再把蓋子焊合起來。」

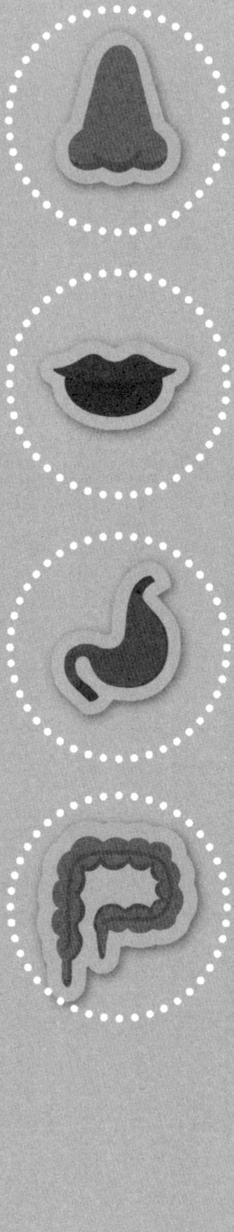

第六章　口水晶瑩剔透

來人哪！把它用瓶子裝起來

荷蘭小城瓦赫寧恩（Wageningen）的一間陽光燦爛的頂樓實驗室，就是希雷提研究唾液的地方。牆上掛著一幅高第（Gaudi）的海報，窗戶看來才剛清洗過。我去的那天，希雷提穿著合身的羊毛裙，有點短又不會太短、黑皮靴，以及鴿子灰喀什米爾毛衣。如果你在雜誌上看到希雷提的照片，一定會把她那奶油般的膚色和完美對稱的容貌歸功於電腦修圖軟體，這樣自己心裡才會覺得舒坦些。只有一件事符合我對「唾液科學」長什麼模樣的想像：六十公分高的站立式紙巾卷筒鐵架，上面裝著我這輩子看過最厚的紙巾卷。

我在牙科會議瀏覽簡報摘要時，與希雷提巧遇。她後來告訴我，大家對那次簡報反應冷淡。「他們認為唾液只是用來潤滑，如此而已！」回飯店後，她忍不住打電話向男友哭訴。

在這個世界上，沒有人像希雷提一樣了解並且欣賞唾液[1]。這麼說應該不會太離譜。

人類會分泌兩種唾液，刺激性與非刺激性，沒有更多的了。刺激性唾液比較漂亮，它分泌自臉頰及耳朵之間的腮腺。希雷提煮的奶油培根義大利麵讓人口水直流，那就是刺激性唾液。我們每天會產生一公升左右的唾液，其中七〇%到九〇%屬於刺激性唾液。

現在我們就要來蒐集一些。希雷提戴上的藍色乳膠手套和她毛衣的灰色相得益彰，彷彿本來就是整套服裝的一部分。她拿起瓶口塞住的兩個塑膠瓶，每個瓶子裡還有一個較小的瓶中瓶，裡面裝著緊緊壓縮的圓柱狀棉花團。這稱為唾液採集器。希雷提拿起簽字筆，在其中一個瓶子上寫著M（我的名字Mary的字首），另一個寫著E。

唾液採集器的使用方法印成六種語言。希雷提出生於義大利，但英文很流利且住在荷蘭，所以能看懂其中三種。方法很簡單，只要「輕咬棉球一分鐘」，直接把蒐集裝置咬一咬，是蒐集刺激性唾液最簡單的方法，不會順便蒐集到引發口水的食物。這是「機械性刺激」（相對於味覺或嗅覺刺激而言，等一下我們也會見識到）。棉花團會吸收我們流出來的唾液，然後希雷提會把每團棉花放回瓶子裡，再放入離心分離機，把棉花裡的液體甩出來，通過內瓶底部的開口往下流，最後蒐集在外瓶裡。

唾液採集器明確證明了一點：你的腮腺根本不在乎你咬的是什麼東西。超吸收的棉花絲毫不像食物，然而腮腺還是興致勃勃的發揮分泌功用。腮腺是你的忠實僕人——**老闆，不管你決定吃什麼東西，我都會幫助你嚥下去**。

讓你能吃東西是唾液最明顯的好處、但絕不是唯一的好處。希雷提從購物袋裡拿出一瓶葡萄酒醋。她用滴管噴了一些在我的舌頭上。「感覺到了嗎？唾液正進入嘴裡稀釋這些酸。」這就好像我喝了一口溫水一樣。「大腦和嘴巴之間的溝通，」希雷提驚嘆不已的說：「簡直飛快！」

醋、可樂、橘子汁、葡萄酒，都是酸性物質，酸鹼值範圍大約為二到三。酸鹼值小於四的物質都能溶解磷酸鈣，那是牙齒琺瑯質的主要成分，這過程稱為去礦物質作用。喝酸性飲料時，如果你特別留意，會發覺有一股突如其來的暖流：腮腺唾液像部隊一樣迅速到達，使酸鹼值回到安全範圍。早先，希雷提曾翻閱一本荷蘭文的唾液教科書，讓我看乾口症患者的牙齒特寫照片，他們可能患有休格倫氏症（Sjögren's syndrome）或是因化療而唾腺受損。「實在很嚇人，」她說，確實如此：牙齦線上滿是裂開的棕褐色傷口。「他們的牙齒軟到甚至沒辦法吃東西。」

糖對於蛀牙的影響只是間接的。和人類一樣，細菌也喜歡糖。「細菌一遇到糖就會恣意狂歡大開派對，它們代謝糖，將其分解，再釋放出代謝產物，也就是酸。」（雖然不像可樂或葡萄酒那麼酸。）換句話說，糖本身不會造成蛀牙，而是細菌分解糖，產生的酸性代謝產物造成的。至於酸性食物，唾液會把酸稀釋，使口腔回復中性酸鹼值。

你或多或少會納悶，新生兒根本還沒長出需要保護的牙齒，為何會生出那麼多口水？希雷提自有解答。那只是單純的機械作用。「他們沒有牙齒可以把口水留在嘴巴裡。」原來你的下排門牙是防波堤，用來擋住口水浪潮。其他原因則是新生兒高脂、百分之百純奶的飲食。嬰兒的口水（好可愛唷！）含有額外的脂酶，這是一種分解脂肪的酵素。

（成年人的脂酶主要在腸道裡。）口水較多表示脂酶較多。等到嬰兒轉換成不同的飲食，口水的脂酶就會逐漸減少。

無論年紀多寡，每個人的刺激性唾液裡，主要的消化酵素都是澱粉酶。這三個字用希雷提跳舞般的義大利口音說出來，好像是某種酒或某位歐洲美女。澱粉酶把澱粉分解成單醣，身體才能利用。你咀嚼麵包時，就能嘗到這種過程。你的唾液和澱粉混合，一股甜甜的味道油然而生。把一滴唾液加入一匙蛋奶糊裡，沒幾秒鐘整個就會清清如水。

這讓人不禁聯想，唾液（或嬰兒口水更好）應該可以拿來預先處理食物汙漬。洗衣粉或洗衣精總是吹噓含有酵素成分，那真的是所謂的消化酵素嗎？我寄電子郵件去問「美國清潔協會」，這名字聽起來像是什麼尖端研究機構，原來只是一個貿易組織，它先前的名號較不響亮，叫作「肥皂與清潔劑協會」。

協會發言人桑索尼（Brian Sansoni）沒有顯出絲毫為自己的嘲諷讚賞之意，把我轉介給一位名叫斯皮茲（Luis Spitz）的化學家。斯皮茲博士回信說：「抱歉，我只知道和肥皂有關的題材。」桑索尼（還是沒有一絲喜悅）又給我一位清潔劑專業顧問格萊姆（Keith Grime）的電話號碼。

等我自覺能從容應對，才打了電話給格萊姆。答案是肯定的。比較高檔的清潔劑至少含有三種消化酵素：澱粉酶分解澱粉汙漬、蛋白酶分解蛋白汙漬、脂酶則分解油脂汙漬（不只是食用脂肪，還包括身上的油脂，例如皮脂）。洗衣粉根本就是裝在盒子裡的消化道。洗碗精也一樣：晚餐客人沒吃完的食物，蛋白酶和脂酶會把它們吃掉。

利用消化酵素來清潔，這個好主意要歸功於化學家及樹脂玻璃的發明者羅姆（Otto Röhm）。一九一三年，羅姆從家畜的胰臟中萃取出酵素，用它們來預浸髒布，有可能是幫屠宰場員工預洗衣物以交換胰臟；歷史久遠細節已不可考。從動物的消化道裡萃取消化酵素，成本昂貴且相當費工。以首次商業化生產的洗衣酵素來說，科學家用的是某種細菌生產的蛋白酶。商業用的脂酶不久後也應運而生，其基因被轉殖到某種真菌。真菌類比細菌大，比較容易處理，不需要用顯微鏡，就能觀察這些「畜群」或「農作物」（或和真菌類有關的任何集合名詞）。

格萊姆告訴我，有一種在森林地面發現的酵素，能分解死掉倒下的樹木纖維素。從前他在寶僑公司工作時，曾試圖用它來做為纖維柔軟劑。（柔軟劑的作用，正是要溫和的消化纖維。）結果沒成功，但是這種酵素具有更厲害的功效。它能消化細棉纖維，亦即毛衣上起糾結的毛球。（過分的是，「抗起毛球酵素」對純羊毛衣竟然沒效。）

我們談唾液已經談得老遠，卻還沒有提到我打電話真正想問的問題。該是從森林回歸正題的時候了。

「如果你吃東西時，襯衫不小心滴到什麼東西，」我問格萊姆：「用唾液塗一塗，行得通嗎？會不會像是天然洗衣預浸作用？」

「這個想法很有意思。」

格萊姆博士隨身帶著汰漬（Tide）去漬筆。他不會用自己的口水。

藝術品修護師會用口水。「我們拿棉花團和竹籤做成棉花棒，放在嘴巴裡弄濕，」謝法列（Andrea Chevalier）說，她是博物館館際維護協會的資深繪畫修護師。唾液對清潔容易受損的表層特別有用，因為溶劑或水可能反倒會把表層溶解。一九九〇年，一群葡萄牙修護師拿口水來與四種常用的非解剖清洗液相比較。評比以清潔能力為主，但不能損傷「水貼金箔」及低溫彩繪黏土表面，唾液被評為「最佳」清洗液。變性唾液（除去其中酵素分解的能力）也經過測試，結果證明比不上純口水。

繪畫修護師和洗衣配方設計師一樣，對於比較典型的清潔工作，也會採用商業生產的消化酵素。蛋白酶可用來溶解以蛋白或皮膠做成的淡彩。（古時候修護師的知識沒那麼強，習慣把兔皮做成的膠塗抹在油畫布上，以強化剝損的繪畫。）脂酶則可穿透層層的亞麻籽油，十八、十九世紀的畫家用亞麻籽油來增加光線的折射效果，以及把繪畫作品的表面「餵飽」。

謝法列自己爆料說，有些修護師的唾液明顯比別人的清潔效果更好，常讓人不免暗忖，這些人中午到底喝了多少馬丁尼。實際上，人體唾液的化學組成，天生就有很大的個別差異。

每個人的「流量」也有很大差異。拿希雷提和我來說好了，我們咬棉花團的時間一樣長，我產生〇．七八毫升的刺激性唾液；她產生一．四毫升。她試著安慰我，「這並不代表你的唾液有多好，或我的唾液有多好。」

「小希，我是塊乾巴巴的粗麻布。」

「別這麼說啦，瑪莉。」

希雷提說要告退一下。「我要去拿一些冰塊。因為即使才過一分鐘，唾液就會開始變得很難聞。」❷

在她出去的時候，我要趁機和大家分享極為驚人的發現，主題和唾液的嗅覺刺激有關。「食物的味道讓你的嘴巴流口水」，科學說這個觀念是不對的。科學對此一再重申，最近的一次是一九九一年在倫敦國王學院。十名實驗對象戴上傳送味道的塑膠面罩，和五分硬幣大小的拉許利杯（Lashley cup，一種腺體罩杯，形如貝雷帽，可套在腮腺頂端蒐集分泌物）。食物氣味陸續飄入志願者的鼻子：香草、巧克力、薄荷、番茄，以及牛肉。結果，只有一種味道（而且只有一位實驗對象）造成唾液分泌顯著增加。奇怪的是，這位實驗對象是素食者，而她聞的是牛肉。經查問，她表示那種味道讓她覺得噁心。哦——原來是嘔吐之前的那種唾液分泌。

隨便挑就能挑出那個研究的毛病。就憑坐在實驗室裡，臉上戴個塑膠面罩，聞一聞化學合成的味道，根本無法比擬用餐時口水直流的特有場景。不過，以下這個研究可就玩真的了。一九六〇年，明眸厚唇的年輕生理學家柯爾（Alexander Kerr）在他哈佛的實驗室裡煎培根蛋。他在三位飢腸轆轆的志願者面前現場表演，用第二類外流紀錄器❸來測量他們的腮腺分泌流量（那時還沒發明拉許利杯）。即使如此，三人的唾液分泌都沒有比煮東西前來得多。身分標識為AG的實驗對象對此並不買帳，他很確定，在開始吃東西前那一瞬間，能感覺到嘴巴「垂涎不已」。柯爾堅持並非如此。他告訴AG，那種感覺是心理作用，因為他把注意力轉移到嘴巴裡面，才會突然間「意識到嘴裡有唾液」。我看過資料，不過，我也發現很難相信柯爾博士。

整個早上都在下雪。團團濕雪紛紛落在實驗室外的樹幹和樹枝上。希雷提和我一起待在窗戶旁。她手裡拿著兩個小玻璃燒杯，裡頭分別裝著我們的刺激性唾液樣本，剛從離心分離機新鮮出爐。

「好漂亮。」我說。希雷提也同意，但我發覺她不是在看窗外的景色。難道她以為我說的是燒杯裡的東西嗎？依我看，搞不好真的是。如此清澈、潔淨的口水你絕對沒看過。刺激性唾液看起來、嘗起來、流動起來就像水一樣——事實上，九九%是水。水、一些蛋白質和礦物質。如同水來自不同的泉源一樣，每個人的唾液所含的礦物質也有獨特的組成比例。（有些人的唾液天生含有許多鹽分，對於食物中的鹽分就會略微察覺不到。）

「所以有人，」我評論：「可以對不同的唾液進行味道測試。」

「如果有人願意的話，沒錯。」

有人不願意——事實上每個人都不願意。我指著標示為E的燒杯。「如果只是測試妳自己的呢？妳有沒有——」

「沒有，即使是我自己的也沒有。雖然事實上，妳一天到晚都在喝它。」

「對啊，所以——」

「不行。」

這是對於自己唾液很詭異的雙重標準。只要它還留在嘴巴裡，就是好的，自己甚至很樂於接受，它嘗起來和水一樣不會令人反感。一到了嘴巴外面，幾乎就跟陌生人的一樣汙穢不堪。賓州大學心理學系的羅津（第二、三章出現過的老朋友）在某個研究中，要求實驗對象想像一碗他們最喜歡的湯，評比喜歡的程度。然後他又要求他們想像在這碗湯裡吐口水，再評比一次。結果五十人中有四十九人降低了評比。哈波（Edward Harper）在〈種姓制度與宗教集成之儀式汙染〉一文中寫道，印度某些種姓制度認為，對某人吐口水，甚至會讓吐口水的人「陷入極為不潔的狀態」，因為他的口水想必有些會「反濺到自己身上」。

唾液的禁忌讓研究人員的事業生涯格外辛苦。希雷提的同事維克（René de Wijk）幾年前做過一個研究，想知道唾液分解澱粉如何活化脂肪並增強風味。（脂肪是風味的主要媒介。）做這個研究，需要讓實驗對象評比卡士達醬樣本的味道，其中一份加了一滴他們自己的唾液，另一份沒有。他解釋，你不能讓他們直接吐口水在上面，因為這樣一來他們就不願意再碰樣本一下。他只好在實驗對象不知情的情況下，蒐集他們的唾液樣本，然後再偷偷加入食物裡，活像是那種心懷不軌的服務生。

同樣的雙重標準，也適用於所有羅津所謂的「身體產品」——彷彿鼻涕和唾液是什麼水療系列產品。我們人體是大型、會動的容器，裡頭裝的正是我們最嫌惡的物質。倘若這些物質留在自身範圍內，我們就不覺得噁心。它們是身體的一部分，是我們最該珍惜的東西。

羅津為他自稱的「口腔心理微解剖學」費了不少心思琢磨：嚴格來說，自身與非自身之間的界限究竟何在？如果吃東西時把舌頭伸出嘴巴外又縮回去，沾到口水的食物會讓你覺得噁心嗎？並不會。因此自身的範圍可延伸至舌頭伸長的距離。嘴唇也可視為口腔內部的延伸，所以也是自身的一部分。然而，界限會因文化而改變。哈波寫道，篤信婆羅門教的印度人，連自己嘴唇上的唾液都視為「極度褻瀆」❹，嚴重到如果有人「不小心讓自己的手指頭碰到自己的嘴唇，就必須去洗澡，或至少要換衣服」。

自身的界限通常也會「愛屋及烏」，延伸至包括我們心愛的人身上的物質。這些話我讓羅津來說：「唾液和陰道分泌物或精液，在愛侶之間具有正面的意義，另外，有些父母也不覺得他們小孩的身體產品噁心。」

我想起在上小學時，有人告訴過我，愛斯基摩人用磨蹭鼻子來親吻。這種文化算是「不願意接受心愛之人的唾液」的例子嗎？凡是有關愛斯基摩人或因紐特人的問題，我都會去問尼倫爵克，他證實磨蹭鼻子一直是、也仍然是親吻的傳統替代品。「即使現在我的小孩都成年了，如果我們分離很長時間，再見面時我還是會磨蹭他們的鼻子。」對女朋友卻從來不會。尼倫爵克還是青少年時，用「白人的方式」親吻已經開始流行了。似乎沒有人對超越那些界限有什麼問題。如果有的話，可以去問問因紐特人，他們在這方面很先進。「我孫女鼻涕太多的時候，我太太或我自己會用嘴巴幫她吸抹乾淨，然後再吐掉。不過，別人的小孩則甭想。」

類似的心理對母乳也適用。一般認為小孩喝母乳是很自然的，甚至心愛的人也可以喝，但陌生人則不行。（二〇一〇年，紐約市一家餐廳老闆邀請顧客試吃用他老婆的乳汁做成的乳酪，因而鬧得沸沸揚揚。）喝過自己乳汁的小孩，便可視為親密的家人，關係匪淺，因此伊斯蘭教承認「接受哺乳的兒子」可以豁免兩性隔離的規定。也就是說，男人可以和女人單獨相處，如果她即將成為家人，或是他小時候曾接受她的哺乳❺。（姊妹有時也會互相為彼此的小孩哺乳，形成「乳親家族」。）此乃「乳濃於血」或「血乳交融」也！

希雷提把一個塑膠杯拿給我，並設定計時器。我們現在要來採集非刺激性唾液。它是背景唾液，那種一直在流的唾液，不過流速慢很多。一分鐘到了。我們分別轉過身，悄悄把口水吐在自己的杯子裡。

「注意看它和刺激性唾液的差別。」希雷提把她的杯子傾斜。「不容易倒出來，比較黏稠，妳看！」她用玻璃吸管尾端在她的樣本裡浸一下又抽出來。**牽絲**，這是希雷提的說法，用來形容尾隨在黏液後頭的細絲。

我們對非刺激性唾液的了解相對較少。希雷提說，部分原因是沒有人想研究這個。

「因為比較噁心？」

「因為比較難採集。而且沒辦法過濾，因為它會阻塞過濾器，就像排水管裡的頭髮那樣。也無法精確研究，因為太黏了。」

「沒錯，實在很噁心。」

希雷提把一縷柔亮的黑髮塞到耳後，「它很難處理。」

非刺激性唾液的黏稠特徵是由黏蛋白引起的，胺基酸的長鏈重複串連，組成巨大的網狀結構。唾液最讓人不喜歡的特性都是黏蛋白惹的禍，它又黏又稠又有彈性❻。唾液某些比較英勇的特質也要歸功於黏蛋白。非刺激性唾液形成的保護膜，會緊緊包住牙齒表面。保護膜裡的蛋白質結合鈣和磷，提供琺瑯質再礦化之用。黏蛋白的網狀結構可圍困細菌，再把它整個吞下，由胃酸摧毀。這是好事，因為你的嘴巴裡有很多細菌。每次你吃東西，每次你把手指頭放進嘴巴裡，就會帶進更多細菌。

想像一顆裝飾蛋糕用的那種小銀球❼。褪去它的金屬外層，軟化裡面的質地。你正在想像的，相當於一毫升非刺激性唾液裡聚積的細菌。希雷提把我們的樣本放進離心分離機裡，把細胞和非細胞物質各自甩開。我們正在觀察的東西裡，有些是脫落的口腔細胞，但大多數是細菌——大約有一億個，種類超過四十種。

然而，我這輩子嘴巴裡的傷口或口瘡，在那充滿細菌的環境下卻從來不曾受到感染。唾液既是細菌的大本營，也是抗菌的奇蹟——就因為是細菌的大本營，所以必須抗菌。說到細菌殺手，在唾液面前，漱口水只能甘拜下風[8]。唾液具有抗結塊的特性，能抑制細菌在牙齒及牙齦上形成菌落。有的唾液蛋白質即使分解了，仍能維持抗菌力。「而且甚至比原先完整的蛋白質更有效，」希雷提說道：「實在很不可思議！」

唾液的抗菌能力，可解釋遠從一六〇〇年代流傳下來的某些民間醫藥偏方。一七六三年的一篇論述，提議可將「滿七十或八十歲老人家的禁食期唾液」塗抹在梅毒患者的陰莖龜頭下疳處。古代中國醫書《本草綱目》也記載，「腋下狐氣：用自己唾擦腋下數過，以指甲去其垢，用熱水洗手數遍，如此十餘日則癒」——想必**（但願）**是用某種塗藥工具來塗，而不是用舌頭來舔。

「據鄉野調查發現，唾液對於清洗化膿傷口、幫助新傷口結痂都很有效，所以狗才會舔自己的傷口……非常短的時間內，傷口就會癒合。」十八世紀醫生布爾哈夫（Herman Boerhaave）這樣寫道。他是對的。在皮膚上好幾個星期才會癒合的傷口，在嘴巴裡不到一星期就不見了。二〇〇八年某項齧齒動物研究顯示，動物舔過的傷口比沒舔過的更快癒合。（沒舔是因為唾液腺被弄斷了，所以沒辦法舔——唉，這種傷連唾液也治不好。）

唾液不只是消毒而已。齧齒動物的唾液含有神經生長因子以及皮膚生長因子。人類的唾液則含有小分子蛋白（histatin），能加速傷口癒合，但這和其抗菌作用是兩回事。荷蘭研究人員在實驗室中曾觀察到這種傷口癒合現象。他們培養皮膚細胞，用細小的無菌針尖刮一下，再浸泡在六個不同的人的唾液中，計時看傷口多久會癒合，並與控制組做比較。唾液的其他成分使病毒（包括造成愛滋病的HIV病毒）在大多數情況下不會傳染。（感冒及流感並不是因為用病人的杯子喝東西而傳染，而是由於接觸傳染。某人的手指將病毒粒子留在杯子上，下一個人的手指碰到它們，再藉由揉眼睛或挖鼻孔而轉移到呼吸道。）[9]

當然，一般人不會注意到這些細節。而除了好萊塢電影裡怪獸口水氾濫的樣子外，沒有較正統的標準，也只能繼續任由唾液鬧得人心惶惶了。唾液如此受人誣衊，連醫學界也不能免俗。長久以來，急診室的醫護人員都認定，被人咬傷特別容易受到感染而導致敗血症（一種可能致命的組織感染）。「即使是最簡單的傷口，也需要大量沖洗及清創，」《急救、創傷與休克期刊》（*Journal of Emergencies, Trauma, and Shock*）裡，〈處理人咬傷〉一文的作者提出警告。

競爭對手《美國急救醫學期刊》（*American Journal of Emergency Medicine*）說別急，而這篇文章的標題道盡一切：〈低感染風險的人咬傷，不用抗生素治療〉。沒有用抗生素的六十二位遭人咬傷患者中，只有一人受到感染。然而，作者沒有考慮到高風險性的咬傷，包括手上的「打鬥咬傷」——挑釁者用繃緊的指關節K別人的牙齒，於是留下「齒印」。

打鬥咬傷[10]容易受到感染，但唾液有錯，關節也有錯。到達手指關節腱鞘的血流相對較少，因此免疫系統能用來還擊的資源也比較少。〔耳軟骨因血管系統也有類似的不足，所以如果你想要單挑拳擊手泰森（Mike Tyson）（他曾在比賽中咬對手的耳朵），一定要先練好清創技巧。〕

即使是世界上最大的蜥蜴、科摩多龍的「致命口水」，也有誇大不實之嫌。理論上認為科摩多龍的唾液含有致命劑量的傳染病細菌，讓這種爬蟲動物有能力對付比牠們大得多的獵物，例如野豬、鹿，以及報紙編輯。〔二〇〇一年，《舊金山紀事報》（*Sun Francisco Chronicle*）的布朗斯坦（Phil Bronstein）偕同當時的明星老婆莎朗·史東（Sharon Stone），在洛杉磯動物園幕後採訪期間，遭一隻科摩多龍咬傷腳，結果花了很多天吊抗生素點滴。〕爬蟲動物不需在撂倒獵物後當場把牠殺死，理論上只需咬一下獵物，靜待牠因敗血症而亡即可。然而，這種場面從未在野外被記錄到。德州大學阿靈頓分校的一群研究人員試圖在實驗室模擬這種情境，以老鼠權充獵物，獵食者則是以「注射野生科摩多龍唾液裡的細菌」來模擬。科學家發現，經注射特殊細菌「敗血性巴氏桿菌」（*Pasteurella multocida*）的小鼠死亡率很高。然而，澳洲的研究人員指出，敗血性巴氏桿菌在虛弱或焦慮的哺乳動物身上很常見。他們推斷，科摩多龍可能是從獵物身上得到這種細菌，而不是給獵物這種細菌。目前的想法是，假定牠們有某種「複雜的綜合武器殺戮裝備」，特色是含有毒液及抗凝血劑而能致使休克，這可以解釋「獵物……的異常安靜」。不過，獵物布朗斯坦卻是異常不安靜⓫，他說：「我簡直氣炸了。」

雖然唾液惡名昭彰的罪魁禍首，或許是細菌和口水老是「牽絲」的噁心模樣，但部分也可能是來自希波克拉底（Hippocrates）及加倫（Galen）的著作中，長久以來揮之不去的陰影。他們是西方醫學最有影響力的早期（早至三位數的西元前及西元年）思想家。兩人都相信，汗液與唾液是身體把致病的不潔物排出的方式。在科學家發現梅毒和瘧疾的病因是微生物之前，這些疾病的治療方式，是讓病人待在「唾液房」。這種奇特的醫學原理至今猶存，搖身一變，成為藉由蒸氣或三溫暖「流汗排毒」的形式。只是在當時，蒸氣中含有氯化水銀⓬，好讓病人排出更多唾液。沒有人發現，原來過多的唾液竟是嚴重水銀中毒的症狀之一。唾液房是一七〇〇年代的醫院標準設備。（和「瘋人院」有異曲同工之妙。）病人待在唾液房，直到產生約三公升的唾液為止——大約是普通人一天產量的三倍。

並非所有的文化都鄙視唾液。古代道教醫術中，刺激性唾液（稱為「玉液」）據說可養氣，從而增強免疫系統，以及如七世紀一位道士所寫的：「可以消災避禍」。既然唾液養氣的傳統其來有自，為什麼我常看到年長的中國男子在吐口水？希雷提指出，他們吐的不是唾液，而是從肺部或鼻竇咳出的痰。她補充說，他們把痰吐出來，是因為不喜歡用手帕或面紙，他們反而覺得我們用手蒐集那些東西很噁心。

但論起以正面態度來看待唾液，沒有任何一個地方比得上希臘。「希臘人幾乎會在任何他們想要驅邪或祈福的東西上吐口水。」紐曼（Evi Numen）說。紐曼是馬特博物館⑬的展覽經理，館裡收藏的是馬特（Thomas Mütter）蒐集的大量醫學奇珍異品，現今坐落於費城醫學院。雖然她的工作讓她有資格評論身體上大部分的噁心東西，但她的唾液專長卻是源於她的出身。紐曼具有希臘血統。希臘人對嬰兒吐口水，對新娘吐口水，也對自己吐口水。然而口水子彈並沒有真的發射。「大多數人，」紐曼解釋：「只是說『啐啐啐』而不是真的吐口水。」

希臘人這套是從羅馬天主教學來的，羅馬天主教的神父曾以唾沫來施行洗禮。神父則是學自〈馬可福音〉——耶穌把泥土和自己的唾液混合，然後塗在盲者眼皮上，治癒了他。「這一段很有意思，」之前擔任天主教神父的拉斯特雷利（Tom Rastrelli）告訴我：「因為，〈路加福音〉和〈馬太福音〉的作者雖然以〈馬可福音〉為藍本，但卻把某段話刪掉了。」〈馬可福音〉曾提到，一位瞎眼者睜開眼睛，看到周圍的人好像樹木在行走。換句話說，治療效果不太好。耶穌賜予瞎眼者的視力太微弱，偉大的神蹟破功，因此這段話就被卡掉了。

傳統上，荷蘭人是奶製品民族，成年人吃晚餐也要配牛奶。城裡一定會有商店專門在賣乳酪。希雷提嘆氣說，荷蘭的國菜福辣（vla）就是卡士達醬（蛋奶糊）。我正住在食品科學家維克家裡，他是世界上第一流的半固體（例如卡士達醬）專家。一聽到這，彷彿聽到什麼緊急醫療事故似的，希雷提立刻邀請我上她家吃她做的義大利菜。

希雷提有乳糖不耐症（對乳糖吸收不良），對於荷蘭美食敬謝不敏。「所有東西都有牛奶。」她邊說邊整理前菜要用的日曬番茄乾。

希雷提家距離德國只有二十分鐘車程，那裡超市賣的義大利產品系列還不錯，所以她經常開車越過邊界補貨。我不怪她。維克家附近的超市賣的東西都像是白脫牛奶大麥粥和可塗抹的乳酪之類的。我寧可回家吃小黃瓜配花生，因為我想吃真實的食物，咬起來脆脆的，不要那種怪怪的東西。那裡有一整排架子專門賣卡士達醬。

「荷蘭人和他們的福辣……」希雷提說那個字眼好像在說髒話。「對我來說那根本不是食物。牙齒或唾液都派不上用場！」

奇怪的是，瓦赫寧恩地區這一帶的大學和研究機構是公認的「食品谷」，因為這裡住著一位研究爽脆食品物理過程的頂尖專家，還有一位全世界最了解咀嚼的人。我明天就要去「未來餐廳」會會他們。那是瓦赫寧恩大學裡的一家自助餐館，裡頭的隱藏式攝影機讓研究人員能評估例如「光線如何影響購買行為」，或是「如果讓顧客自己切麵包，他們是否會比較想購買」。希雷提說她才不要去那裡吃東西。

「因為那裡有攝影機？」

「因為那裡的食物。」

注釋

❶了解唾液的人，或許還有曼德爾（Irwin Mandel）。曼德爾寫了一百篇關於唾液的論文，曾獲得「唾液研究獎」，他是一九九七年《牙科研究期刊》（*Journal of Dental Research*）的最佳貢獻風雲人物，剛好也是那年的編輯。曼德爾並沒有誇張到自頌功德，這項任務委由鮑姆（B. J. Baum）、福克斯（P. C. Fox）、塔巴克（L. A. Tabak）來執行。有三位作者的好處是，沒有人會因為這句話而單獨遭責怪：「唾液載著他逐流而去。」

❷我可以證明唾液很容易變難聞。有一次我去參觀希爾托普研究（Hill Top Research）公司的冰庫，氣味鑑定員在那裡測試除臭產品的功效，例如漱口水和貓砂。當時的董事長懷德（Jack Wild）在找腋下狐臭的成分，我要求試聞一下。他不停的開啟一罐罐小瓶子，一面說：「不對，這是臭腳丫，不對，那是魚腥胺（陰道的氣味）。」我問他哪一種味道最難聞。「培養過的唾液。」他毫不遲疑的回答：「戴瑪（Thelma）和我都快吐了。」我想不起戴瑪的職稱，但無論她擔任什麼職位，都值得為此加薪。

❸用「第二類外流紀錄器」蒐集口水，聽起來好像很高科技，其實不然。實驗對象俯趴著，每兩分鐘對機器吐一次口水。這是稍微改良過的技術，最早的蒐集技術（大約在一九三五年）如下：「實驗對象坐著，頭部向前傾斜，讓唾液流到嘴巴前面……然後從張開的嘴唇間滴下來。」柯爾的專題論文裡有張照片，顯示一位穿著合宜的女士，留著鮑伯頭，兩手掌心朝下放在她面前的桌上，前額靠在支托上。一個瓷盆擺的位置

正好可以接住滴下來的口水。

❹不過，沒有什麼比烏鴉糞便更褻瀆的。根據哈波的說法，婆羅門人如果不慎遭烏鴉糞便玷汙，傳統的淨化儀式是要「洗澡一千零一次」。拜淋浴蓮蓬頭發明之賜，以及巧妙鑽宗教的漏洞，現在已經不用那麼麻煩了：「從每個洞流出來的水，都可以算成洗一次澡。」

❺埃及學者阿提亞（Ezzat Attiya）發表一項宗教指令（或宗教論點），將「接受哺乳的兒子」定義延伸為接受某女性「象徵性哺乳」的任何人。為了方便起見，司機和送貨員只要喝下五瓶某女性的乳汁，就可以和她單獨在一起。隨之而來的爭議中，另一位學者堅持，男性必須直接從女性的胸口哺乳才行。請問下列何者較瘋狂？二〇〇九年，沙烏地阿拉伯法庭判處一名女性四十大鞭外加監禁四個月，因為她讓一位麵包送貨員進到家裡；或是她可躲過懲罰，只要勉為其難讓他吸吮乳汁便可。這名女性高齡七十五歲，希望這有助於你思考答案。

❻唾液讓人不喜歡的特性都是黏蛋白造成的，但口水泡除外。一般來說，起泡沫是蛋白質的特徵；唾液中有超過一千種蛋白質。當你打發奶油或打蛋時，會使最多數量的蛋白質暴露在空氣中，空氣被拉進液體裡，便形成泡泡。賽馬的臉上和脖子上那些亂七

八糟的白色泡沫，就是唾液被馬嚼口攪弄出來的。（精液的攪弄因其凝結因子而變得複雜。如果你想知道更多，麻煩前往到處牽絲纏繞的網路世界查詢。）

❼小銀球如字面所說，銀色外層的確是真銀，所以標籤上注明「只限裝飾用」。和大家一樣，環保律師波拉克（Mark Pollock）也不清楚那些不是拿來吃的。二〇〇五年，波拉克向糕點天才（PastryWiz）、瑪莎史都華的生活媒體公司（Martha Stewart Living Omnimedia）、丁恩德魯卡（Dean & DeLuca），以及其他幾家銀衣糖球供應商提起訴訟，因為他們在業界享有盛名。波拉克成功的讓此商品從加州的店家下架。不過節慶糕點師傅沒在怕，網路上到處找得到銀衣糖球，甚至金衣糖球，迷你糖球、色彩繽紛的粉彩糖球也應有盡有。糖球小鑷子也買得到（尾端附有杯子「易於抓取每一顆糖球」）。

❽漱口水不敵唾液，原因是：漱口水製造商號稱能殺死九九％的口腔細菌，根本是誤導。希雷提說，其中有一半種類的細菌無法在實驗室裡培養，只能在嘴巴裡成長，或**在其他細菌上**成長。「如果你跟公司要求真憑實據，他們會給你看那些可培養的細菌統計資料」。至於其他細菌有多少，或漱口水對它們有何功效，則無人知曉。

❾一九七三年，維吉尼亞大學醫學院的感冒研究人員追根究柢，調查「鼻腔黏膜暴露……在自然情況下與手指接觸的頻率」——說白一點，就是人們挖鼻孔的頻率有多

高。一名觀察員以寫筆記為幌子，於綜合討論時，坐在醫院梯形觀摩教室前面。在七次各三十至五十分鐘的觀察期間，一群醫師及醫科學生共一百二十四人，總共挖鼻孔二十九次。據觀察，成人主日學的學生挖鼻孔率略低一些，研究人員推測，並非因為信教的人比醫學界的人有禮貌，而是因為他們的座位圍成一個圓圈。在研究的另一階段，研究人員把七名實驗對象挖鼻孔的手指，用感冒病毒粒子加以汙染，然後讓他們挖鼻孔，結果七人中有兩人感冒病倒。萬一你需要找個理由來戒掉挖鼻孔的習慣……

⑩打鬥咬傷要當心：可能會引起敗血性關節炎。某研究顯示，一百個案例中有十八個最後需要截指。截掉的最好是中指。對於容易抓狂的病人，缺少中指或許是預防良藥。

⑪不過，在科摩多龍咬人事件中，動物園方倒是非常非常安靜。「所以，」布朗斯坦在電子郵件裡寫道：「或許那隻龍吐了一些安靜細菌口水在他們身上。」我幾乎百分之百確定，「他們」並不包含莎朗．史東。

⑫「江湖郎中」的英文quack是從德文quacksalber衍生而來，這是從quicksilver（水銀的英文暱稱）翻譯過來的。水銀藥過了很久才問世，遲至一八九九年，《默克診療手冊》（*Merck Manual*）才推薦水銀為抗梅毒藥，用以「產生唾液分泌」。梅毒病人並非唯一靠水銀來分泌唾液的人，當時默克藥廠以十八種不同的「治療用」水銀賺了不少錢。

⓭請勿搞混，馬特博物館（Mütter Museum），不是「納特」馬車博物館（Nutter D. Marvel Museum of horsedrawn carriages），也不是「巴特」奶油博物館（Butter Museum）。巴特是一家農場，「展示所有與奶油相關的東西，從各式各樣的奶油餐到奶油的演化歷史」，但或許沒記錄一九七二年電影《巴黎最後的探戈》（*Last Tango in Paris*）中，奶油扮演的歷史性角色。

第七章　櫻桃小丸子

口腔實驗室的生涯

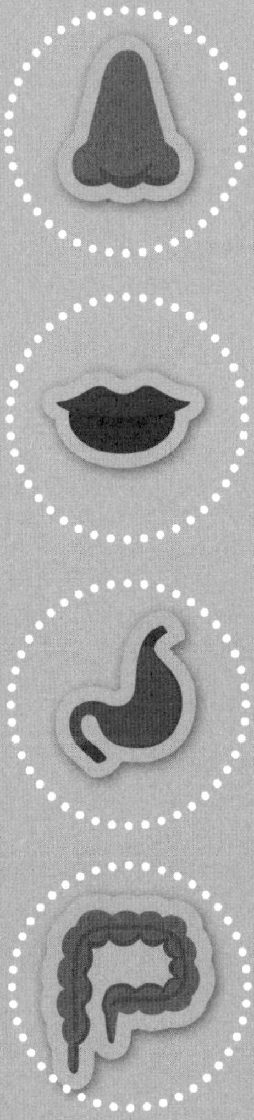

當我跟人家說要去「食品谷」（Food Valley）旅行，我形容那就是食物的「矽谷」：一萬五千名科學家正致力於改善我們的飲食品質，或者，以你對加工食品的觀感而言，該說他們正致力於對我們的飲食品質妥協。當時我用矽谷來比喻，並沒想到有一天會吃到真正的矽膠。然而事實擺在眼前：一碗橡膠似的白色方塊，如沙拉裡的麵包丁一般大小。那是范德比爾特（Andries van der Bilt）從他的實驗室拿來的，實驗室位於附近烏特列支大學醫學中心（University Medical Center Utrecht）的頭頸部學系，名稱直截了當。

「把它們咬一咬。」他說。

范德比爾特研究咀嚼已經二十五年了。如果人可以用牙齒來形容，范德比爾特就是一顆下排門牙，高而骨感，頭部隨時擺好架式，腰桿挺直坐姿端正。在處處暗藏攝影機的「未來餐廳」裡，此時是兩餐之間的空檔，服務台沒人留守，收銀機也都鎖起來。厚板玻璃窗外又下雪了，荷蘭人蹬著單車經過，顯得有點瘋狂，像是電腦合成圖。

那些方塊是用稱為舒適矽膠（Comfort Putty）的產品製成的，一般較常見的是未經硬化的形式，用來製作牙齒印模。不過范德比爾特並不是牙醫，他是口腔生理學家。他用這些方塊來量化咀嚼的性能——看某人咀嚼的效率如何。研究對象把一個方塊咀嚼十五次，然後把咬得不成方塊的新造型交還給范德比爾特，他再將它塞入一套過濾器，看看有多少咬痕能通過篩檢。

我從碗裡拿起一個方塊來咬，范德比爾特、攝影機，以及稱為「諾德斯臉部辨識系統」（Noldus FaceReader）的情緒識別軟體，都在看著我咀嚼。藉由追蹤臉部的動作，這套軟體能分辨出顧客對所選的餐點是開心、傷心、害怕、反感、驚訝，或是憤怒。臉部辨識系統應該還要加上一種特殊的情緒選項，給選吃舒適矽膠的人。如果你小時候曾咬過那種稀奇古怪的動物造型橡皮擦（或是水果造型的），那你就算嘗過這道菜了。

「很抱歉。」范德比爾特的臉抽搐了一下，說：「這有點舊了。」難不成新鮮的矽膠會好咬一點？

你咀嚼的方式，和你走路或摺襯衫的方式同樣獨一無二且始終如一。有人咀嚼快，有人咀嚼慢；有人咀嚼時間長，有人咀嚼時間短；有人習慣用右邊咬，也有人習慣用左邊咬。有些人是上下咀嚼，有些人則是像牛一樣左右咀嚼。范德比爾特告訴我，有一個研究找了八十七個人來到實驗室，讓他們咀嚼同樣數量的剝殼花生。雖然所有人的牙齒都完好無缺也很健康，但咀嚼的次數卻從十七次到一百一十次不等。在另一個研究中，研究對象各咀嚼七種質地大不相同的食物。要咀嚼多久才會吞下去的最佳預測值，與食物的任何特性都無關，而只需看看是誰在咀嚼。你的口腔處理習慣是一種生理指紋，且如同指紋的種類一樣，大多數人都不知道自己的習慣是什麼樣子❶。在一排人當中，我們無法指認出哪一張是自己正在咀嚼的嘴巴，不過這很值得一試，應該會很有趣。

范德比爾特研究咀嚼的神經肌肉原理。聽說顎肌具有驚人的力量，以單次爆發動作的壓力來說，人體擁有的最強壯肌肉就是顎肌。不過，讓范德比爾特深深著迷的，並不是下顎的摧毀能力，而是它微妙的保護能力。想像一顆花生放在兩顆臼齒之間，將被咬碎。花生在千分之一秒瞬間被壓垮，顎肌感應到它的屈服而反射性的放鬆。要是沒有那樣的反射動作，臼齒會繼續死命互相猛撞，這時中間已經沒有完好的花生了。為了避免強而有力的顎肌砸碎寶貴的牙齒（你僅有的一副），身體演化出一套自動的煞車系統，比凌志汽車的任何系統都要迅速且複雜。下顎始終保持警覺。它知道自己的威力。你愈快、愈死命閉上嘴巴，肌肉運用的力量便愈少——意識上你連想都不用去想。

把人的顎肌連上肌電圖儀（electromyograph），你就可以親眼目睹這種保護性的截斷反射動作。只要硬邦邦的東西一變弱，電活動的讀數馬上就會暫時躺平。「他們稱此為安靜期。」范德比爾特說。這似乎是幼稚園老師或是貴格會才會說的台詞。這麼多年來，原來我完全搞錯了，牙齒和下顎令人驚嘆之處，並非在於它們的力量，而是在於它們的敏感度。細細咀嚼以下這句話：人類的牙齒能察覺一顆直徑為十微米的砂礫。一微米是百萬分之一公分。如果你把可樂罐縮小，小到直徑等同一根人的頭髮，商品名稱上的字母O大約便是十微米寬。范德比爾特自己做過實驗：「舉例來說，如果你的沙拉裡有泥土，你馬上就會察覺。它會警告你有東西不對勁。我們拿**卡士達醬……**」又是卡士達醬，卡士達醬在荷蘭真是無所不在，「我們把一些大小不等的塑膠粒放在裡頭……」

范德比爾特自己閉嘴了。「我不知道妳想不想聽這些東西。」他說話的樣子帶著試探和歉意，彷彿很習慣觀眾會隨時藉故起身離去。之前他告訴過我，等退休後，他在烏特列支大學的研究單位就要準備關門大吉了，還有一年。他說：「有興趣的人不多。」

我想，應該有別的原因。

研究口腔處理並非只和牙齒有關，還包括整個口腔設施：牙齒、舌頭、嘴唇、臉頰、唾液，全體共同合作朝向一個不甚美觀的目標：形成一團食物丸。**丸**這個字有很多用法，但我們現在說的是：一團咀嚼過、由唾液浸濕過的食物粒子。或是如某位研究人員所說的：處於「可吞食狀態」[2]的食物。

我不認為科學家沒有興趣。我認為他們應該是覺得噁心。從事這種工作，你可能會發現自己某天正在記錄「口腔內的食物丸滾動」，或是用瓦赫寧恩大學的舌頭攝影機拍攝「殘留卡士達醬」的放大特寫照片。如果用盧卡斯公式（Lucas formula）來計算食物丸的聚合力，必須求出濕潤唾液的黏度和表面張力，還有咀嚼過的食物粒子平均半徑和分子之間的平均距離。要做這些事，得有一坨食物丸才行。你必須在研究對象瀕臨吞嚥之際喊暫停，然後請他張開嘴巴「繳械」，像邋遢貓吐出嘴裡的毛球一樣。如果上述的食物丸為半固體狀（優格和卡士達醬不用咀嚼，但它們經過「口腔操作處理」會與唾液混合），那成品就不怎麼美妙了。從維克（見第六章）寫的這段教科書圖片說明可見一斑：「圖2．2，照片顯示吐出的卡士達醬……上面加了一滴黑色染料。」

人類（甚至生理學家）一旦開始在嘴巴裡處理食物，就再也不樂意去想它了。原本讓客人神魂顛倒的乳酪杏菇法式薄餅，到嘴裡不用兩秒鐘，就成了眾所嫌惡的東西。對此，沒有人比利托（Tom Little）了解得更徹底，這位愛爾蘭裔的美國工人吃東西的方式，是把食物咀嚼後吐進漏斗中，然後直接送進胃裡。一八九五年，他九歲大時，等不及蛤蠣濃湯放涼就稀哩呼嚕喝下一大口。食道的燒傷治癒了，但食道壁卻也因此沾黏而使食道變狹窄。外科醫生只好在他的胃做個瘻管開口，讓他能夠吃東西。（或「投入」東西，現在利托提到自己的攝食行為，都這麼說。）這種尷尬的狀況讓他永無寧日。（有趣的是，他的醫生在一本書上提到這個案例，說利托的「臉和胃黏膜都紅了」。）利托沒有告訴任何人他的狀況，他都單獨或和母親一起用餐。最後，他娶了一位年紀較大的婦人，利托對她並沒有什麼感覺，他告訴醫生說，會選擇她是因為「她不在乎我投入食物的方式」。

暴食症族群中，所謂的「邊咬邊吐」（CHSP）是最不受歡迎的減重策略。明尼蘇達大學飲食失調診所的暴食症患者中，只有八％報告，每星期進行CHSP三次以上——通常只有在無法讓自己嘔吐，或是因為逆流的胃酸會損壞牙齒或食道時，才會採取這種方式。很少有像該研究的作者米契爾（Jim Mitchell）遇到的某病人一樣，「他唯一的問題就是老愛邊咬邊吐」。

這麼多年來，小報刊登許多不利於艾爾頓．強（Elton John）的不實報導，其中這一件讓他忍不住提出訴訟：「搖滾巨星艾爾頓．強體重暴跌……因為他染上邊吃食物邊吐出來的古怪習慣。」該文章刊登於一九九二年倫敦《星期日鏡報》（*Sunday Mirror*），敘述他在經紀人家裡的節日派對中，把咬過的蝦子吐在餐巾上，還愉悅的發表意見說：「我喜歡食物……但是吞下去有什麼意義？一旦吞下喉嚨，就嚐不出味道了。」編輯承認故事是捏造的，但不認為艾爾頓，強遭毀謗。陪審團不同意，判定歌手可獲得三十五萬英鎊（約一千七百五十萬台幣）的賠償。

厭惡和羞恥無法完全解釋CHSP的不受歡迎。「咀嚼而不吞嚥，不算是吃東西」才是重點。CHSP完全搔不到癢處。順便幫艾爾頓．強補充一下，將食物吞下去的意義在於：滿足感。關於吃，米契爾告訴我，食道裡有一條假想的界線。「在脖子以上發生的每件事情，包括嗅聞、品嚐、觀看，都在驅使你吃，脖子以下發生的事情則驅使你停。」

咀嚼造成唾液分泌，把食物軟化，並且讓食物與味蕾有更多的接觸。味覺接收器辨識出鹽分、糖分、脂肪、身體成長所需的東西，催促我們繼續囤糧。等胃填滿，產生飽足感，頭腦安靜下來，盤子就被推到一邊。要是咀嚼食物卻沒有吞下去，就沒跨過脖子那條假想界線，頭腦於是會需索無度，吵個沒完。

這讓我們找到CHSP採用率這麼低的另一個原因：代價太昂貴了。米契爾訪談過一些女生，她們會一次買好幾打甜甜圈邊咬邊吐，結果馬桶一沖，二十幾塊美金就沒了。

陳建設（Jianshe Chen）可以告訴你一團高黏度食物丸的流速[3]。他知道瑞可達乳酪食物丸的切變強度、能多益（Nutella）榛果醬的變形能力，以及麥維他消化餅乾最少需要咀嚼幾次才能吞下去（八次）。我從網際網路上找到一份陳建設的簡報檔，主題是「食物丸之形成與吞嚥動力學」，所以我知道了這些事情。但我不知道這些到底有什麼意義。陳建設犯了個錯誤，他不該把他在英國里茲大學的電子郵件信箱公布在網站上。

他馬上就回信了。你能感覺得出來，口腔處理專家一般不太會受到傳媒質詢的騷擾。他說，該研究的目的是「提供配方食品的準則，好讓弱勢消費者能安心食用」。食物丸的形成和吞嚥，有賴於高度協調的一系列神經肌肉動作與反射作用。如果少了任何一種能力（例如因中風、神經退化性疾病、腫瘤放射治療所導致），則這套天衣無縫的口腔芭蕾舞就會開始分崩離析。這種情況總稱為「吞嚥困難」（dysphagia，源自希臘文，意為「失調的飲食」，這或多或少也能用來解釋希臘的火燒起司開胃菜）。

大多數時間你只是在呼吸而沒有在吞食，此時喉頭（聲箱）會擋住食道入口。當你要把滿嘴的食物或飲料吞下去時，喉頭必須抬高，一來是讓路給食道，二來可封閉氣管以免吸入食物。要讓這種情況發生，食物丸得暫時停留在舌頭後方，像是身體結構上的交通管制燈。如果因吞嚥困難導致喉頭移動不夠迅速，食物可能會不小心跑到氣管。如此一來顯然會有窒息的危險。更糟糕的是，吸入的食物和飲料會帶進一堆麻煩的細菌，可能造成感染，甚至惡化成肺炎。

另一種比較不會致命而且比較有娛樂效果的「誤吞」，就是鼻腔返流。軟顎，也就是小舌❹（口腔裡那個小小的像鐘乳石一樣古怪的東西）的地盤，若未能封閉通往鼻腔的開口，便會有牛奶或咀嚼過的豆子從鼻孔噴出的危險。孩童較常發生鼻腔返流，因為他們常會一面吃東西一面笑，而且他們的吞嚥機制也尚未完全發育好。

因食物噎到而窒息死亡的案例中，五歲以下孩童占了九〇%，原因就是「吞嚥協調發育不全」，而齒列發育不全也脫不了關係。幼兒會先長門牙再長臼齒；有一段短暫時期，他們可以咬食物但無法咀嚼。圓形的食物特別危險，因為它們的形狀和氣管互相密合。如果有一顆葡萄不慎走錯路，完全堵住氣管，便毫無空隙可供呼吸。小朋友吸入的倘若是塑膠動物或玩具士兵反倒好一點，因為從動物的腿或士兵的槍桿縫隙還能吸入空氣。二〇〇八年七月號《國際小兒耳鼻喉科學期刊》（*International Journal of Pediatric Otorhinolaryngology*）刊出的「窒息食物排行榜」中，熱狗、葡萄和圓形糖果高居前三名。事實上，單這期刊名稱就拗口到快讓人窒息了。加州大學洛杉磯分校頭頸外科教授珍妮佛．隆（Jennifer Long）還聲稱，熱狗是公共健康議題呢。荔枝迷你果凍也曾造成多起窒息死亡案例，美國食品暨藥物管理局因而禁止進口這類零食。

三不五時就會出現某種很難進行「口腔處理」的食物，連沒有吞嚥困難症狀的健康成年人都要敬畏三分。糯米麻糬是日本傳統過年應節食品，每年都會造成十幾人死亡，它和河豚以及火燒起司，堪稱世界上最危險的三道菜色。

最安全的食物，當然就是那些端上桌前就已經預先弄濕、且有機器幫忙咀嚼過的食物，讓你自己的內建食物處理機不用做什麼事。但一般來說，它們卻也是最不受歡迎的食物。糊狀食物是一種感官剝奪。人待在又黑又靜的房間裡，久而久之會產生幻覺，同樣的，心理也會抗拒平淡無味、一成不變的食物，以及那些使口腔裝備毫無用武之地的食材。糊狀食物是給嬰兒吃的。能咀嚼的人，就會想要咀嚼。美國軍用配糧的故事可以證實這一點。二次世界大戰期間，肉丁罐頭是常見的戰鬥軍糧主食，因為這用充填機處理起來很方便。食品科學家列普科斯基（Samuel Lepkovsky）在一九六四年的一篇論文中說：「但他們想吃的是能咀嚼的東西，可以讓牙齒咬下去的東西。」他在論文中反對讓雙子星號的太空人吃流質食物，並總結了軍人對肉罐頭的無可奈何：「我們肯定可以靠這些軍糧活下去，而且活得比我們想的還久。」（一九六四年，NASA繼續進行試驗計畫，讓住在賴特—帕特森空軍基地（Wright-Patterson Air Force Base）模擬太空艙裡的一群大學生吃「全奶昔」餐。結果，這些食物有一大部分都跑到地板底下去了。）

唯一比吞糊狀食物更慘的，就是什麼都不能吞。導管餵食簡直慘無人道。利托（那個食道狹隘的愛爾蘭人）除了咀嚼食物再吐出來，也可以把食物搗碎再直接輸入胃裡。事實上，他曾嘗試這麼做，但不咀嚼「完全沒有滿足感」。（不過，啤酒卻是直接以漏斗灌入。）可見人們有多想要咀嚼。記得吞嚥困難症狀會影響「喉頭移位讓食物進入食道」的反射作用嗎？珍妮佛．隆告訴我，這些病患有時會要求以手術切除喉頭（聲箱），好讓他們能再度吞嚥。換句話說，他們寧可變啞巴，也不要以導管餵食。

爽脆的食物有獨特的吸引力。食物在嘴巴裡嘎吱嘎吱咬，似乎是普遍的本能需求，我問陳建設這背後的緣由是什麼。「我相信人類基因中有一種破壞的天性，」他回答：「人類釋放壓力的方式很奇怪，拳打腳踢、猛烈撞擊，或其他形式的破壞舉動。吃東西可能是其中一種。牙齒咬碎食物的動作是一種破壞作用，我們因而獲得樂趣，或減輕壓力。」

下午我回到維克家中，詢問他對此的意見。他慵懶的坐在沙發上，幾綹鬈髮散落前額。他兒子坐在我們中間，正在玩螢幕上的「刺客教條」（Assassin's Creed）電玩。穿僧袍的男子正在「減壓」，猛K狂K，還拿一把大刀把人砍成兩半。

維克同意陳建設的看法。「對於酥脆，很明顯，你摧殘食物正是為了獲得快感。還有什麼比用嘴巴來操控一套靈巧的架構更爽快的？」維克一下子想不出有哪些關於酥脆食物的心理研究，不過他保證會寫電郵問同事范維列特（Ton van Vliet），他是食品物理學家，過去八年來，他的事業生涯全都致力於更深入了解「香酥鬆脆的食物」。

正當維克和他太太在討論溫控器之際，遊戲裡的刺客又把另一位市民砍成兩半。修暖器的工人本來已經修好溫控器，因為再次故障所以又被叫來。我用皮靴的靴頭指著電視，說：「那傢伙好像很厲害，還他出來打。」

維克看看螢幕。「他有自己的信念，他會**幹掉**修暖器的人！」

原本我和維克要在瓦赫寧恩大學的口腔實驗室待一個下午。他答應要用「言語動作觀測儀」（articulograph）幫我製作咀嚼形態的3D剖面圖，但是他記不得哪個感應器該接到哪個地方。維克翻遍整本使用手冊，而我坐在那裡，臉上吊著一撮彩色電線。然後他就得去開會了。

儘管如此，他還是很能說服其他老是遭騷擾的研究人員，讓我占用一下他們的時間。范維列特同意隔天和我們碰面，地點在賓至如歸的未來餐廳。

我和維克到達時，范維列特已經先到了，他背對著我們，坐在房間中央的那張桌子。維克認出他的白髮，幾綹較長的髮絲彷彿是從後腦勺某源頭往前飄去的，我猜這應該是他走路來這裡時，一陣狂風朝他背後猛吹的傑作。

范維列特從沉思中抬起頭，似乎有點嚇一跳，隨即伸出手來。阿米什教派型（Amish-style）的鬍子和精美的細框眼鏡，襯托出他細骨架的臉框。我不想用**小精靈**來形容他，以免有失他的身分，但是腦海中確實浮現這個詞。

范維列特從「香酥鬆脆」的基礎開始說起。先講天然的版本，例如新鮮蘋果或紅蘿蔔，「裡面都是水泡和管柱。」他一邊說，一面在我的筆記本上畫含水細胞與細胞壁形成的網狀組織。你咬蘋果時，果肉變形，在某個瞬間細胞壁會猛然爆開，爽脆就是這麼來的。（鬆脆的零嘴點心也是同樣的道理，不過它們的泡泡裡則是充滿空氣。）「這就是為什麼新鮮水果清脆爽口，而且多汁。」范維列特說，他的聲音尖細高亢，如音樂般抑揚頓挫。

當農產品開始腐壞，細胞壁會崩解，水分也流失。沒有東西可爆裂時，水果便不再爽脆，變得粉粉、爛爛、糊糊的。同樣的狀況也發生在受潮的零嘴點心：細胞壁分解，空氣外洩。

洋芋片愈不新鮮，就愈沒聲音。食物碎裂時若要發出聽得見的聲響，必須具有所謂的脆性斷裂（brittle fracture），也就是猛然、高速的爆裂。「像這樣。」范維列特又開始畫圖。當你咬下洋芋片時，能量會累積並儲存，之後在毫秒瞬間，洋芋片碎掉，儲存的能量一次全部釋放出來。**劈啪**是很貼切的擬聲詞，念起來像是碎掉的聲響，而聲響就是斷裂造成的。（相形之下，易碎的食物碎裂時安靜無聲，因為能量並非一次全部釋放。）

范維列特伸手拿維克買來充當道具的膨化木薯片，啪一聲把一片折成兩半。「要有這種聲響，斷裂速率必須達到每秒三百公尺。」也就是音速。薯片的酥脆是你嘴巴裡的微小音爆。范維列特手掌互搓拍掉落屑，這也會發出聲音，乾乾的像在翻紙。借用零食業的術語來說，荷蘭的冬天是無情的乾燥劑。

維克和我一直在努力解決那包道具。他把袋子拿給范維列特，人家揮手說不吃。「我不愛吃這種東西。」

維克和我互看一眼：**少來！**

「我喜歡脆吐司（beschuit）……」他轉過來看我。「那是一種圓圓的荷蘭吐司，用來慶祝嬰兒誕生。」

維克的表情，用臉部辨識系統絕對可以解讀出來。「你在開玩笑吧？那麼乾。我是說，你的舌頭根本就**不能**動！說真的，我希望再也不要有嬰兒誕生了。」

「那很好吃啊，」范維列特堅持，「你要在上頭加點奶油，然後再加點蜂蜜。」

我起身想去找找看，但是餐廳裡沒有。

范維列特拉長臉，說：「那這家餐廳不好。」

維克笑著向范維列特靠過去。「這家餐廳**非常**好，他們很會招呼顧客。」

言歸正傳，范維列特給了我正在尋找的答案。酥脆和嘎吱嘎吱聲會吸引我們，因為那表示新鮮。老的、腐爛的、糊糊的產品可能會讓你生病。最起碼，它的養分已經喪失殆盡。所以人類演化出對香酥鬆脆食物的喜好，是有一定道理的。

就某種程度而言，我們是用耳朵在吃東西。咬下一片紅蘿蔔所發出的聲音，比味道或氣味更能傳達新鮮度。維克告訴我有個實驗，實驗對象一邊吃洋芋片，研究人員一邊用數位化設備變換他們咀嚼的聲音。如果把酥脆的聲音減弱，或是把較高的音頻蓋掉，實驗對象就不覺得食物酥脆。「即使洋芋片的質地沒改變，他們還是會評定洋芋片老掉了。」

范維列特點頭。「人們吃的是物理學。你吃的是物理性質配上一點味道和香味。如果物理性質不好，你就不會吃。」

香酥鬆脆是身體對「很健康」的簡略說法。零食王國已經利用這層道理賺進大把鈔票，他們生產吸引人的酥脆爽口食品，而不是以健康及生存所需為訴求的食品。

已經有相當多的點子融入最佳爽口食品的設計。「嘎吱嘎吱聲在九十到一百分貝左右，是人們最喜歡的。」范維列特說。要達到這種效果，需要約一百個氣泡很快速的連續爆裂。「這是發生在嘴裡的碎片雪崩！耳朵聽起來像是一個聲音，但事實上是由超過一百個聲音爆裂造成的。」要達到這種效果，得混雜一堆大小、脆度各異的氣泡和管柱才行。

拿這麼複雜的物理學來做垃圾食物，實在很不可思議。我問范維列特幫忙設計過哪些香酥鬆脆的零食。他的表情同時顯露出開心與不開心。「喔，食品公司不用這種科學。他們只管製造產品，再給人試吃，然後問：『你覺得怎麼樣？』」

維克證實這點。「他們非常低科技，碰運氣而已。」食品物理學上的發現，要花五到十年才能找到通往產業界的門路。

那重點是什麼？反正對於范維列特來說，重點就是物理學。之前，當我抱怨食品結構學的期刊裡頭只是「一大堆物理學而已」，范維列特似乎吃了一驚。「但是物理學很棒啊！」彷彿我汙辱了他的朋友。

維克伸長脖子指著蒸汽保溫桌。「小范，你可以留下來吃飯嗎？」十二點半了，我們只有木薯片可以吃。維克用舌頭把黏在臼齒上的一些木薯片弄下來❺。

范維列特有所顧忌。「嗯，那我要告訴我太太。你知道我是荷蘭好男人，我每天都回家吃午餐！而且是騎腳踏車。」他補充說，他來瓦赫寧恩大學八年了，從來沒吃過未來餐廳的食物。我們聽不懂他的意思到底是可以還是不可以。維克問他有沒有手機可以打給太太。

「有，我們家裡有一支。」

那就算了。過了一會兒，我們走到停車場，正好瞥見范維列特在校園自行車專用道上，蹬著車，隱入斜斜的雪中。

注釋

❶指紋有三種形態：箕型紋（六五％）、斗型紋（三〇％）、弧型紋（五％）。口腔對於半固體食物的處理形式有四種：簡單型（五〇％）、品嘗型（二〇％）、操控型（一七％），以及舌頭型（一三％）。如此造就的幾百萬種排列組合，讓你吃卡士達醬的愉悅和留下的指紋成為世間絕無僅有。

❷「可吞食狀態」（the swallowable state）我提名羅德島。（譯注：state 可譯為「狀態」或「州」。「the swallowable state」譯為「可吞食狀態」或「彈丸之州」，一語雙關。）

❸高黏度食物丸的流速，差不多和烏龜一樣快：每小時〇．三五公里。

❹小舌（uvula）的醫學全名為懸雍垂（palatine uvula），如果有一天我想拓展事業來寫羅曼史小說，將會以此為筆名。

❺木薯片黏在牙齒上，專業術語：黏牙。

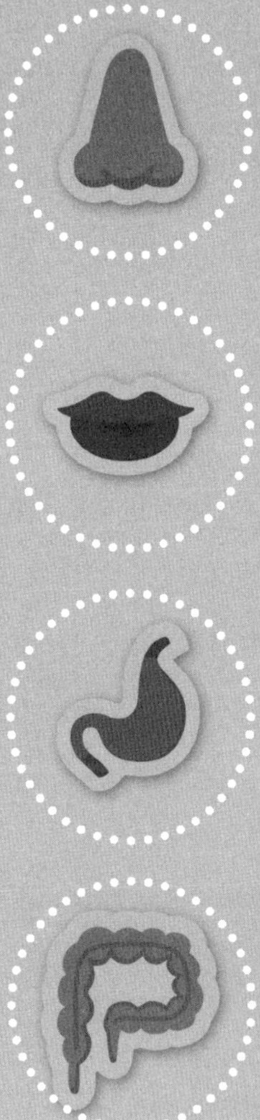

第八章　大口猛吞

被活吞時該如何逃生

我媽的那本《聖經》裡，有一幅闡述約拿故事的彩色插圖，圖中漁夫的身體，有一半陷在某種不知名的鬚鯨嘴裡。他穿著無袖的紅色袍子，從鬢角開始後禿的頭髮，被海水向後梳攏。他的一隻手臂奮力伸長，想要游出生天。鬚鯨以過濾的方式來吃東西。牠們吞下一大口海水後，便把嘴巴閉緊，然後用舌頭推動吞下的東西穿過大把的梳狀鯨鬚後，排出海水，留下小魚、磷蝦及任何固體。這種被吃的方式很溫和，甚至很有可能大難不死。不過，鯨鬚的獵物很少大過人的腳丫，牠們也據此發展出相應的身體構造。

美國國家海洋暨大氣總署（NOAA）的鯨生物學家克萊芬（見第二章）說：「鬚鯨的食道非常小，牠們不可能吞得下遭上帝譴責的倒楣鬼。」但抹香鯨就有可能，牠的食道夠寬，雖然有牙齒，但牠理所當然不咀嚼食物。抹香鯨吃東西是用吸的，而且顯然吸力非常強：一九五五年，在亞速群島外海曾捕獲一隻抹香鯨，從牠的胃裡取出了一隻完好的烏賊，重達一八三公斤（扣掉觸鬚不算，長達一九八公分）。

還有巴特利（James Bartley）。一八九六年十一月二十二日，《紐約時報》登載了一則消息：捕鯨船「東方之星」在福克蘭群島外海捕鯨，一隻遭魚叉叉中的抹香鯨「顯然處於瀕臨死亡的痛苦」，打翻了捕鯨船，水手巴特利因此失去蹤影。其他船員都以為巴特利淹死了，開始著手處理已經解脫痛苦的鯨，把牠的皮與脂肪剝下來。「船工驚訝萬分……發現（胃裡面）有什麼東西對摺起來，斷斷續續透露出生命跡象。他們把抹香鯨巨大的肚囊吊掛在甲板上，剖開後，竟然在裡面發現失蹤的水手……失去知覺」但還活著——在鯨肚子裡待了三十六小時之後❶。

《聖經》學者利用巴特利的故事借題發揮，幾十年來，這故事一直出現在宗教傳單及基本教義派的布道會上。一九九〇年，當時任職於賓州格蘭特罕彌賽亞學院的歷史學家戴維斯（Edward B. Davis）教授，曾做了些查核事實的工作。他的論文長達十九頁，為了完成研究，從大英圖書館的報紙檔案資料庫，到大雅茅斯公共圖書館的歷史室，他都不放過。長話短說：「東方之星」不是捕鯨船，那時候福克蘭群島沒有捕鯨船在作業。船上沒有人名叫巴特利，而且船長的老婆很確定，沒有船員曾經從船上落水失蹤。

我們暫且把歷史擺一邊，只看在巴特利這種處境下，實際遭消化的情形。假如在動物的胃裡生存，只是單純與「居住空間」有關，那任何人都可以處之泰然。殺人鯨的體型小得多，牠的前胃未撐開時，量起來足足有一．五公尺乘二．一公尺——差不多和東京膠囊旅館的房間一樣大，且同樣設備簡陋。德高望重的鯨生物學家史萊波（E. J. Slijper）所著的《鯨》（*Whales*）一書中，有一張圖是七．三公尺長的殺人鯨，與從牠胃裡還原出來的十四隻海豹和十三隻鼠海豚的比例圖。這些獵物畫在鯨肚下方，一隻接著一隻連成一條垂直線，看起來像是從飛機上投落的奇形怪狀炸彈。

儘管水手可能撐過抹香鯨的吸食和吞嚥，但到了牠的胃裡，應該會面臨一連串新的挑戰。「巴特利的皮膚接觸到胃液作用的部分，起了顯著的變化。他的臉和手被漂成死氣沉沉的白色，而且皮膚也皺了起來，讓他看起來好像快要被煮熟。」駭人聽聞，卻是胡扯。鯨的前胃根本不會分泌消化液。只有第二個胃（主要的胃）才會分泌鹽酸及消化酵素，而第一個胃與第二個胃之間的通道太小，人類根本無法通過。

抹香鯨的前胃沒有胃酸，再度戳破巴特利故事的假象，卻反而使約拿的聖經故事有了一點點可信度。假設這隻鯨露出水面追逐約拿時，吞下了一些空氣；或者時光快轉幾個世紀，給約拿一個潛水氧氣筒。在這種情況下，鯨的胃會是人類可能生存的環境嗎？可能，只要不是這樣：「鯨用胃來『咀嚼』食物，」史萊波說。由於抹香鯨把獵物整個吞下，要用其他方法縮減獵物成較小、較容易消化的單位。某些種類的鯨，前胃肌壁厚達七．六公分。史萊波把鯨的前胃比擬為鳥的砂囊——在構造上，堪稱是代替臼齒功能的絞肉機。

人在鯨的前胃裡是會被壓碎，或只是翻來覆去而已？其力量足以致命，或僅僅讓人不舒服？據我所知，還沒有人測量過抹香鯨前胃肌肉收縮的威力，不過倒是有人測量過砂囊擠壓的力道。這早在十七世紀就有人做過了，目的是為了解決兩位義大利實驗學家對於主要消化機制的意見分歧，這兩位分別是博雷利（Giovanni Borelli）與瓦利斯內里（Antonio Vallisneri）。博雷利宣稱，消化完全是物理作用：鳥的砂囊施力可達四百五十公斤，有這麼強大的磨碎功能，根本用不著化學分解。在一九〇六年出版的早期動物實驗年譜中，作者帕吉特（Stephen Paget）寫道：「相反的，瓦利斯內里曾剖開鴕鳥的胃，發現有一種液體❷，似乎會對浸泡在胃裡的屍體起作用。」

一七五二年，一位法國博物學家想出解決這場紛爭的方法——而且，無意間對一個半世紀後，某位美國作者的「鯨肚歷險記」提出了疑問。法國博物學家瑞歐莫（René Réaumur）擁有（或有辦法接近）一種稱為鳶的小型猛禽。如同大多數的食肉性鳥類，鳶一旦把獵物能消化的部分解決掉之後，便會反芻出一團羽毛和毛皮。瑞歐莫靈機一動，想到在鳶的食物中藏一個裝著肉的小管子。管身可以避免肉被砂囊壓碎，而兩端的網孔可以讓胃裡的溶劑（如果有的話）進入管中進行消化。鳶的砂囊以為管子是特大號的堅硬骨頭，便自然會讓它重見天日。如果反芻後，管子裡的肉溶化了，表示有某種液體曾進行消化工作。瑞歐莫後來又把這套方法運用在各種不同的雞身上。以我們來說，我們對管子的下場比對食物更有興趣。玻璃製成的管子會遭砂囊的收縮作用壓破，改用錫管也一樣。瑞歐莫最後只好用鉛管，它們可以承受將近二百二十公斤的壓力，因此能從砂囊中全身而退。

為了要感受一下那到底是什麼感覺，在砂囊裡或在抹香鯨的胃裡是什麼樣子，我用谷歌搜尋「二百二十公斤壓力」。搜尋結果包括「鮭色鳳頭鸚鵡」的嘴巴所能施加的最大壓力，這種鳥能咬掉人的手指頭。還有五十九公斤的人一腳踩下去的力量。也就是說，在砂囊裡的感覺，就像是我踩在你身上一樣（可能是我為了逃離那隻鳳頭鸚鵡的尖嘴，匆忙之間踩到的）。最後，美國汽車協會告訴我們，二百二十公斤的作用力，相當於一隻四．五公斤重的小狗以時速八十公里狂奔，迎頭撞上車子的擋風玻璃。

抹香鯨前胃的肌肉，想必會比火雞砂囊的肌肉更有力。我敢說，從抹香鯨胃裡死裡逃生的機會很渺茫。拿吉娃娃去撞小貨車，可能還比較有生還機會。

《聖經》對約拿劫難的記述，事實上並沒有用到鯨這個字眼。《聖經》上說的是「大魚」。加州大學聖塔克魯斯分校的生物學家威廉斯（Terrie Williams）在夏威夷工作時，曾經剖開一隻將近五公尺長的虎鯊的胃。有位婦人在游泳時遇難，遇難地點和抓到虎鯊的地方相隔不遠，於是威廉斯被召去，看看在虎鯊的肚子裡會不會有婦人的殘骸。結果威廉斯發現三隻發育完全、大小如人孔蓋、完整無損的綠海龜，全都朝向正前方。「牠們根本沒看到虎鯊來了。牠們只知道『我游來游去，海好藍，夏威夷好好玩……』，接下來就看到這張巨大的嘴正在閉上。」虎鯊的胃和抹香鯨的前胃不同，它會分泌胃酸和酵素。威廉斯認為，海龜躲進保護殼裡，又可以利用肌肉儲存氧氣，或許因此多活了半天左右。

如果潛水員穿著緊身潛水衣又帶著氧氣筒呢？他能在虎鯊的胃裡存活多久？「基督教問答網」（Christiananswers.net）提出一個耐人尋味的消化漏洞，如果屬實，或許對他（或對約拿的例子來說）是有利的：「只要被吞下的動物……還活著，消化活動就不會開始。」

長久以來關於消化的誤會，可追溯至十八世紀的蘇格蘭解剖學家亨特（John Hunter），就其他方面而言，他算得上是值得尊崇的科學家，現代的手術或多或少可說是他發明的。在上百宗解剖案例中，亨特有時會遇到一些屍體的胃壁出現難以解釋的損傷。他起先認為，那些損傷理應是致死的原因。但是連一些死於鬥毆的年輕壯漢也出現這種情形，包括一名遭人用鐵火鉗重擊頭部而死的男子。以這個案例來說，他的胃被溶解穿孔，亨特發現他最後一餐吃的乳酪、麵包、冷盤肉及啤酒都已溢入體腔。從這個案例，我們可以領悟到幾件事情：第一、兩百年來，酒吧的餐飲項目並沒有多大改變；第二、飲酒場所的老闆應該要把壁爐的工具藏好，放在吧檯後面。亨特領悟到的是，他看到的那些令人費解的損傷並不是疾病，而是「自我消化」。他注意到，胃部組織的損傷情形，與冷盤食物的消化方式如出一轍。換句話說，動物一死，胃就開始消化自己。

問題來了。人還活著的時候，是什麼原因讓胃不會消化自己？亨特的解釋（也是「基督教問答網」所引用的依據）如下：活體組織會散發某種生命的力場來保護自己。「動物……擁有的生命法則，如果放入胃裡，一點都不會受到內臟作用力的影響……」這是亨特在一七七二年所寫的。如果是人類被放入，情況也一樣：「假使人把手放進獅子的胃裡，然後保持在那裡不動，」亨特在另一篇文字中寫道：「……手一點也不會被消化。」不得不說這是在自我安慰。

但法國生理學家伯納德（Claude Bernard）可不買帳。一八五五年，伯納德把一些動物放進一隻活生生的狗的胃裡做實驗，狗胃有一個胃瘻管開口，就像幾十年前博蒙特用來觀察聖馬丁消化活動的那個胃洞一樣（見第五章）。伯納德把狗綁住，然後把一隻青蛙的後半截「輸入」狗的胃瘻管。四十五分鐘後，青蛙腿已「大致消化」——這對法國人來說不是什麼新鮮事，只不過此處的青蛙還是活的。伯納德的結論是，實驗「顯示生命並不會阻礙胃液的作用」。而這種殘酷的行為，對伯納德的實驗工作也不會是阻礙❸。

一八六三年，英國生理學家佩維（Frederick W. Pavy）把伯納德的研究發揚光大至哺乳動物身上。佩維維持一貫的法國市集題材，選了兔子進行實驗。他把活兔的一耳塞進另一隻狗的胃洞胃瘻管裡，當時狗的胃裡正在消化食物。四小時過後，兔耳朵的尖端有一公分左右「幾乎完全不見了，只剩一個小碎片與耳朵其餘部分藕斷絲連」。消化作用再度無視於「生命法則」或任何禮教，不屈不撓的完成任務。

所以，亨特錯了。生命力根本無法保護活體免於胃液分泌的作用。那麼，為什麼胃不會把自己消化掉？為什麼我們的胃液可以輕易消化羊肚、豬肚、牛肚，卻不會消化分泌出胃液的人肚？

答案看似困難，其實很簡單。事實上，胃的確會消化自己，胃酸和胃蛋白酶會消化胃的保護層細胞或黏膜。在亨特那個時代，沒有人知道器官會迅速重建遭分解的部分。健康的成年人每三天就會再度擁有全新的胃黏膜。（胃還有更聰明的妙招：胃酸的主要成分是分別分泌的，以免製造胃酸的細胞遭蹂躪。）亨特看到屍體裡的胃自己燒出洞來，是因為製造黏膜的機制在死後就停止了。如果有人吃東西吃到一半突然死亡，消化液還是會繼續作用（特別是在氣候溫暖的地區，天氣會代替體溫的作用），然而修復功能卻已經停止。

如果你必須在某個消化器官裡待一段時間，我建議你可以試試企鵝的胃。企鵝可以關閉消化功能，藉由降低胃的溫度到某個程度，讓胃液停止作用。胃會變成像是冰庫一樣，好讓牠們把抓到的魚裝在胃裡，帶回去給小企鵝吃。企鵝捕魚的地方離牠們的窩可能有好幾天的路程，如果沒有這種便利的冰箱功能，等企鵝回到家，牠們吞到肚裡的魚早已完全消化——「這就像去買東西，回家的路上就把所買的東西吃光了一樣。」海洋生物學家威廉斯如是說。

「生命法則」的說法引起亨特注意有一個原因：它提出了「胃裡有蛇」的醫學解釋。早在巴比倫與古埃及時代，人們就曾向醫生抱怨說，有爬蟲類或兩棲類住在他們的身體裡。這種怪毛病特別在十八世紀晚期大行其道。「從那時起，」亨特在他一七七二年關於生命法則的文章中寫道：「我們發現各種不同的動物住在胃裡，甚至在裡頭孵化繁殖。」一直到世紀末，可能還要更往後，大名鼎鼎的生物學家，不只亨特，還有林奈（Carl Linnaeus），都相信青蛙和蛇可以像寄生蟲一樣寄宿在人體裡，靠宿主每天吞下的食物來供給養分。醫學歷史學家及作家本德森（Jan Bondeson）從十七、十八到十九世紀的醫學期刊中，追查到大約六十個案例報告。其中有十八個案例與蜥蜴或蠑螈有關；十七個案例說是蛇；十五個案例宣稱是青蛙；還有十二個案例是蟾蜍。

儘管這些案例五花八門，且各有不同的地緣關係，但基本前提或多或少都一樣。病患都是因為肚子不舒服或肚子痛，才突然想起曾去過鄉下。他們的典型說詞大致是：晚上走路回家時，曾停下來喝了幾口池塘水（或沼澤水或溪水或泉水）。因為是晚上，所以看不見到底喝下了什麼，不然就是醉了所以沒注意到。有的病患自認是吞到什麼卵，有的以為吞到真正的動物。還有一些例子是病患躺下來睡覺或失去知覺，於是某種細細長長的冷血動物便從他的食道滑入內臟。

病患會如此堅信不疑，是因為他們恰巧在便盆裡發現動物。「她如廁時，直腸異常疼痛，事後想起曾察覺便盆裡有什麼東西在動。」這是一八一三年的一份典型的案例報告。通常醫生會給病患瀉藥來減輕症狀，例如一八六五年「胃裡有蛞蝓」的案例報告：「從病患的肛門注射瀉藥……之後隨即有某種東西在他的衣服底下動來動去，引起他的注意。」

當然，事情的原委比較可能是動物早就躲在便盆裡或床底下，只是一直沒被發現。而這些論文的作者，要不是懶得多用點腦筋，就是狡猾的事業投機分子。表面上看來，這樣的例子都是難以抗拒的醫學奇談，相關報導一定會被當時的醫學期刊和報紙刊載，讓醫生聲名遠播，地位大為提高。

再說句公道話，某些細節串在一起，會讓那些宣稱更具有可信度。就像當代的都市神話一樣，由於「胃有青蛙」及「懷中藏蛇」的傳聞彷彿真有那麼回事，才能流傳這麼久。若說的是人的消化道裡有活哺乳類，就不太有人會相信。（不過，本德森追查到的某個案例是胃裡有老鼠。）然而，棲息於人體內的青蛙在生物學上還說得過去。雜耍特技的反芻表演者用青蛙來表演，因為牠們在水中可以利用皮膚吸取氧氣。如果用一大杯水吞下一隻青蛙，至少在表演結束前，青蛙還會活得好好的。

冷血動物的代謝需求通常比較低，因為牠們不用拿食物的能量來保持體溫，所以需要的食物較少。有些青蛙在冬天幾乎停止代謝。「冬天時，如果漁夫從鱸魚的內臟中找到活的青蛙，我也不會太訝異。」野生生物學家皮屈福（Tom Pitchford）告訴我。不過人的肚子不是冷的，而是熱的。一八五〇年左右，德國生理學家兼動物學家貝特霍爾德（Arnold Adolph Berthold）為了終結胃和青蛙的鬧劇，把歐洲北部的某種青蛙和蜥蜴放置在與身體溫度相同的水中。結果成熟的青蛙和蜥蜴都死了，卵則都腐爛了。

蛇在排行榜上高居榜首並不意外。牠們除了冷血抗寒能力，也似乎有能忍受遭禁錮在胃腸裡的特殊本領。在本章一開始就被我苦苦糾纏的鯨生物學家克萊芬，講過一隻名為格雷希的杜賓混種狗的故事，有一次在晚宴時，牠竟然吐出一條六十公分長的束帶蛇在克萊芬家裡的餐廳地板上。他告訴太太，太太以為蛇死了，所以用一團餐巾紙把牠撿起來，結果「就在快要扔掉的時候，看見牠的分叉小舌伸出來」。克萊芬強調，格雷希至少有兩個小時沒有出門。「可見蛇在牠肚子裡已經有一會兒了。」

阿拉巴馬大學的蛇類消化研究人員西科爾（Stephen Secor），則是親眼看過一條王蛇遭另一條王蛇吞下肚大約十到二十五分鐘，還能恢復知覺。當時他把這兩條蛇放在同一個箱子裡，沒想到其中一條把另一條當成晚餐。西科爾離開房間，回來的時候，晚餐已經

「被吞了」。他把兩條蛇拉開，既寬慰又驚訝的發現，被當成晚餐的蛇竟然還有心跳。

儘管如此，短暫的逗留和永久移民還是有所不同。古時候比較有醫德的醫生公認，所謂「胃裡的蛇」其實是：胃部症狀引起的錯覺。基本上，潛在的狀況不外乎：潰瘍、乳糖不耐、過度飲食、脹氣。往往從病患對「腹中居民」習性的描述，就可以分辨到底是怎麼回事。S先生每當喝了酒或牛奶，腹中的蛇就會開始作怪，他說：「牠不讓我喝威士忌，那是牠最痛恨的東西。」S先生的醫生斯坦格爾（Alfred Stengel）在一九〇三年的論文〈胃裡有動物的感覺詮釋〉中如此引述。大約在一八四三年，佛蒙特州卡色頓有個婦人，在放縱飲食大吃大喝後，胃裡的蛇最為活躍。

有時候並沒有什麼大問題，只是一般的胃腸咕嚕咕嚕叫（腹鳴）。外科醫生特里夫斯（Frederick Treves）在十九世紀末的著作中，曾描述五個案例，病患抱怨體內有東西在蠕動，或是有蛇寄居。經過手術，他發現那些只不過是健康消化道的正常活動，於是發明了一個名詞：「腸神經官能症」（intestinal neurosis），時至今日大家還在用這個名詞，只是不會再有蛇了。一位腸胃專科醫生告訴我，有一個可憐的傢伙帶著自拍的影片，逛遍了北美地區的胃腸蠕動專科診所，影片中的他穿著內褲，肚子上堆滿一分錢硬幣，用來顯示他（完全正常的）腸子的驚人活動。

有時候，病患會設法把造成痛苦的嫌疑犯抓去給醫生看。儘管有些醫生把那些動物當成奇珍異寶來展示（或者有時乾脆當成寵物），但比較有科學精神的醫生卻認為這是驗證事實的好機會。本德森提到，十七世紀一個有名的案例，一名十二歲的少年肚子劇痛不已，經過一段時間之後（沒有說多久），據說吐出了二十一隻蠑螈、四隻青蛙，還有「一些蟾蜍」。少年的醫生中，有一位想到可以解剖這些兩棲動物的胃。如果這個故事屬實，那這些動物胃裡的食物，應該能夠反映出牠們的消化道棲息地。結果這些動物的胃裡都是消化到一半的昆蟲。一八五〇年，貝特霍爾德（讓青蛙卵腐爛的那個人）去找德國醫學博物館的館長，這裡的收藏品包括一些爬蟲類和兩棲類，據稱是在某人的消化道中棲息很多年才吐出來或排泄出來的。同樣的，當這些動物樣本的胃被剖開來，果然發現其中很多都有昆蟲，消化分解的程度各有不同。

道爾頓（J. C. Dalton）進行的拆穿實驗最直截了當，他是紐約醫學院的生理學教授。一八六五年的數個月之間，深感困惑的同事捧著泡在酒精罐中，所謂「排出」的蛞蝓，兩度來找道爾頓求教。一隻據說是某男孩排出的，他已經拉肚子三個星期了。說法一如往常，都差不多：「蛞蝓是在拉肚子期間排出來的。那天，男孩的母親正在幫剛解完便的男孩脫衣服，發現衣服上有一隻蛞蝓，活的，還在動。」她認為應該是男孩去鄉下探親時，吃了菜園裡的青菜，無意間吃到蛞蝓的卵。

道爾頓對此半信半疑。「為了釐清這種事情到底有沒有機會發生，我認為值得動手做些實驗。」於是他到附近的萵苣田裡去抓蛞蝓，助手把狗的嘴巴扳開，讓道爾頓把四隻蛞蝓一隻隻放在狗嘴巴後方，不經咀嚼就直接吞下去。一小時後，道爾頓拿出解剖刀。他發現在狗的整個消化道裡「看不出絲毫蛞蝓的蹤跡」。在後續的實驗中，只不過十五分鐘光景，一隻蛞蝓「有點軟化」，一隻蠑螈「極度鬆軟」，而且兩隻都死掉了。

「這是一種令人好奇的心理現象，」道爾頓寫著：「親眼見識這些聰明人信誓旦旦……巨細靡遺在講述這些故事……這些二手消息經過一再轉述，傳到我們耳裡時，自然而然會有很大部分被加油添醋。不過，即使陳述的實情是講述的人自己親眼所見，他所認定的事實與真相之間，有時仍然會有相當大的差距。」

這番至理名言，用在今時仍不為過。我寫這段話時是二〇一一年，故事還在繼續流傳。只不過，蜥蜴和青蛙變成是在外面。

注釋

❶一八九六年是「活吞人類」（或聳動的黃色新聞）重要的一年。巴特利從鯨肚重生的故事披露之後兩星期，《泰晤士報》也跟著湊熱鬧，報導關於一名水手海葬的故事。傷心欲絕的兒子把斧頭、磨刀砂輪以及其他東西裝進運屍袋，連同父親的屍體一起沉入海底，然後從船上一躍而下。隔天，船員把一隻大鯊魚拖上船，魚身裡傳出了奇怪的聲音。結果在魚的胃裡，他們發現父親和兒子都還活著，一個正在轉動磨刀砂輪，一個正在磨利斧頭，「準備要割出一條生路」。故事還說父親「只是有一點精神恍惚」。顯然《泰晤士報》的編輯人員頭腦也不太清楚。

❷瓦利斯內里把鴕鳥胃裡的液體取名為「王水」（aqua fortis，即硝酸），請勿與「生命水」（aquavit，一種斯堪地那維亞的開胃烈酒）搞混，根據網際網路上的說法，後者具有「悠久而輝煌的歷史，是特殊場合……的首選」，例如節慶或者「剖開鴕鳥胃」這類場合吧！

❸伯納德在實驗進行期間，也可能是在後續的實驗當中，把一隻活生生的鰻魚（或其他幾十種活體解剖動物中的一種），送進狗的胃裡，「只有頭部露在外面」，正在慘遭酷刑時，正巧伯納德的老婆走了進來，嚇得花容失色。這些實驗都是伯納德的老婆芬妮（Fanny）拿嫁妝來資助的。一八七〇年，她離開伯納德，以她獨具的殘酷一面還以顏色：成立反活體解剖協會。好樣的，芬妮！

第九章　晚餐的復仇

你吃的東西會不會反過來吃你？

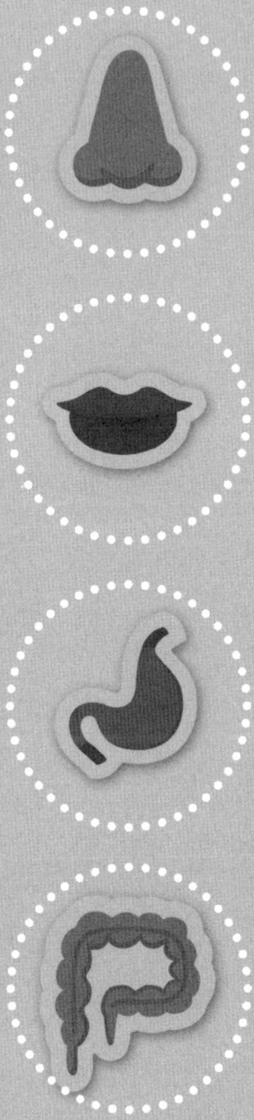

擬步行蟲（darkling beetle）小而羞怯，擁有低調的霧面黑色甲殼，牠的幼蟲比較有名，俗稱麵包蟲（mealworm）。麵包蟲和牠們的表兄弟麥皮蟲（superworm），都是很流行的「活餌」——用來餵食爬蟲類及兩棲類寵物，因為這些嬌客不吃死掉的獵物。幾年來，一則令人惶惑不安的謠言在爬蟲迷之間傳來傳去。注意看網友Fishguy2727貼在「水生族網站」（Aquaticcommunity.com）的這段文字：「我和許多**第一手**消息來源聊過，他們都是親眼看到，當動物吃了麵包蟲之後……十到二十秒之內，麵包蟲竟然咬破動物的胃跑出來。」

這種新鮮事，是我從野生生物學家皮屈福那裡聽來的**二手消息**。當我問皮屈福，知不知道有什麼非寄生蟲的生物可以在胃裡生存一段時間（不管多久），他腦海中浮現了麵包蟲的身影。他曾聽說，有些爬蟲迷線上論壇會建議，在餵食寵物之前，最好先把麵包蟲的頭碾碎。「當蟲還在垂死掙扎時，蜥蜴就會過來把牠吃掉。」

專門飼養麵包蟲的人對此嗤之以鼻。「養蟲人網站」（Wormman.com）說：「這根本是無稽之談。」貝賽特蟋蟀（及麵包蟲）飼養場的主人告訴我，一隻麵包蟲吃掉一片紅蘿蔔要花上兩天時間。「牠們不可能把胃咬破跑出來。」他說。不過，賣麵包蟲的人在這個問題上有商業利益的考量。那賣爬蟲類和兩棲類的零售商怎麼說？哈斯拉姆（Carlos Haslam）是東灣自然飼養場的經理，這家專門賣爬蟲類和兩棲類的店離我家不遠，經理告訴我，他做了四十年生意，從來沒看過這種現象，也沒聽說有顧客發生過這種事。他指出，蜥蜴吞下食物之前會先咀嚼。青蛙不咀嚼，但是蜥蜴會，而大部分的傳聞都和蜥蜴有關。Fishguy2727很不以為然：「只因為一千個人從沒親身遇過，並不代表這是不可能的事。確有此事無庸置疑。」

類似這種未經證實的傳聞比比皆是，找到那些**知道誰看過**的人不難，比較難的是追查出真正的目擊者。格雷（John Gray）聲稱他曾經看過，他是內華達大學雷諾分校崔西實驗室的動物養護技師。他的老闆崔西（Richard Tracy）是生理生態學家，研究方向是預測未來可能滅絕的熱門動物名單，以爬蟲類和兩棲類為主。格雷要照顧十八隻蜥蜴、四十隻蟾蜍以及五十隻青蛙，然而，他並沒有看到這事發生在這些動物身上。他十二歲時，曾在家裡後院抓到一隻條紋蜥蜴，事情就發生在這隻蜥蜴身上。他還記得，晚上才餵新寵物吃了一隻麥皮蟲，第二天早上卻發現蜥蜴死掉了，麥皮蟲還「依偎在牠身邊」。

崔西對此表示懷疑。他認為，這個說法是受了一九七九年電影《異形》（*Alien*）塑造的公眾意識影響，電影的異形主角在某位組員的體內孵化，竟然穿破他的肚皮跑出來。他質疑格雷的記憶，有誰能精準詳盡記得三十年前發生的事情？「爬到東西底下」本來就是麵包蟲的天性之一。「麵包蟲喜歡黑暗，而且喜歡讓身體接觸某種物品，」亞利桑那大學的擬步行蟲及麵包蟲資料表上如是說，欄目標題為「有趣的行為」。資料表的作者沒提到麵包蟲會穿胃而出，如果有這種事的話，一定夠資格列為有趣的行為。正如從前那些號稱是在灌腸通便後排出的蛞蝓和蛇，比較可能的解釋，應該是那些蟲本來就在現場，正在找尋黑暗處窩身，結果很湊巧被發現而受到誣陷。

然而，和大多數研究爬蟲類和兩棲類的人一樣，崔西也無法完全反駁那些傳聞。身為實驗生物學家，在這種情況下該做什麼？當然是：「做實驗。」

崔西教授去借了內視鏡。它比其他內視鏡細長，是專為檢查尿道設計的。內視鏡的主人是泌尿科醫生，他的女兒正好在內華達大學研究烏龜。醫生把內視鏡借給女兒，讓她用來觀察烏龜的洞穴，然後女兒又把內視鏡借給崔西，讓他觀察胃裡的麵包蟲。這內視鏡從下到上、從裡到外，真是「無所不視」。

崔西做這個實驗並沒有研究經費，純屬好玩。他打電話給一些同事和朋友，告訴他們他決定要做的事，眾人便紛紛跳出來共襄盛舉。曼德維爾（Walt Mandeville）是大學的獸醫，自願擔任麻醉的工作。崔西的研究生雷米納格（Lee Lemenager）負責操作內視鏡。雷米納格的長相很像小朋友第一次畫人像時所畫的臉，每個地方都圓圓的，而且很和藹。當天稍早前，他在麥皮蟲身上灑胃酸時，樣子彷彿是在做善事。

「這兩位是從OMED來的法蘭克和泰瑞。」崔西與兩位男士進到實驗室時，他向大家介紹。內華達OMED專門賣二手醫療器材。崔西接著說：「他們借給我們價值好幾萬美元的錄影設備，器材已經高齡四十，現在大概一文不值了。歡迎歡迎！」崔西是那種人緣超好的教授，學生畢業很久後都還和他保持聯絡。崔西實驗室後方的牆壁上，掛滿他為教過的研究生拍攝的大頭照。滿頭白髮的他應該快退休了，不過很難想像他打高爾夫球或大白天看電視的樣子。

崔西抓住牛蛙讓牠保持坐姿，雷米納格把內視鏡伸進牠的嘴巴，往下導入胃部。我們的目標是不到兩分鐘前牠剛吞下的麥皮蟲。內視鏡是一條可以彎來彎去的光纖，前端有極微小的攝影機和燈光，還可連線到閉路電視螢幕，所以每個人都能看到畫面，崔西還能把胃裡面的情形拍成影片。

麻醉後的牛蛙仍是清醒的，牠像裝飾桌燈般發亮，但只夠拿來製造氣氛，看書照明的話還不夠亮。監視器螢幕一片粉紅：這是燈火通明的牛蛙胃裡的景象。想不到牛蛙的身上會有粉紅色的部位，但的確是如假包換的粉紅色。

棕褐色突然出現。「找到了！」雷米納格把焦點向下對準洩漏麥皮蟲行蹤的棕黑相間色帶。麥皮蟲動也不動。為了要知道牠是否還活著，獸醫曼德維爾早把一副切片鉗插入臨時湊合的診視器裡，診視器則在實驗一開始，就由雷米納格塞進牛蛙的食道中。鉗嘴輕輕擠壓麥皮蟲的中間部位，牠扭動了一下，引得大夥像百老匯音樂劇大合唱、不約而同驚呼：「牠還活著！」

「牠在咀嚼嗎？」有人問。彷彿聽到導演的提示，每個人都把頭湊過來。

「那是尾巴。」獸醫曼德維爾說。曼德維爾的觀察力很敏銳，這是多年來擔任家禽檢驗員練就出來的。（「每隻只要花四．八秒鐘。」）

雷米納格把內視鏡縮回一些，然後對準另一端。麥皮蟲的口器靜悄悄的按兵不動。曼德維爾告訴我們這是他稱為「毛毯效應」的一種現象。治療野馬之前，為了要安撫牠，獸醫會把馬趕進一個窄槽，槽內以幾包花生充當的襯墊，會對馬施以輕壓。這和用襁褓包裹嬰兒、給心神不寧的朋友一個擁抱，或給怕打雷的狗穿上具伸縮性的安定背心（有粉紅、藏青和麻灰等顏色）是一樣的道理。胃壁似乎大發慈悲，變成麵包蟲的安定背心。

在麥皮蟲送進牛蛙肚之前，雷米納格在牠的中間區段纏了一條線，還用手術黏膠固定，以便等一下可以把牠拉出來。現在是時候了。牛蛙被迫讓渡午餐，卻似乎不太在乎，麥皮蟲則留在培養皿中靜待復原。格雷又去抓來一隻大蜥蜴，再把麥皮蟲放在蜥蜴的牙齒後面，結果還是一樣。麥皮蟲很快就不動了，但並沒有死。

從這些實驗可以明白一件事：麵包蟲不太怕胃酸，也就是鹽酸。很多人（包括我自己在寫這本書之前）或多或少都把鹽酸想成和硫酸一樣，像是電池、水管疏通劑，還有狠心男人用來把女人毀容的那種酸。硫喜歡與蛋白質結合，會徹底改變蛋白質的結構。如果那個結構是你的皮膚，下場將是災難性巨變。鹽酸的腐蝕性沒那麼強。

我之所以會把兩者搞混，可以追溯至《大蟒蛇》（*Anaconda*）這部電影。其中有一幕，大蟒蛇從水裡躍起，把強．沃特（Jon Voight）飾演的角色吐出來，而他的臉像蠟一樣融化。不久之前，我去拜訪我最喜歡的蛇類消化專家西科爾（見第八章）的實驗室，他是《大蟒蛇》電影的技術顧問。我告訴他，我想體驗胃酸，感受一下在胃裡活著的感覺。他要我答應，不要讓他太太知道，因為她負責監督大學實驗室的安全規範，然後他就從架上拿來一瓶鹽酸，輕塗一小滴（五微升）在我的手腕上。我強忍劇熱，彷彿那是一滴滾燙的水。有整整一分鐘我什麼都感覺不到，然後就只感到微微發癢。他又加了一滴。三分鐘後，發癢轉變成輕微的刺痛感，差不多維持了二十分鐘，然後刺痛的感覺就慢慢消退。沒有留下疤痕。

不過，胃分泌的鹽酸不止一小滴，而且如果消化中的食物中和了酸度，胃還會不斷分泌以調整酸鹼值。據我猜測，待在積極分泌的胃裡，情況應該介於我手腕的經歷以及日本工人（他不小心掉進兩公尺深的鹽酸槽裡）的經歷之間。病例報告說，工人的皮膚變成棕色，而且脆弱的肺部組織與消化器官都遭到「乾凝固性壞死」。燃燒（無論是透過酸還是熱）會使蛋白質變性，改變它們的結構。變性會讓水煮蛋凝固、牛奶凝結，以及讓受害者的皮膚燒焦變形。在胃裡面，鹽酸能使可食的蛋白質變性，好讓消化酵素更容易將它們分解。

胃酸的作用神不知鬼不覺，卻完全不是瞬間作用，尤其是吃下去的東西像麥皮蟲那樣有外骨骼保護的話。亞洲有一種吃螃蟹的蛇叫白腹紅樹林蛇（*Fordonia leucobalia*），據說蛇把待在肚子裡超過三小時的螃蟹吐出來之後，螃蟹隨即可站起來逃之夭夭。目擊證人是辛辛那提大學的生物學家傑恩（Bruce Jayne）。傑恩曾「輕柔的按摩」蛇腹，讓牠們把吃下去的東西吐出來，以便做研究統計。因為你若只是單單拜託牠們，牠們不會理你的。

然而，如果傑恩不按摩蛇腹、雷米納格不拉手術線、老天爺不讓鯨反芻的話，似乎就沒有別的方法可以逃出來了。

寄生蟲是例外。「寄生蟲到處鑽來鑽去。」崔西教授說。有些寄生蟲有穿孔齒，這就像是頭頂安裝了鑽頭一樣。「那是寄生蟲演化的結果。不過這些可是麵包蟲耶，拜託別鬧了。」麵包蟲會潛伏在洞穴裡，但不會鑽洞。「牠們怎麼可能知道要挖洞出去？」獸醫曼德維爾也同意。他收工了，說了個關於巨腎蟲的故事來附和我們，這種寄生蟲會從整個內臟鑽出來，然後再經由尿道離開身體。他聳聳手肘指向內視鏡。「你可以用內視鏡看到牠鑽出來。」

崔西決定給麥皮蟲最後一次機會，也是最有可能的機會，來看牠們到底能不能咬出一條生路。牠們要被放進死去動物的胃裡——不會有胃酸分泌，也不會有肌肉收縮。

在雷諾，星期四下午，去哪裡找這樣的胃？

「中國城？」有人提議。

「好市多？」

「肉店。」崔西從口袋裡拿出電話。「喂，我這裡是大學，」——顛覆傳統研究的萬用開場白，「不知道你們那邊有沒有魚的胃？」崔西等對方去問人，或是等他揉著太陽穴為工人福利傷腦筋。實驗室陷入一片靜默。隔壁房間裡的蟋蟀活餌唧唧叫著。「什麼胃都沒有？不用。好吧。」

格雷抬起頭，用安靜的語氣說：「我的冰庫裡有一隻死的豹蛙。」

格雷把青蛙放在溫水水龍頭下退冰時，大家各自休息。曼德維爾講了一個醫學院正在進行的替代醫學實驗來娛樂大家——用「靈氣療法」治療老鼠。崔西走到隔壁拿一隻蟾蜍給我看，那是他在阿根廷做野外考察時發現的新品種。他把牠裝在玻璃盤裡，抱在肚子上走回來，看起來彷彿是站在廚房裡拿著麥片碗的小孩。蟾蜍很好看，沒有那麼多突起的疣。我告訴他，他聽了似乎很開心。「妳可能是第一個喜歡這個品種的人。」是第二個，我很確定。

「妳也可能是最後一個。」雷米納格說，他比較喜歡青蛙。

格雷帶著解凍好的豹蛙歸隊，豹蛙已經給釘在解剖盤上了。雷米納格剪開豹蛙腹部的中線，把皮瓣剝開，彷彿那是舞台上的布幕。崔西教授把一隻麥皮蟲塞進蛙的胃裡。

一九二五年有篇論文〈被活吞的動物心理學〉，文章開頭說到，作者「於飯後消化靜心冥想時」坐在那裡納悶：動物生吃❶獵物後，是否會「擔心受害者用什麼絕招逃出去」。如果這隻豹蛙還活著，如果蛙類具有必要的神經系統可用來擔心，答案必是肯定的，牠們偶爾會擔心。麵包蟲顯然正憂心如焚，弄得豹蛙的胃像手偶一樣動來動去，牠在舒適的粉紅皮囊裡一下弓起、一下伸直，扭動了五十五秒鐘，然後就完全不動了。「毛毯效應！」有人說。

麥皮蟲被取出來放在旁邊。和其他的蟲一樣，牠不動，但也沒死。跟先前所有被吞下肚的小菜一樣，這隻蟲在胃外面待個差不多半小時，就會醒過來，而且似乎完全無恙。第二隻蟲待在胃裡面過了一夜，用來排除麥皮蟲能擺脫毛毯效應、恢復精力繼續逃亡的可能性。結果到了早上，牠已經陣亡了。「我認為牠們絕對不可能從胃裡咬出一條生路。」崔西說。

曼德維爾可不太確定。他對麥皮蟲的奮戰精神印象很深刻。「如果胃裡面有個弱點呢？」這樣的話，麥皮蟲有沒有可能藉由某種特別強力的扭動，把胃撐破逃出來？

這似乎是二〇〇五年爆紅的一張照片所描述的情形，照片主角是佛羅里達州某處沼澤中的死蟒蛇，以及從牠身上伸出來的鱷魚尾巴和後腿。

「大家都說，鱷魚踢破蛇的肚子跑出來。」西科爾告訴我。令人匪夷所思的屍骸，催生出國家地理頻道的一小時特別報導，製作小組聘請西科爾飛到現場，在攝影機前擔任解說專家。在到達「晚餐從肚子裡踢出生路來」的案發現場之前，西科爾早就知道這樣的情境絕不可能發生，因為蟒蛇吃獵物之前會先把牠們殺死❷。「而且東西一旦進了蛇的肚子，就根本無法動彈。」

事實上，這的確有一個破綻。西科爾指著印出來的照片，那是二〇一〇年底我參訪他實驗室時帶去的。蟒蛇外部下方三分之二長度的地方，有一塊黑色的（死）組織，這是較早之前受傷的傷口，但尚未痊癒。西科爾認為，傷口會裂開是由另一隻鱷魚造成的，我們姑且稱牠為B鱷魚，當牠攻擊蟒蛇時，蟒蛇正在消化肚子裡的A鱷魚。蟒蛇未痊癒的傷口因而裂開，結果A鱷魚就露出來了。所以，到頭來，整個事件並非什麼「晚餐復仇記」，只不過是沼澤地的另一樁生存遊戲罷了。

「鱷魚太大，因而撐破蟒蛇的肚皮」，這是西科爾在國家地理頻道的節目中推翻的另一個理論。他指著這張著名照片中的大餐說：「這隻鱷魚根本不算什麼。」蟒蛇天生可容納比自己寬好幾倍、重好幾倍的獵物。牠的食道是薄薄的、粉紅色、具伸展性的膜皮，像是一種生物泡泡糖。西科爾從他的電腦裡找出一張投影片：蟒蛇正在吞噬成年袋鼠的頭、頸和肩部。接下來的照片是蟒蛇及「沒入」四分之三的瞪羚，只剩下臀部和後腿露在外面。蟒蛇用肌肉捲繞拉扯獵物，像拉太妃糖一樣，使牠們變得較狹長、較容易吞下去。而且蟒蛇吞嚥不像我們單靠一波蠕動性的肌肉收縮，牠們靠所謂的「翼行」來吞東西。蟒蛇順著獵物的身體緩緩移動下顎，如同蛙人肚子著地、靠手肘匍匐前進一般。

西科爾不認同胃撐破理論的另一個原因是，他知道那得要很大的壓力才能辦到。「我們曾把一條死蟒蛇的泄殖腔封閉，然後從食道插入一條空氣管。」西科爾說。西科爾「討厭聽到人家談論蟒蛇撐破肚皮」，或許你此刻的感覺也是一樣。我很願意為大家引述他的實驗結果，但是他並未發表論文，他做這個實驗「只是好玩而已」。西科爾指著我的那張蟒蛇與鱷魚照片表示：「產生這種結果所需要的壓力，比你想像的還要大得多。」

生物學家對於這種能屈能伸、隨遇而安的消化配備，有一個專用詞：具順應性的

（compliant）。**你想要把野山羊吃下肚？好，沒問題，我可以辦到**。具順應性的胃是生理學上的食物貯藏室，當獵物稀少或狀態不佳時，儲存在裡面的食物可以讓動物存活好幾天或幾個星期。這樣的胃不是吃飽飽就是餓扁扁。「掠食者有極具順應性的胃。」梅茲（David Metz）說，他是賓州大學附設醫院的胃腸專科醫生，曾研究過那些參加大胃王比賽的人。「想想看，剛吃過大餐的獅子，挺著飽脹的大肚子。接下來幾天，牠們可以躺在太陽底下，慢慢等著大餐消化。」如果你在食物鏈中占據最頂端的位置，就可以逍遙自在到處閒晃，不怕有比你更強大的動物跳出來把你吃掉。能把獅子當成獵物的只有人類（當人類變成獵人的時候），還有偶爾出現的美索不達米亞活體解剖者。

二〇〇六年某期的《黎巴嫩醫學期刊》（*Lebanese Medical Journal*）中，哈達德（Farid Haddad）詳細敘述了大約西元九五〇年時伊拉克宮廷醫師艾阿夏特（Ahmad ibn Aby al'Ash'ath）的工作成果，當時他曾以文字記錄獅子胃的順應性。文章一開始，哈達德博士先解釋醫師名字「艾阿夏特」原意為「凌亂」。皇家醫師似乎不太適合這種名字，不過看一眼艾阿夏特的文字就可明白：「當食物進到胃裡面……胃壁層就開始延展；這是我在格丹法（Ghadanfar）王子面前解剖活獅子時觀察到的……我開始往獅子嘴裡灌水，而且一壺接一壺不停的灌進牠的喉部；直到胃裡大約裝滿『十九公升』水……然後我把胃剖開，讓水流出來；胃縮小了，我還看見幽門。上帝可為我見證。」

在農業方面見多識廣的讀者，或許不覺得獅子肚裡的五加侖（十九公升）容量有什麼了不起。牛的瘤胃（四個分隔的胃中最大的一個）大約是容量三十加侖（一百四十四公升）的垃圾桶那麼大。為什麼這麼大？反芻動物吃東西時，不是只要低頭就有草吃？牛蹄下綠草如茵一望無際，根本不會有餓肚子之虞。為什麼需要攝取大量的食物？答案在於反芻動物飲食中相對較低的營養價值。不僅牛的瘤胃大小像垃圾桶，裡面裝的東西也是。為了寫這本書，我去參訪的第一個地方是加州大學戴維斯分校，那裡的動物學教授德彼得斯（Ed DePeters）和同事檢測生物廢棄物的副產品，看看能否用來生產牛飼料。藉由一頭胃瘻管牛的協助，德彼得斯已經檢測過杏仁殼、石榴殼碎片、檸檬果肉、番茄籽和棉花籽殼的可消化性。他是現代的博蒙特，把裝著檢測食物的網袋丟進牛的瘤胃裡，然後每隔一段時間用繩子把它們拉起來，看看還剩下什麼。我去參訪那天，他們才剛檢測過來自附近尤巴城（世界蜜棗之都）❸的蜜棗核。

牛的瘤胃裡有許多不同種類的細菌，拜它們之賜，牛可以從人類無法消化的東西中獲得能量。蜜棗核的外殼很硬，而且沒什麼營養，但是裡頭的核仁卻可提供蛋白質和脂肪。瘤胃裡的細菌可以分解核的外殼，釋放出核裡面的營養成分，即使這得花上好幾天的時間。德彼得斯給我看其中一個網袋。「有時我會在裡面放期中考卷，」他說。牛無法消化木漿，「我告訴學生，『牛也消化不了那些材料，跟你們不相上下。』」

「我們還試過佩塔盧馬(Petaluma)一家棉布毛巾工廠的布料。那些沒機會成為毛巾的棉絨纖維，全都可以拿來餵牛，牛能將其分解，從中獲取能量，只是比較慢。」如同乾草與青草，牠們同樣也要攝取相當大量的毛巾，才能獲得足夠的每日飲食建議量——難怪瘤胃的容量這麼大。反芻動物在開放的平原上吃草，很容易就遭掠食者盯上，毫無招架之力。「所以牠們一出去就拚命吃，吃一大堆，然後找個地方躲起來反芻消化。」瘤胃就是內建的便當盒。

德彼得斯帶我去看其中一隻胃瘻管牛，我們穿越一格泥濘的畜欄，許多大蒼蠅一路隨行護送。我穿著矮跟鞋和裙子，德彼得斯穿著橡膠長筒靴和破T恤，我被他揶揄了半天。德彼得斯黑黑高高的，身材瘦削結實。他的頭髮有如「會發出尖銳刺耳聲響的鋁門」般閃映著銀光，眼睛的顏色是叢鴉羽毛的深灰藍，兩者很速配。

德彼得斯的學生艾瑞兒(Ariel)，正以水管幫編號101.5號的牛沖澡。艾瑞兒和她身上的一堆穿洞，對男性農業主修的保守刻板印象來說，是令人樂於接受的挑戰。我們站在一旁，邊看邊揮趕蒼蠅。我喜歡這些牛的樣子：充滿藝術氣息的牛皮、隱藏在皮膚裡的髖關節，以及頗具節奏感以沉思狀左動右動的下顎。

幾十年來，胃瘻管牛(學生喜歡說「有洞的」牛)一直是農業學院的標準配備。我先生艾德(Ed)還記得，他小時候曾聽父親說過羅格斯大學的牛「身上有個窗口」。手術很簡單，用粉筆沿咖啡罐底部在牛身上畫出輪廓，把牛局部麻醉，然後割下一圈牛皮，連同瘤胃割出一個開口。把上下兩個洞口縫在一起，最後用大小符合的橡皮塞塞住。

這比我常去的畢茲（Peet's）咖啡店咖啡師耳垂上的耳洞塞，或是艾瑞兒臉上的穿孔裝飾還要稍微殘忍一點。「動物權利保護人士來到這裡，還以為會看到有窗框、窗台的玻璃窗。」德彼得斯說。他遞給我一副保護用的塑膠獸醫袖套，可以整個蓋到肩膀，然後叫我站到那個開口的旁邊。胃瘻管牛咳嗽的時候，如果才剛吃過東西，有時候會從那個洞噴出一些濕濕的植物。

德彼得斯幫我拍了些照片，我的右臂在101.5號牛的身體裡面。牛似乎動也不動，我看起來則像是快不行了。我的整隻右臂伸進去直到腋下，卻仍然碰不到瘤胃的底。我能感受到強勁而穩定的擠壓和運動，比較像是工廠作業而不是生物作用。我覺得自己的手臂像是插進發酵桶裡，底部還附有自動攪拌棒，大致上就是如此。

古代人類什麼都吃，是掠食者，也是腐食動物。他們的牛肉大餐，往往得和可能有害的幾百萬細菌共同分享。因此，人類的胃比較擔心消毒殺菌的問題，而不是保存容量，這點和反芻動物不同。不過，連腐肉大餐也是有一頓沒一頓，所以某種程度的儲存還是有必要。人類的胃順應性有多強？那要看你拿胃來做什麼用了。

注釋

❶ 生吞活牡蠣且毫不咀嚼的人，可能會好奇牡蠣被吞入肚後的下場。軟體動物學家蓋格（Steve Geiger）推測，乾淨去殼的牡蠣在胃裡面大概可以存活好幾分鐘。活牡蠣能「轉變成厭氧」所以不需要氧氣，但是胃裡面的溫度太高了。蓋格任職於佛羅里達漁業暨野生動物研究所，我問過他關於牡蠣在人體內最後關頭的情緒狀態。他回答，據他所知，牡蠣「在秤盤上時很無精打采」。扇貝身上有眼睛及原始的神經網絡系統，相較之下，成熟的牡蠣只有一些神經節湊合著。所幸牠幾乎是一被吞下肚就休克，因為胃裡的酸鹼值很低。研究人員會用碳酸水來麻醉甲殼類動物，也是因為酸鹼值較低。蓋格認為對雙殼類也會有類似的效果。不過無論如何，你最好還是咬一下牡蠣再吞進去，因為這樣吃起來更美味。

❷ 但蟒蛇**如何殺死獵物**還有爭議。我聽說蟒蛇會緊緊纏繞獵物，讓牠在吐氣後無法再吸氣而窒息。但西科爾說不是這樣；照這樣解釋的話，獵物就死得太容易了。「就像閉氣不呼吸一樣，血液裡的氧氣還在循環。」他認為比較可能是蛇的束緊阻斷了血液流通，比較像是勒死而不是窒息而死。ＵＣＬＡ本來有一項實驗計畫，不過遭動物關懷委員會否決。西科爾願意自告奮勇，「在受控制的情況下，我覺得我們都想被大蛇勒緊，看看會發生什麼事，是不是還能吸氣？」或許他求好心切到有點昏頭了。

❸ 抱歉，所謂世界蜜棗之都，我指的是世界蜜棗乾之都。這是一九八八年正式變更的，

是為了讓蜜棗乾從軟便蜜餞的名號解放出來。對此名號，尤巴城可以怪罪於溫哥華與華盛頓。原本的世界蜜棗之都是溫哥華，溫哥華有一群熱心公益的蜜棗推動者，從一九二〇年代起，就開始大打蜜棗的通便功效。他們也贊助年度的蜜棗嘉年華與遊行。從一九一九年的一張照片明顯看出，這其中既缺乏歡樂氣氛也沒有看到蜜棗。有八個穿卡其服的男人排成一列，橫跨遭雨水浸濕的人行道，第九個穿著打扮一樣的男人單獨站在排前，想必是頭兒，然而你可能會期待更華麗的服飾，畢竟這個都市的稱號為大蜜棗啊。或可稱為大蜜棗乾，就像尤巴城喜歡的名號。

第十章 吃太飽

吃死自己的學問

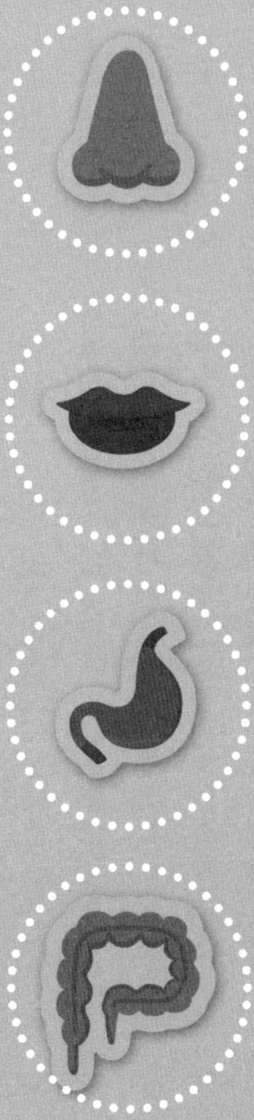

一八九一年四月二十二日，在斯德哥爾摩城裡，一名五十二歲的馬車夫吞下整罐鴉片處方藥。L先生（姑且稱之）被房東發現後送醫，醫護人員忙成一團，使出各種對付服藥過量的工具：漏斗、一截管子，以及溫水，試圖把藥物稀釋並排出體外。這種技術現今稱為洗胃，當時的病例報告則稱為「胃的漂洗」（gastric rinsing）。如此形容治療程序有點故弄玄虛，彷彿L先生的胃是女性貼身衣物，只需要沖沖水。但完全不是這麼回事。病人癱坐在椅子上幾乎神智不清，醫護人員把水灌進病人的胃，一連灌好幾次。每次灌水，胃都似乎還能再裝進更多水，這種跡象顯示，L先生的胃應該有漏洞。

如果你把**吃**定義成把東西放進嘴裡然後吞下去的機械動作，你就可以說L先生因為吃藥丸，結果把自己吃死了。一般來說，這是把自己吃死的唯一方法。胃裡裝太多東西以至於撐破，幾乎是不可能的任務，因為身體會有一系列保護性的反射動作。當胃撐到超過某種程度，比如吃了聖誕節大餐、喝了一大堆啤酒，或是被瑞典醫護人員努力裝滿了水，胃壁的伸張受器會提醒大腦，此時大腦便發出聲明說：「已經吃飽，該停止了。」大約在同時，還會進行「暫時性下食道括約肌鬆弛」，或是打嗝。胃部頂端的括約肌會暫時放鬆、排出氣體，回復到安全及紓解的程度。

有可能需要更嚴格的手段。「很多人吃東西會遠遠超過那個臨界點，包括我自己有時候也會。」研究消化不良的專家瓊斯（Mike Jones）說。他是胃腸專科醫生兼維吉尼亞聯邦大學的醫學教授。「也許他們藉由飲食來紓壓。或者單純就是：『你知道嗎？那個檸檬派實在是好吃到不行。』」身體發出的警告跡象愈來愈明顯：肚子痛、想嘔吐，末了終於發出最後通牒——反胃吐出來。健康的胃在尚未達到臨界點之前，就會趕快把胃清空。

除非有什麼原因讓胃無法清空。以L先生的案例來說，就是鴉片在礙事。L先生的驗屍解剖完成後，基艾貝格在某德國醫學期刊發表案例報告，他寫道，病人「顯示出嘔吐的強烈衝動」，但一直做不到。基艾貝格是當地大學的醫學教授，為人小心謹慎。我請了一位叫英格柏格（Ingeborg）的人來翻譯，請他把基艾貝格的論文大聲念給我聽。光是描寫L先生的胃和十道平行的破裂傷口，就占了整整兩頁半的篇幅。埋首於論文的英格柏格讀到一半忽然抬起頭說：「因此我認為清洗並未發揮作用。」

L先生的胃是基艾貝格所遇到第一個因為裝太滿而破裂的例子。他寫道，這個案例「在文獻上是獨立事件」。醫學界必須了解來龍去脈，好讓未來的洗胃人員對其危險性有所警惕。到底是水量多寡、還是水流強度影響較大？「為了進一步釐清，」基艾貝格繼續說：「我必須利用屍體的胃來做實驗。」英格柏格輕呼一聲，「這樣的實驗我進行了很多次。」那年春天，斯德哥爾摩城裡無人招領的屍體，總共有三十具被送到基艾貝格的實驗室，任由擺布成「半坐姿」固定在椅子上。基艾貝格對於細節錙銖必較的精神令人佩服。這種坐姿的設計，不知是為了模仿L先生接受治療時的姿勢，或者只是反映出讓屍體假裝晚宴賓客抬頭挺胸的困難度？

基艾貝格發現，如果胃的緊急排氣及清空系統無法發揮作用（因為處於麻醉昏迷狀態，或人已死亡），基本上裝到三、四公升（約一加侖）時就會破裂；如果裝得慢一點、輕一點，也許可以支撐到六、七公升。

在非常非常罕見的情形下，完全清醒的活人的胃也有可能支撐不住。一九二九年，《外科年鑑》（*Annals of Surgery*）曾發表一篇關於胃自發性，也就是在沒有外力因素或潛在弱點的情況下破裂的案例評論。有十四個人不顧身體緊急棄食系統的警告，讓自己吃到沒命。在這些人的胃裡，最危險的東西就是通常最後才吃下去的碳酸氫鈉（小蘇打），亦即發泡錠胃藥的主要成分。小蘇打緩解胃痛有兩種方式：一是中和胃酸，二是產生氣體使下食道括約肌暫時放鬆。（因食物或飲料積極發酵而引起的胃脹氣比較少見。《外科年鑑》的綜合報導中，有一人死因是「充滿酵母的青啤酒」，另兩人的死因則是德國酸菜。）

前不久，邁阿密—戴德郡（Miami-Dade County）兩名醫療檢驗員提出案例報告，有一位三十一歲食欲過盛的心理學家，被發現半裸陳屍於自家廚房地板上，她飽脹的大肚子裡，裝了超過七．五公升未充分咀嚼的熱狗、花椰菜，以及早餐麥片。醫療檢驗員發現屍體斜靠著櫥櫃，「周圍有各式各樣一大堆的食物、破掉的汽水瓶、一支開罐器和一個空雜貨袋」以及「致命的一擊」：一盒剩下一半的小蘇打（窮人家的發泡錠胃藥替代品）。

在此案例中，脹得像氣球一樣的胃並沒有破裂，而是把她的橫膈膜往上推擠到肺部，令她窒息而死。據兩位研究員推論，有可能是氣體把一根未充分咀嚼的熱狗往上擠，頂住胃部上方的食道括約肌，結果卡在那裡，讓她不能打嗝也吐不出來。

碳酸氫鈉加酸的化學反應會產生驚人的壓力，為了加深印象，我建議大家去網路上看看無數致力於「小蘇打火箭」的任何一個網站。或者比較嚴肅一點，去查詢莫德菲爾德（P. Murdfield）在一九二六年的傑作，他把半加侖的薄鹽酸倒進新鮮死屍的胃裡，然後加入一點碳酸氫鈉，結果把死屍的胃給撐爆了。

紓解胃脹較安全的方式是喝幾口碳酸飲料，或是吞些空氣。有人會習慣性吞空氣，這在臨床上稱為吞氣症，有些胃腸專科醫生稱這種病人為「打嗝人」。「你看很多打嗝人，」瓊斯說：「他們硬生生大口吞空氣，像是習慣性的神經抽搐。大約有三分之二的打嗝人完全不知道自己會這樣。你看他們在你面前吞空氣，然後還說：『醫生，我一直打嗝，不知道為什麼會這樣。』」

除了社交上的副作用，習慣性打嗝還會使過多的胃酸濺灑到食道，並把氣體也從胃裡噴出。如果情況太嚴重或太常發生，胃酸便會灼傷食道。現在你又有另一個理由可以去看瓊斯醫生：胃灼熱。要接觸多少的胃酸才算「太多」？根據賓州大學胃腸專科醫生梅茲（第九章曾提過他）的研究，大約每天接觸超過一小時就算太多，這是指一天之中，正常的食道與胃酸接觸的累計時間。（患有胃酸逆流的人，食道浸泡在胃酸裡的時間比這多得多；以他們的情況來說，括約肌可能會有裂縫。）

有一種習慣性胃酸逆流的手術治療方法，稱為胃底摺疊術，有時反而會製造出打嗝的問題。這時你真的絕對要離碳酸氫鈉遠一點。「我知道十五年前有個案例，有個男子吃了一頓大餐，然後又服用過多的發泡錠胃藥，」瓊斯接著在電話裡發出爆炸聲❶。「就好像巨蟒劇團（Monty Python）演出的短劇〈薄荷薄片餅〉，劇中人物狼吞虎嚥大吃大喝，最後他說：『只要再吃這塊薄荷薄片餅就好了……』」

如果女人的肚子大到連肚臍眼都突出來，她應該是有孕在身。一九八四年某天的清晨四點，被推進皇家利物浦醫院急診室的這位婦人卻是例外。原來，她肚裡裝了將近三人份的晚餐：兩磅腰子、一又三分之一磅肝臟、半磅牛排、兩顆蛋、一磅乳酪、半磅蘑菇、兩磅紅蘿蔔、一顆花椰菜、兩大片麵包、十顆桃子、四顆梨子、兩顆蘋果、四根香蕉、兩磅李子、兩磅葡萄，還有兩杯牛奶。總共**十九磅**（**八．六公斤**）的食物。雖然她的胃最終還是逃不過破裂的命運，她也因敗血症而死，但英勇的胃好歹也支撐了幾小時。同樣回想另一個貪食者的案例：那個吃太多咀嚼不良的熱狗和青花菜的例子。她死於窒息，事實上胃並沒有破裂。

顯然有些胃能裝超過一加侖（三．七公升）。

利物浦那位婦人創下的紀錄，唯一有資格相提並論的是小林尊，他在一場大胃王比賽中吃下十八磅（八公斤）的牛腦，而且是在十五分鐘的時間限制下。假使計時器不響，他應該可以打破十九磅（八．六公斤）的紀錄。大部分比賽的紀錄並不是以食物重量來計算，所以很難知道還有多少人可以達到這種境界。例如，蒙森（Ben Monson）曾吃下六十五份墨西哥小春捲（flautas），但無人知曉那些小春捲到底有多重。我以前從來沒注意flautas和flatus（胃腸脹氣）的拼法竟然如此相近，不過我猜蒙森一定注意到了。

暴食者與職業大胃王都是專業大吃客，他們經常挑戰身體的極限。我有個疑問：這種「吃到最高點」的能力是經由練習而來，或者某些人的胃（我說的可不是我老公艾德）天生就比較有順應性？

二〇〇六年，醫學界對此展開研究。梅茲找來一位頗具分量的大胃王亞努斯（Tim Janus，當時在圈內排名第三，以「X食者」為名），以及另一位身高一八八公分、體重九十五公斤的研究對照組，讓兩人在十二分鐘之內盡可能吃下最多的熱狗，梅茲則在過程中觀察他們的胃。利用高密度的鋇劑和螢光透視鏡，梅茲能追蹤熱狗的去向。他原先的理論我倒沒想過：這些食量超大的人，清空胃的時間比一般人來得快。換句話說，他們的胃可能很快把食物從後門丟出，送往小腸，好挪出更多空間。不料，結果卻是完全相反。兩小時後，X食者的胃只清出所吃食物的四分之一，而對照組食者的胃（較符合一般人的胃），卻已經清空四分之三的食物。

對照組食者在第七份熱狗吃到一半時，告訴梅茲說，要是再吃一口他就要吐了。從螢光透視鏡上看來，他的胃幾乎沒有比一開始大多少。相形之下，X食者輕鬆吃下三十六份熱狗，甚至還一口吞入兩份。他的胃在螢光透視鏡上看來，變成「極度擴張、充滿食物的皮囊，占據了大部分的上腹部」。他聲稱一點也不痛，更不覺得反胃，甚至不覺得飽。

但是問題依然存在：到底是食量大的人天生就有順應性很強的胃，或是胃在他們積年累月拉撐下改變了（如同某些種族的三倍唇盤）？他們是一開始就沒有不舒服的感覺，還是習慣性忽視大腦的訊號？對於我們這些普通人來說，這就意指：愈常飲食過量，就會愈來愈飲食過量。

很湊巧，我朋友認識丹馬克（Eric Denmark，美國排名第七的大胃王），所以幫我們安排見面。（他們是透過dLifeTV劇組認識的，這是介紹糖尿病人生活的電視節目。油炸麵包大胃王比賽的紀錄保持人竟然患有糖尿病，這也算是職業大胃王比賽的另一大謎團。）

我問丹馬克，成功的饕客是天生的還是後天塑造的？似乎兩者皆是。丹馬克記得小時候去麥當勞，他一人就把一盒二十塊炸雞的家庭餐吃光。不過，梅茲根據與X食者聊天時的印象，認為先天因素勝過後天因素。「這是身體結構的問題，」他告訴我：「他們的胃在休息時並不比常人的大多少，但是它們盡可能鬆弛的能力卻令人難以置信。胃就是一直擴張、擴張、再擴張。」

儘管丹馬克也同意梅茲的說法，認同基因比較重要（因為他說：「很少有人可以吃六十份熱狗，不管他們多麼努力」），但是他認為天生具有彈性的胃只是基礎，只是起步點，要成為專業的話，還需要日常的練習與訓練。「我覺得，」他告訴我：「這和你有多想讓身體超越你從未想過的程度比較有關。」儘管丹馬克天賦異稟，但他並未旗開得勝。第一次參加比賽時，他只吃下不到三磅的食物，而第一名吃了六磅。（敘述這段經歷時，丹馬克根本沒提到是什麼食物。哪一種食物似乎無關緊要，反正三、四分鐘之後味覺就疲乏了；過了那個階段，任何東西都差不多一樣令人反胃。）❷

我問丹馬克為何身體的安全機制沒有發揮作用，尤其是嘔吐。事實上，的確有。「這聽起來很噁心，」他說：「妳知道的嘛，就是把吐出來的東西吞下去，然後繼續吃。」大胃王大聯盟評審把嘔吐定義為某瞬間有食物從嘴巴「跑出來」，而不是從胃裡「往上跑」。「就像馬路上有減速板，你還是照樣開過去，只是心理作用啦。」沒錯。

大胃王參賽者都遵循一種調節飲食法，最便宜且最不會發胖的訓練食材就是水。丹馬克一次能喝下大約兩加侖（約七．五公升）的水。剛開始進入職業生涯時，他連一加侖（約三．七公升）都喝不下。做為參考（也是警告）點，要記得基艾貝格用死屍的胃做實驗時，「一加侖」就是胃開始破裂的時候。這樣的訓練有部分是心理訓練，除了把胃撐大，灌水也可以讓參賽者適應特別飽脹的感覺

梅茲有個理論，但尚未證實，灌水或許可以用來治療消化不良——有些人一吃東西就會胃痛，儘管他們看起來很健康。二〇〇七年某研究顯示，和健康、無消化不良症狀的志願對照組相比，消化不良的患者只要喝相當少量的水，就有飽脹感。這些人能否參考職業大胃王的經驗，藉由對胃的調理，逐步訓練讓自己能舒服的吃多一點？「我認為這應該值得一試。」梅茲說。

另外，支持漸進撐胃理論的，還有來自吃東西的另一端：挨餓。名為馬考斯基（Markowski）的外科醫生指揮官在一九四七年《英國醫學期刊》（*British Medical Journal*）的一篇論文中提到，他曾治療二次世界大戰的戰囚，戰囚為了獲得足夠的熱量和營養，必須吃下大量品質低劣的食物才能生存，這導致他們的胃撐大。他推測，長期將胃撐大，可能會使胃變得虛弱，這可以解釋為何他們有時只不過吃了相當少的一餐，胃就會破裂。如果真的是這樣，想必大胃王參賽者的胃也應該會破裂，然而並沒有。我本來以為

那些戰囚的胃已萎縮才導致破裂。關於這點，我問過梅茲，他對人們少吃幾餐或少吃一點，胃就會萎縮的見解，並不同意。他說，當人們說他們少吃一點之後很容易就飽了，是因為食量變小；而且刺激荷爾蒙及製造酵素的反饋迴路也罷工了。

讓我驚訝的是：胃容量大的人不見得會肥胖。《肥胖外科手術》（*Obesity Surgery*）期刊的研究報告指出，病態肥胖的人和非肥胖對照組的研究對象相比，胃的大小並沒有顯著差異。人的體重取決於荷爾蒙、新陳代謝、熱量消耗及熱量燃燒，而不是胃的容量。除了比賽之外，丹馬克堅持不吃過量，即使他從沒覺得吃飽過。他指出，吃飽停下來不管要花多大意志力，要繼續不停的吃，需要的意志力更大。

更讓人驚訝的是，醫學文獻上找不到任何大胃王胃部破裂的案例報告。繞了一大圈，又回到一開始的L先生和我的原點。大體說來，並不是吃了多少東西會讓你沒命，而是你吃的是什麼——尤其你吃的是整整十打、裝在乳膠套裡的古柯鹼。我們等一下就來看看。

注釋

❶雖然有案例報告指出，病人說他們聽到肚子爆炸的聲響，但這種經驗比較常被形容成一種感覺，像是「感覺快不行了」的那種感覺。一位七十二歲的婦人，回想起吃下冷盤肉、茶和八杯水之後「突如其來的爆炸」，這比較可能是她的感覺，而不是真的聽到爆炸。（「每天喝八杯水」的古訓應該還是有用的，「但不是一次喝足。」）

❷並不是什麼東西吃起來都一樣，有個東西可能讓大胃王吃不太消。儘管許多大胃王比賽的紀錄都超過八磅（三・六公斤）甚至十磅（四・五公斤），卻沒有人能吃下超過四磅（一・八公斤）的水果蛋糕。

第十一章 X他們的

消化道竟然是共犯

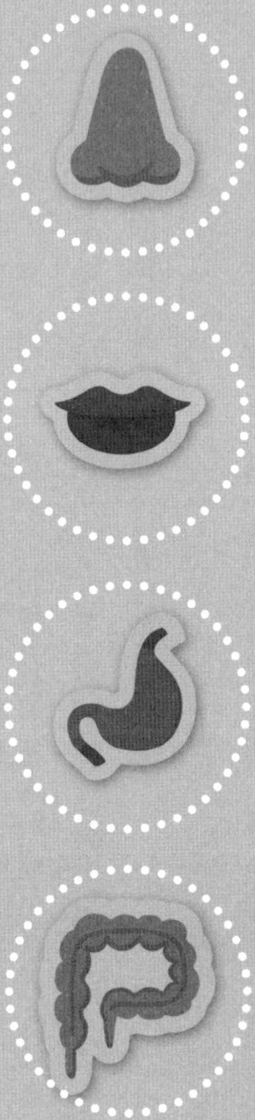

假如有人迫於情勢，無法把香菸和手機放在褲子口袋裡隨身攜帶，放在直腸倒是可行的替代辦法。這個辦法太可行了，每年竟然有超過四百五十公斤的菸草和幾百支手機，利用直腸走私進入美國加州州立監獄。這些走私品讓入監的幫派分子與毒販，在鐵窗裡也能打電話做生意（而且還可以邊打電話邊抽菸）。

「這是星期五進來的。」帕克斯（Gene Parks）警官是阿維納爾州立監獄的走私品攔截官。他正在查驗裝了三分之二滿的透明垃圾袋，裡頭的東西看起來像番薯，但又不是番薯。那些一條一條的東西，原來是抽菸斗用的金葉菸草，包覆在乳膠套裡，且一端較為尖細以便插入，卻不是為了插進菸斗裡。那包垃圾袋是「投遞品」（大宗違禁品），藏在附近的養雞場，有兩、三百名阿維納爾監獄的囚犯會從監獄去那裡工作。假如帕克斯的組員沒有先把袋子攔截到手，這些菸草條可能就會被囚犯以「屁股夾帶」進監獄，每次兩、三條，有時甚至六條，然後再像下蛋一樣，一一「下」出來。

帶著果香的菸草味從塑膠袋裡漫溢出來，整個調查服務處聞起來彷彿是菸草店。一磅裝（十六盎司）的金葉菸草每包零售價大約是美金二十五元，在阿維納爾監獄裡，一盎司就可以賣到美金一百元，所以那一袋二十五元的菸草，在監獄裡的價格高達一千六百元。被抓到的話處罰很輕——暫時喪失會客的權利。「我們已經處理掉約幾十萬美元的菸草。」帕克斯說。帕克斯警官寬寬的藍眼睛目光如電，說話語氣平緩沉著。這樣的組合，讓他看起來既世故又嚇人。

帕克斯帶我去儲藏室，給我看一排總共有十二格的方形小置物櫃，每一格都裝著每個月的手機違禁品。

「這些全部，」我問：「都是……」

「『套』進來的？」帕克斯用拇指和食指圍成一個圓圈。這比「直腸進口」更像行話。「不是全部。有些是。」

帕克斯往前走兩步，拿來另一個大塑膠袋。「這些都是充電器。」其他的袋子和箱子裡還有電池、耳機和ＳＩＭ卡。直腸的行話是「監獄錢包」，其實也可以稱為「Radio Shack」（一家電器連鎖店）。來這裡的路上，我在一位區隊長的辦公室耽擱了一會兒，他告訴我，有一位囚犯被抓到在直腸裡藏了兩盒迴紋針、一個削鉛筆器、一些刀片，以及三個超大活頁圈。大家都叫他「ＯＤ」（Office Depot，辦公文具專賣店），沒有人知道他到底要那些東西做什麼用。

阿維納爾監獄的走私者之所以利用直腸，其實是利用直腸演化的基本目的：儲存。

消化道的最底部是一個保存室，一餐飯的營養成分經腸子盡可能吸收後，剩下的殘餘物便保存於此。消化物移動的過程中，其中的水分被吸收，如果一切順利，會在達到適當的含水量時離開身體：大約是「布里斯托大便分類法」（Bristol Stool Scale）❶中，介於第二型（「香腸狀，但表面凹凸」）和第五型（「斷邊光滑的柔軟塊狀」）之間。重點是，每人每天只需要清空一、兩次。

我們再來詳細看一下過程。在你不知不覺間，蠕動性的肌肉收縮（稱為團塊運動），每天以六到八次的頻率，自動把結腸裡的東西進一步擠壓。吃東西會如實驅動這種作用，稱為胃結腸反射。吃得愈多，推擠的力道愈強。那些本來集結在直腸外面、較早之前的食物碎渣，此時便會裝填到直腸裡，新的進來，舊的出去。北卡羅來納大學「功能性腸胃與蠕動障礙中心」的協同主任懷海德（William Whitehead）解釋說：「這是一種防禦性反射作用」，可以避免結腸爆掉。

裝填物會推擠直腸壁，由伸張受器確定壓力是否足夠，只要壓力一到，就會驅動排便反射。（你也可以藉由重壓來提前驅動排便；重壓使作用於直腸壁的壓力增加到必要的程度。）排便反射會讓直腸壁肌收縮（擠壓），同時肛門括約肌也會放鬆。你的意識便會認為這是緊急事件，催促你趕緊去解放。解放量愈大或水分愈多，便意就愈強，而且愈難憋住。只要有一個小小的洞，水分就會滲漏出來。正如某位腸道專家所言：「就算是大力士海克力斯的括約肌也憋不住水。」一路來到消化道的終點，此時只要用鹽水灌腸，急迫的便意就會一發不可收拾。

不信邪的話，你當然可以試試看。排便反射可以控制，如廁訓練的本質就是學習運用這種控制。只要縮緊肛門括約肌，就能中止反射作用、減輕便意的壓迫感——在大多數情況下，時間長到足以讓車子開下高速公路、等一段歌劇詠嘆調唱完，或找到廁所。（對於那些很難憋住便意、一吃完東西就想上廁所的病人，腸胃專科醫生的建議是少量多餐，如此一來，團塊運動引起的進一步推擠就沒那麼強烈。）

已故的沙菲克（Ahmed Shafik）是偉大的「下半身反射」編年學家，他在埃及的開羅大學實驗室裡，淋漓盡致示範了排便反射作用。志願者身上的裝備可以測量直腸與肛門擠壓的壓力，裝有生理食鹽水的氣球則扮演糞便的角色。氣球內裝入約一杯的水，使直腸擴張，直到驅動反射作用。研究人員可以從儀器上看到直腸壓力（壓縮）急遽增加，同時看到肛門壓力降低（放鬆）。「感覺到一股急迫的便意，然後氣球就被排出體外。」大功告成！當研究對象受到指示要憋住時，直腸會放鬆，於是「便意消失」，任務宣告中止。

姑且不論那些偶爾來找麻煩的灌腸、腸寄生蟲，以及埃及的直腸病學專家，成年人其實很少會任憑腸子擺布。我們不會因為憋不住便意而弄髒褲子，或需要當場脫褲就地解決。大家要對自己的身體裝備致上敬意。直腸與肛門的同心協力，可說是人類文明行為的一大助力。

但有時候，這卻也是不文明行為的助力。帕克斯警官和同事從會客室的監視錄影帶中，網羅了一些精采畫面。我們從螢幕上看到，有人把太太剛塞給他的一包大如杏桃的非法物品藏在手心，然後伸到背後，深深插入褲子裡的屁股中，所有動作**竟然是在和他兒子玩棋盤遊戲時完成的**。

從我們正在觀看的那個老監視器就知道，阿維納爾監獄的電腦硬體設備顯然從世紀之交以來就沒升級過。他們的預算非常拮据。當我問起，為何監獄裡沒有安裝「體孔安全掃描器」（Body Orifice Security Scanner，一種高科技影像座椅，有了它，警衛就不用再執行單調乏味的「趴下、腿張開」檢查了），帕克斯笑了起來。他們甚至連印名片的錢都沒有。這所監獄本來預計容納兩千五百人，現在卻住了五千七百人。所有的東西，不是破就是舊或是又破又舊，包括會客服務處的粉紅色塑膠蒼蠅拍。在此同時，囚犯卻用夾帶進來的智慧手機在看電影。

較新型的智慧手機含有的金屬量，足以觸發阿維納爾監獄的金屬探測器，所以這些手機主要是透過一位做過髖關節置換的囚犯「套」進來的。他的髖關節讓他可以豁免金屬探測器。「而且如果沒有法院的命令，或沒有醫療人員說有醫學上的需要，我們也不能幫他照X光。」帕克斯說。這位囚犯每次可以走私兩、三支手機，監獄裡一支智慧手機的價格高達美金一千五百元。「那傢伙賺翻了。」收入搞不好比帕克斯警官還高。

三支智慧手機（或幾條菸草）的裝載量，比沙菲克氣球實驗的那杯水要大得多。就我所知道的人體直腸生理構造，要讓它們一直待在裡面想必非常難受。

「關於這點，妳自己問他們吧。」帕克斯幫我安排了一次訪談。

第四牢區什麼都沒有，只在逐漸變小的陰影裡有一塊籃球的籃板和一些椅子。大門旁邊的碎石焦土上，有人用石頭拼出「第四牢區」的字眼，這讓我想到因紐特石堆，那是北極旅人以石板堆疊而成的路標。在牢裡和在北極一樣，只能用手邊僅有的一點東西來表達自己。

阿維納爾公共資訊辦公室的波拉（Ed Borla）一路護送，聯絡警衛幫我們開門。走過牢區時，有些囚犯瞄了我們一眼，但是大部分的人都沒理我們。我心想，我真的是年老色衰了。

如同阿維納爾所有的牢區，這裡也有一排公用設施，每個房間外都有紅色手寫字的招牌標示：健身房、圖書室、洗衣房、管理員、禮拜堂，彷彿是販賣自家農作物的小型路邊商場。我待在職員辦公室裡，等波拉去找我要訪談的人。我問辦公室職員，知不知道我要訪談的囚犯為什麼被關進來。他在電腦鍵盤上打入數字，然後把螢幕轉過來給我看。游標在**謀殺**兩個字下方冷冷的閃著。

我還來不及消化這則有趣的新資訊，囚犯已經來到外面的走廊。我答應不洩漏他的真實姓名，因此用化名羅德里格茲稱呼他。波拉指著走廊對面一間沒人使用的辦公室說：「你們可以在裡面進行訪談。」我匆匆看了一眼問題清單，其中包括：「肛門夾帶算不算是《同性戀期刊》（*Journal of Homosexuality*）稱為『偽裝的肛門操控』的一種形式？」

我盡可能解釋來意。羅德里格茲似乎不覺得我的詢問詞有什麼好笑或好驚訝的。帕克斯的同事之前曾說過，肛門夾帶「是一種討生活的方式」。羅德里格茲從二十幾年前就開始在聖昆丁（San Quentin）做這一行。他屬於某個幫派，幫派老大交代他一個任務。「我被告知：『聽好，有人要被砍——』」

我沒聽清楚他說的最後幾個字，是「……手臂？」

羅德里格茲忍住笑。幫派老大下令，不會只是要某人手臂受傷，而是「**死在牢裡**」。

羅德里格茲表現出來的個性，和他的犯罪紀錄並不相符。他親切又專注。他會看著你的眼睛，常常笑，牙齒很漂亮。長途飛行時，坐在他隔壁會很開心。如果不是他的褲子，你絕對不會把他當成囚犯。褲子一邊的大腿部位寫著大大的「囚犯」，他的底細就曝光了。

老大命令羅德里格茲走私，把傢伙帶進監獄：四片包好的金屬刀片，一整包有三十公分長、五公分寬。老大說，如果拒絕，其中一片刀片就會砍在他身上。那次的經歷很恐怖，但他熬過來了。從那時起，他主要都是走私菸草。「如果你要進去洞裡，」（此洞非彼洞，是指單獨監禁）「你可以把菸草、打火機、火柴包好……❷」羅德里格茲在空中比畫這些抽菸配件的輪廓，這比起沙菲克的氣球要大得多，把我嚇到了。我向他解釋直腸的伸張受器和排便反射。「你需要經常用力憋住嗎？」我覺得自己看起來肯定像個神經有毛病的人。

「呃，是啦，但是……」羅德里格茲看著天花板，彷彿在尋找正確的措詞，或是懇求上帝來幫忙。「它會找到該去的地方。」以生理學的專業說法是，排便反射被中斷。在幾次的中斷後，身體便得到消息，暫時撤退。

腸道蠕動專家可以告訴你，習慣性中斷便意的人會有什麼下場。他們大都不是走私者，而是胃腸專科醫生瓊斯（見第十章）所說的「還有一件事族群」。「他們很想上廁所，可是又必須先把某件事做完。」或是他們對廁所有厭惡感；他們不願意使用公共廁所，因為怕有人會聽到或聞到，或是因為擔心有病菌。如果經常忍住便意，可能會不小心把自己訓練成與自然意圖唱反調。他們對於「便意」的自動反應（即使是在家裡）會變成緊縮起來，醫學上稱為逆理括約肌收縮（paradoxical sphincter contraction）。你想推開門，同時卻又要關上門。這是慢性便祕常見的一種病因[3]。這種症狀，用盡世界上所有的纖維素都治不好。

「有這種症狀的人很容易診斷出來，」瓊斯說：「把手指伸進他們的直腸，然後叫他們『好，用力』，就會感覺到他們在縮緊。」

德國一群便祕研究員指出，「肛門直腸檢查時的不當狀況」（例如陌生人把手指放在那裡）會刺激肛門括約肌收縮。因此，逆理括約肌收縮可能是診斷檢查的人為產物[4]。雖然作者為此在文章最後向某些病人致謝，但逆理括約肌收縮肯定是導致他們受苦受難的元凶。

阿維納爾監獄的醫療人員指出，監獄裡很多人都有便祕的困擾。

消化道是親切的犯罪幫凶，但它也有個限度。直腸裝得愈滿，或憋得愈久不去上廁所，便意就會愈快捲土重來。如同電子鬧鐘一樣，你愈不理它，它就愈囉唆。二十四小時大約是一般肛門夾帶走私者的極限，時間一過，羅德里格茲說：「你的大腦會一直告訴你想去洗手間。」我幻想羅德里格茲的大腦，在情急下還是很有禮貌的輕拍他的肩膀。

如果把走私物品吞下肚，而不是塞進「那裡」，可以幫走私者多爭取一點時間。這也是拉丁美洲「毒騾」（drug mule）比較喜歡吞嚥夾帶技術的原因之一。法蘭克福機場及巴黎機場於一九八五到二〇〇二年間，總共抓到四千九百七十二名消化道走私者，其中只有三百一十二人把物品藏匿在直腸裡，其他都是用吞的。即使從波哥大（哥倫比亞首都）飛到洛杉磯長達十小時的航程，往往直到飛機降落，吞下的毒包都還沒到達直腸。毒騾受指示，在飛行期間不吃任何東西，這樣可以避免刺激結腸的團塊運動。（他們也可能服用止瀉藥來停止蠕動收縮。）因此，即使對涉嫌「吞嚥夾帶者」進行體腔搜查，還是查不到任何證據。

吞嚥夾帶者在法律上是個難題，因為根據法律要求，邊境拘留的時間不能太久。海關人員拘留走私嫌疑犯的時間，只夠搜查行李，包括託運、隨身，以及藏在身體裡的，以便確認或消除他們的嫌疑。有個案例，竟然把一向低調的排便反射鬧上最高法院，成為審判議題。波哥大的居民蒙托亞．埃爾南德斯（Rosa Montoya de Hernandez）遭洛杉磯國際機場的海關拘留了十六小時。在脫衣搜身檢查時，發現她的肚子非常僵硬（因為她的消化道裝了八十八包古柯鹼），還穿了兩件墊著紙巾的塑膠內褲。她有兩條路可走：照X

光，或者是在房間裡坐著，房裡有裝著垃圾袋的垃圾桶，以及一位女性海關人員負責「淘金」❺（阿維納爾監獄的人都這麼說）。

蒙托亞．埃爾南德斯拒絕照X光。她蜷坐在椅子上，身體歪向一邊，上訴法院的文件中說她：表現出「拚命忍住想上廁所」的徵兆。

可憐的毒騾，焦慮反而讓她更想上廁所。焦慮會導致輕微的直腸壁肌收縮，使儲存空間的容量變小，意思是說，只要較少的填充量就能啟動伸張受器，讓你急於排便。羅德里格茲證實了這一點：「一定要放鬆。如果很緊張，身體就會緊縮。」（即使輕微的焦慮也會有這種反應。多虧直腸氣球及犧牲頗大的志願者，蠕動研究員懷海德發現，平均來說，焦慮的人直腸容量都有比較小的傾向。）在某些令人極度焦慮的場合，例如演講或走私海洛因，效果可能會很誇張，「消化道走私者」絕對不能焦慮。瓊斯講了一個毒騾的故事，在飛往芝加哥奧黑爾機場的途中，毒騾的括約肌按捺不住，所以提早「卸貨」。他把掉進飛機廁所馬桶裡的毒包撿起來，沒有把它們沖掉，也沒有吞下去，而是塞進他穿的襪子裡——其後果與命運自然可想而知。

蒙托亞．埃爾南德斯的律師試圖反駁，理由是塑膠內褲和護照上最近進出邁阿密與洛杉磯的八個戳章❻，並不能構成她正在走私的明確指標，而且她受拘留時間太久了，對於她的個人權利來說，已經違反第四修正案。律師的反駁沒有成功。然而，美國聯邦第九巡迴上訴法院卻撤銷了對她的定罪。案子到此還沒結束，蒙托亞・埃爾南德斯和她頑強的肛門，一直堅持到最高法院❼。由於大法官布倫南（William Brennan）和馬歇爾（Thurgood Marshall）持反對意見，最高法院又推翻了上訴法院的判決。法院的結論是，由於蒙托亞・埃爾南德斯拒絕照X光，又忍著不去上廁所，因此她要為拘留期間的長短與身體不適自行負責。「遵循自然去上廁所」在案文中出現太多次，我發現自己在讀的時候，竟然會模仿艾登柏祿（David Attenborough，英國廣播公司自然探索類的節目主持人）的口音。

美國聯邦政府控告蒙托亞・埃爾南德斯的這樁案例，為一九九〇年奧德芬（Delaney Abi Odofin）的案件提供先例，他遭拘留了整整二十四天，才排出第一個裝有毒品的氣球。法律網站（justia.com）摘錄結論說：「這種情形下的邊境拘留和第四修正案並不抵觸，由於遭拘留者超強的腸道耐力，才導致意料之外的長時間拘留。」

怎麼可能有如此超強的耐力？為什麼奧德芬的腸道沒有及時收縮？為什麼他的結腸沒有爆掉？懷海德解釋說，身體還有另一種防止爆裂的保護機制。直腸維持擴張太久的話，最終會引起「消化物生產線」變慢或甚至停止，如果必要的話，還會逆流回到胃部。結腸與小腸的收縮會變弱，胃的清空作用則變慢。一九九〇年某研究曾記載這種機制，該研究雇用十二名慕尼黑大學生，讓他們盡可能忍住便意。一來是想知道到底忍不忍得住、最長可以忍多久；二來則看看這樣會發生什麼事情。作者對結果印象深刻：「志願者成功忍住便意的程度很驚人。」但由於我才剛看過奧德芬的案例，所以覺得不怎麼驚人。十二人裡，只有三人可以撐到第四天。

慕尼黑研究人員還發現另一件事，但這其實有點廢話：消化物質在腸道裡憋得愈久，就會變得愈硬，且愈可能呈顆粒狀。因為只要東西還在腸子裡，水分就會一直被吸收。廢棄物愈來愈硬、愈乾，就愈難排出來。一直不排出來就會造成便祕。作者以給便祕者的一句金玉良言為研究做了總結：「聽從每次大便的呼喚。」另外，霍爾頓（James Whorton）所寫的《體內衛生》（*Inner Hygiene*）是一本很棒的書，以學術性[8]口吻介紹便祕的歷史，書中也引用英國醫生的話：「除非失火或是危及生命，別讓任何事情引誘你抗拒……來自腸子的呼喚（nature's alvine[9] call）。」

便祕是消化道走私者最不擔心的事。大約六%的毒騾曾腸道阻塞[10]，那是當毒包卡住或是保險套的兩端纏在一起時才會發生。藥劑過量才是真的危險。早期利用消化道走私時，毒騾只用單層保險套或橡膠手套的手指部分來包裝毒品，但那樣的橡膠厚度浸在胃酸中幾小時後，有時會溶出破洞。由於乳膠的品質良莠不齊，毒品也可能會從完好的包裝中滲出。一九七五年到一九八一年間，遭查獲以吞嚥方式走私古柯鹼的人，有超過一半死於藥劑過量。（海洛因過量有解藥，但古柯鹼就沒救了。）更慘的是：如果你在任務中不幸喪生，搞不好其他共犯還會從你的屍體內臟中挖出毒品⓫。佛羅里達州邁阿密—戴德郡十名死亡的毒騾中，就有兩位發生這種慘事，《美國法醫暨病理學期刊》（*American Journal of Forensic Medicine and Pathology*）的論文〈致命的海洛因體內藏毒〉曾報導這些案例。

在阿維納爾監獄，毒品基本上都是以肛門夾帶，而不是以吞嚥夾帶。帕克斯的單位經常查獲非法毒品，以及愈來愈五花八門的處方藥物。（例如抗憂鬱藥、興奮劑、麻醉止痛藥等，都可達到正式藥物用途以外的消遣性吸毒效果。最近落建生髮水也出現在非法夾帶的項目中，但需要它的人顯然是為了它該有的功效。）羅德里格茲的獄友曾選擇用吞嚥夾帶，有兩人因此死於藥劑過量。「其中一個大概只剩六個月就可以出獄。我跟他說：『不要做，你都快重見天日了。』」

我問羅德里格茲還有多久可以重見天日。蠢問題。羅德里格茲遭判終身監禁。我原本以為他的殺人和幫派有關，但卻是為了女人。「她根本不是我的女朋友。」羅德里格茲摩挲著大腿，短暫移開視線，坦承這樁記憶猶新的陳年往事。「我已經不是當年剛進來的小夥子。」這是二十七年前的事了。「我開始長白頭髮，而且也開始禿頭了。」他低下頭，不知是要讓我看他禿頭的地方，還是要表達他的羞愧，我不是很確定。

我不知道該說什麼。我喜歡羅德里格茲，可是我不喜歡謀殺。我最後開口說：「老兄，那瓶落建是你要用的嗎？」

還有另一個原因，讓這麼多毒騾寧願冒著藥劑過量的風險把走私品吞下肚。「對許多毒騾的宗教背景來說，直腸是禁忌。在加勒比海地區和拉丁美洲，任何體腔的使用都和同性戀脫不了關係，而同性戀在許多社區仍然會引來殺身之禍。」這是強森（Mark Johnson）在給我的電子郵件中說的，他在風險管理集團（The Risk Management Group，TRMG，一家不太有人知道的英國公司）工作。

伊斯蘭恐怖分子有同樣嚴格的直腸禁忌。強森的同事克倫普（Justin Crump）是倫敦西比霖（Sibylline）公司的CEO，他告訴我關於二〇〇九年八月的自殺炸彈客案件，炸彈客企圖在阿拉伯內政部次長賓納耶夫（Muhammad bin Nayef）位於吉達（Jidda）的家裡刺殺他。由於炸彈客下半身的屍骸所剩無幾，因此恐怖分子和反恐專家對爆裂物的位置眾說紛紜。「所有的聖戰分子網站都說，那次爆炸是由炸彈客吞進胃裡的爆炸裝置引起的。」克倫普相信，炸彈應該只是用膠帶黏在炸彈客的陰囊後面。

關於網站上的貼文，克倫普說：「有趣的是，大家都不願意表明，炸彈可能藏在他的屁股裡。」他回憶與提供爆炸後照片的人一起查看照片，這人是前基地組織的武裝分子。「他說：『你看他的手臂是怎麼炸掉的。炸彈絕對是吞下去的，絕對是吞下去的。』

他非常強烈想避免任何……的念頭，」克倫普自己似乎也突破不了這個禁忌。「……避免其他的選項。」

沒有明確的紀錄顯示，恐怖分子會把自殺炸彈藏匿在消化道中。克倫普說，相對於把爆裂物穿在背心裡，以吞嚥或肛門夾帶爆裂物時，因為炸彈客的身體會吸收大部分的爆炸衝擊，殺傷力都只會有原來的五到十分之一。賓納耶夫距離大如手榴彈的爆裂物沒有幾公尺遠，但是因為炸彈客蹲坐在炸彈上，結果目標人物只受到輕傷。

把炸彈藏在人體裡偷渡唯一的理由，應該是為了要通過嚴格的保安系統，例如大多數機場的安檢。但克倫普說這樣很划不來；消化道只能夾帶很少量的爆裂物，根本不可能把飛機炸掉。在不引起劇烈疼痛的情況下，吞嚥的極限大約是一盤雞尾酒會香腸冷盤的量。同夥的人也許可以利用細長的管子，把爆裂物塞進炸彈客的胃裡，但是他仍然必須吞進定時裝置，而且還要想辦法避免胃液讓定時裝置失效。

克倫普說直腸炸彈也不可能炸掉飛機，「頂多只會把座椅炸開而已」。我把福斯新聞引用某位未具名爆裂物專家的報導給他看，這位專家說，一顆人肉炸彈只要含五盎司PETN炸藥，就能把飛機外殼「炸出相當大的破洞」，使飛機墜毀。「完全是胡說八道！」克倫普說。探索頻道的科普電視節目《流言終結者》（*MythBusters*）的忠實觀眾都知道，在飛行中即使一扇窗遭炸掉，也不會造成爆炸性減壓。機艙會減壓，但是只要降下氧氣面罩，乘客還是很可能倖存。克倫普問我：「還記得西南航空的波音737客機嗎？飛機的頂板有部分遭掀開，但他們還是安然無恙。只要駕駛還能掌控飛機，且機翼和尾翼都還在，就仍然可以飛。」

大多數自殺炸彈客並非靠爆裂物本身來達到目的。炸彈碎片才是真正的殺人利器。市井街頭的自殺炸彈，基本上是以釘子和滾珠製成的，這些東西無法通過機場的金屬探測器。想要製作出能炸掉飛機的炸彈，以同等的重量來說，需要比TNT黃色炸藥和C4塑膠炸藥更厲害的東西。一般來說，爆裂物的威力愈強，就愈不穩定。如果你肚子裡裝滿TATP炸藥，在安檢排隊時一不小心跌倒或咳嗽，可能就會提前引爆。

在賓拉登於巴基斯坦的宅院裡找到的物品中，據說包含一項計畫，這計畫原本要以手術把炸彈植入某位恐怖分子的體內——「藏在他腹部的『游泳圈』」，網路報《每日野獸》（*Daily Beast*）引用美國政府的匿名消息來源如此說道。（乳房植入的可能性也被傳來傳去。）克倫普曾聽過一些可靠的謠言，說基地組織的醫生正嘗試把爆裂物植入動物體內。「但是同樣的，」克倫普說：「問題還是很多。如何引爆？如何避免身體吸收大部分的爆炸衝擊力？」如何避免爆裂物和引爆器碰到水氣？

這聽來令人欣慰，但也別高興得太早。「其實，何必這麼麻煩？」克倫普說：「只要事先多做觀察，通常就能想出辦法，躲過大部分國際機場的身體掃描這一關。」

加州監獄裡利用直腸走私的偏好有點出人意料，因為這裡有較多的拉丁裔和非裔美國人，這兩個族群整體來說，對同性戀比較不那麼自在。我猜想，監獄這個地方在情有可原的情況下，洗刷了「利用直腸做為其他用途」的汙名。

羅德里格茲對於阿維納爾監獄裡的情形侃侃而談。他說幫派老大並不會敵視同性戀囚犯，反而喜歡雇用他們。「我們稱他們為『保險箱』，如果他們信得過，幫派成員就會跟他們接觸——『嘿，考慮一下，要不要賺點外快？』」

每個人都要練習才能加快速度。羅德里格茲回想起夾帶刀片的「櫻桃」任務，讓他痛得要命。他說幫派的手下都要被迫練習。我在腦海裡想像，全身肌肉的刺青大漢，「某處」塞著肥皂或鹽罐，在牢裡到處閒晃。帕克斯警官給我看一張八乘十的照片，他說照片上用來練習的東西，是醫療服務處從新手身上取出的。那是廁所的衛生紙紙筒，兩端塞入體香膏，然後再用膠帶捆起來。他面無表情的說：「如你所見，這還滿大一塊的。」（羅德里格茲說這是為了打賭才塞進去的。）

「為了避免肛門撕裂，可能需要幾個星期或幾個月的時間，逐漸進行擴張。」這段話引用自一份期刊，不過並不是懲教機構或急救醫學或直腸病學的期刊，而是《同性戀期刊》。懲教期刊或甚至直腸病學期刊，都不會出現以下的內容：「羅文和吉列特（Rowan & Gillette, 1978）曾敘述某個案例，提到有人為了得到性快感，竟然利用腳踏車的打氣筒幫直腸灌氣。」（我沒有再去追查這條資料的來源，所以這位仁兄的下場不得而知，也不知道他是否超越人體直腸的建議壓力值。）

當作灌腸劑時，空氣和水因為很方便取出，所以是消遣性直腸擴張的最安全途徑。（除非這個液體會硬化成固體，詳見〈水泥灌腸後之直腸嵌塞〉一文。）固體物質傾向於「離你而去」，胃腸專科醫生瓊斯說：「物體上有潤滑劑，手上也有，你因為刺激興奮而痛苦掙扎的想抓住它，然後它就**不見了**。」隨之而來的恐慌使情況更糟。還記得嗎？焦慮會導致直腸緊縮。

專門蒐集醫學上奇珍異品的馬特博物館陰氣逼人，館長多迪（Anna Dhody）說：「每間醫院都有一個『屁股箱』。」急診醫學的文獻充斥著一大堆病例報告，你絕對想不到會在期刊裡看到這些名詞：**油罐**、**歐洲蘿蔔**、**牛角**、**傘柄**。順帶一提，文章裡採用的動詞竟然是**接生**（deliver）。例如：「抽吸必須中斷，才能接生出這樣的玻璃容器。」「直腸的水泥模子順利接生出來。」

某篇研究這個問題的論文，參考了三十五個急診室案例，主角全部都是男性。前面提過的《同性戀期刊》那篇論文中，可以找到為何絕大多數是男性的解釋：「對於男性來說，直腸的擴張……導致施加在前列腺及貯精囊的壓力增加，產生某些人所謂的性快感。」（這位作者似乎興趣廣泛，否則就是有人和他同名同姓，我在讀書社交網站Goodreads.com上找到他的著書列表。第一本是《林木線之上的科羅拉多州》（*Colorado above Treeline*），再來是《一個士兵在西部邊境的生活》（*Life of a Soldier on the Western Frontier*）。然後，夾在《古老西方醫藥》（*Medicine in the Old West*）和《探索科羅拉多州高地》（*Exploring the Colorado High Country*）之間，還有一本《灌腸：教科書與參考手冊》（*The Enema: A Textbook and Reference Manual*）。）

任何關於消化道性行為的討論，無可避免都會牽涉到肛門。肛門組織是人體神經分布最密集的器官之一。這也難怪，因為肛門需要很多資訊才能勝任它的工作。肛門必須能分辨出「兵臨城下」的東西是固體？液體？還是氣體？然後才能選擇性排出全部或部分。判斷錯誤的下場會很慘。正如瓊斯所言：「你不希望選擇錯誤。」學過解剖學的人往往會被卑微的肛門所具有的神功嚇到。羅森布魯斯（Robert Rosenbluth）醫生說：「想想看，沒有工程師能設計出像肛門一樣的東西，有這麼多功能，而且調節得如此精密。罵人家『屁眼』實在是一種恭維。」我與羅森布魯斯醫生是在我開始寫這本書時相熟的。

我一向強調的是，富含神經的組織往往是性感帶，無論它的日常功能是什麼。這些進了急診室的可憐傢伙，有沒有可能只是因為他們的肛門玩具失手滑進身體裡？

有些可能是，但不是全部。肛門的敏感度無法解釋為何有人把檸檬與冷霜瓶塞入其中，也無法解釋肛門裡的四百零二顆石頭，以及「拳交」⑫。性學專家勞瑞（Thomas Lowry）於一九八〇年代所做的研究，證實有一群生活方式特立獨行的人，喜歡藉由擴張或充盈的快感來享樂。勞瑞寄給我一份他的論文，以及用來蒐集資料的問卷。問卷的第十二題是一幅手臂的繪圖，附有說明：「用線畫出你曾被插入最深的地方」。這麼說吧，肛門雖然極度敏感，但還不是這些人的情欲最高點，而且有些人就是喜歡「探索科羅拉多州高地」。

賽門（Gustav Simon）醫生專治這種人。一八七三年，賽門首創把整隻手「塗很多油」、「深入」直腸⑬。他同時以另一隻手按壓腹部、觸診骨盆器官，檢查是否有異狀。（婦科醫生如今仍採用這種方法，但是基本上只會用兩根指頭。）賽門向讀者保證，造成的任何「局部疼痛」很快就消退了。

瓊斯以「共享線路」來解釋這種藉由撐大而激發性欲的現象。排便、性高潮和激發性欲，都落在薦神經的管轄範圍。生產時陰道大幅撐開，偶爾也會產生性高潮，甚至排便時也會，至少在某篇有趣的案例研究中曾這麼提到。阿格紐（Jeremy Agnew）在他一九八五年的論文〈解剖學與生理學對肛門性行為的一些觀點〉中寫道：「身體檢查時，婦科醫生常觀察到，觸碰陰蒂會使肛門收縮。」這令人不禁納悶，阿格紐的婦科醫生是誰？我有個疑問，先請大家見諒。如果以石頭或水泥或手臂填塞直腸，會讓人飄飄欲仙，為何便祕卻是普世之痛？那果真是痛嗎？有沒有人會從自體產生的填充物中獲得性滿足？上廁所的衝動難道比性衝動還複雜？

我冒昧的請教懷海德這些問題。「內臟的感覺似乎很多都遵循所謂的『雙面效應』(Janus-faced function)。」他盡力解釋，指出同一個源頭，卻有愉悅和痛苦兩個不同的面向。他迴避了便祕的問題，我也不想繼續追問以免惹人嫌，於是把問題丟給瓊斯。

「我認為差別在於，便祕很少是自願的。」我相信瓊斯想說的是，性衝動取決於對象和環境氛圍。乒乓球與排泄物之間的差別，就像性交與抹片檢查之間的差別。

大多數「後庭活動」的愛好者，可能都喜歡直腸和肛門的組合快感。否則為何有人會發明「肛門小提琴」？據阿格紐形容，這種罕見的物品是一個象牙球，上面附有羊腸線做的弦。「先把球插入直腸，另一位夥伴利用類似小提琴的弓來拉奏腸弦，把振動傳送給肛門感覺中樞末端的器官。」順便也把疑惑傳送給隔壁鄰居。

我從沒問過羅德里格茲關於「偽裝的肛門操控」的問題。(這是指藉由似非而是的性行為來滿足肛門性欲。不一定要打扮成獨行俠戴面具的樣子，要打扮的話當然也可以。)以我看來，似乎不需要什麼偽裝或面具：監獄裡的人對於肛門的意圖都相當開放。如果囚犯把iPhone手機放進直腸，那是因為他要拿手機來用或來賣。相反的，如果囚犯放的是馬桶刷，那他一定是有什麼難言之「癮」。這是羅德里格茲告訴我的。「他們用輪床把他推出來，馬桶刷的**手把**還突出來呢。」

我告訴羅德里格茲關於四百零二顆石頭的事情。

「信不信，直腸一定會撐大。」

恐怖分子在消化道內引爆炸彈的案例，雖然還沒有真的發生，但是消化道裡的爆炸早已記錄有案。胃腸脹氣大致上是氫氣，但有三分之一的人都還混有一些甲烷。這兩種氣體都是可燃物，在內視鏡室偶爾會看到明顯的證據。如《內視鏡》（*Endoscopy*）期刊第三十六卷中所言：「氬離子電凝術引起第一次火花之後，結腸裡隨即發出響亮的爆炸聲。」第三十九卷又提到：「才剛開始以氬離子電凝術治療發育異常的第一條血管時，就發生響亮的氣爆。」最後，《胃腸內視鏡》（*Gastrointestinal Endoscopy*）第六十七卷中提到：「作者指出，在治療發育異常的第一條血管時，聽到響亮的氣爆聲。」腸道氣體可不是鬧著玩的。

注釋

❶布里斯托大便分類法：第一型：一顆顆硬球（很難通過）；第二型：香腸狀，但表面凹凸；第三型：香腸狀，但表面有裂痕；第四型：像香腸或蛇一樣，且表面很光滑；第五型：斷邊光滑的柔軟塊狀（容易通過）；第六型：粗邊蓬鬆塊，糊狀大便；第七型：水狀，無固體塊（完全液體）。

這個分類法共四種語言的版本，有少量修正。例如葡萄牙文版中，第二、三型提到的香腸是比較胖的德國風味香腸，與第四型的香腸那種比較傳統的臘腸有所不同。歸根究柢，布里斯托分類法其實是醫生和病人之間的一種溝通輔助。採用的措辭愈具體，「整個巴西就愈容易理解」。

❷二〇〇七年當我在為另一本書做研究時，剛好看到一篇期刊文章，其中列出一長串過去幾年急診室人員從直腸取出的異物清單。大部分都是可預期的形狀：瓶子、香腸、芭蕉等等。其中一個提及很多東西的獨特「組合」格外令人不解：眼鏡、雜誌，以及菸草袋。現在我終於明白，原來那個人是為準備關禁閉在打包啊！

❸治療慢性便祕，生物反饋技術可以幫上忙。把肛門括約肌暫時連上電線，當縮緊或放鬆時，電腦螢幕上的圓圈會縮小或放大，病人要盡量使勁保持圓圈放大。這套程式的設計者也設計了兒童版，稱為「下蛋遊戲」，玩的時候，靠縮緊和放鬆讓籃子前後移動，好接住掉下來的蛋。美國蛋類委員會的網站有另一種版本的下蛋遊戲，不需要麻

煩肛門（或泄殖腔），用游標就可以玩。

❹ 尤其是如果需要做排便攝影檢查，更是要人工製造肛門收縮。顧名思義，病人將成為X光影片的主角，技師、實習醫生與放射科醫生是觀眾。「醫學簡直快成為色情學了。」胃腸專科醫生瓊斯說。更糟的是，病人將接受灌有鋇劑的「假糞便」（用一坨塑膠黏土做的，或簡單一點用燕麥片），從反方向輸入直腸。瓊斯說，這對便祕病人來說簡直是酷刑。「這就像是，『老兄，如果我辦得到，就不會來這裡受罪了。』」

❺ 法蘭克福機場的海關比較輕鬆。嫌犯會被帶去蹲玻璃馬桶，這是一種特殊設計的便器，附有分離槽可供觀察及自動清洗——像是某些德國馬桶裡的小平台「檢查棚」放大版。附注：一般認為，用來展示「戰利品」的檢查棚，可以反映出德國人對排泄物的獨特興趣，其實不然，因為舊式的波蘭、荷蘭、奧地利與捷克馬桶也都有這種特殊設計。我寧可相信，由於這些國家都愛吃香腸，而戰前的豬肉製品經常導致寄生蟲大流行，所以才會這樣。

❻ 海關根據的危險信號，還包括胃酸把乳膠溶解時產生的特殊口臭，以及不吃東西的旅客名單。多年來，哥倫比亞航空公司的機員會記錄拒絕吃東西的國際旅客，飛機降落時，便將姓名呈報給海關。

❼有時候，司法系統不得不插手。在愛荷華州控告蘭迪斯（State of Iowa v. Steven Landis）的案件中，蘭迪斯涉嫌以裝有糞便的牙膏管噴灑一位懲教官員而遭判罪，因為他違反愛荷華州法708.3B條：「囚犯施暴，以體液或分泌物」。蘭迪斯提出上訴，爭辯說官員被弄髒的襯衫沒有經過專家的證明或科學分析，法院無法證實上面的東西確實是糞便。該判決是根據目擊證人（本例則是鼻聞證人）與其他懲教官員的證詞。當其中一位官員被問到，怎麼知道那是糞便時，他告訴陪審團說：「那個東西是褐色的，有非常強烈的糞便味道。」上訴法官因此認為理由充足。

我個人要感謝法官韋蘭德（Colleen Weiland），他引起我對這個案件的興趣，而且幫我轉寄邏輯方面的問題給當時主理案件的法官布朗（Mary Ann Brown）。姓氏恰巧意為「褐色」的布朗法官回答：「看來，他似乎先把材料變成液狀，然後再滴入或吸入管子裡。」

❽《體內衛生》由牛津大學出版社出版，很嚴肅，但可讀性極高。在我從加州大學柏克萊分校圖書館借走這本書之前，某個女生在新年除夕夜也看過，可見有多好看。我會知道，是因為她留下書籤，一張加州皮諾爾市In-N-Out漢堡店的收據，日期為二〇一〇年十二月三十日，而且因為我讀這本書的時候，常常會碰到一些亮粉。她是把書帶去參加舞會，人家在熱舞時，她卻躲在小房間裡看關於直腸擴張器和傾斜式馬桶這些

東西？還是她在半夜兩點把書拿去床上看，結果頭髮上的亮粉掉到書裡？如果有人認識這位女生，請告訴她我很欣賞她。

❾ alvine原意為「腸子的」或「與肚子或小腸有關的」。當我得知艾爾文（Gregory Alvine）醫生是整形外科醫生時，實在是失望極了。「艾爾文足部與腳踝中心」（Alvine Foot & Ankle Centre）的職員對我的詢問則是不予回應。

❿ 你以為毒騾腸道阻塞的百分比應該更高，但事實上，八〇％到九〇％的不消化物品，都能通過食道，順利完成在腸道的旅程。如果有人能吞下且排出活動假牙，毒騾就沒什麼好擔心的。

⓫ 從內臟挖出毒品，並不是毒販對屍體所做的最令人不齒的侮辱，雖然已經很接近了。走私者有時會設法找到即將運送回國的屍體，然後把死者的整個消化道塞成「海洛英香腸」。

⓬ 拳交（brachioproctic eroticism）是勞瑞創造的英文學術新詞。勞瑞在努力研究拳交時，寫信給學術機構不相識的人，信的開頭大致如下：「親愛的布蘭德博士：我們幾個月前曾在電話中討論關於『拳頭性交（fist-fucking）』的問題。當時您曾提到兩篇外科

論文。」由於沒有學術名詞，所以最後勞瑞乾脆自己發明。「我最近用谷歌搜尋了一下，」他告訴我：「發現點擊次數超過兩千次，覺得滿好笑的。」

⓭賽門利用屍體來改善觸診技巧，過程中曾弄破一、兩段腸子，之後開始提供培訓課程，但不用屍體，改用以氯仿麻醉的活生生的女人，把她們的大腿彎曲靠在腹部上。「為數甚多的教授和醫生」大老遠飛到海德堡去實習「強行進入」。

第十二章　可燃的你

氫氣與甲烷之謎

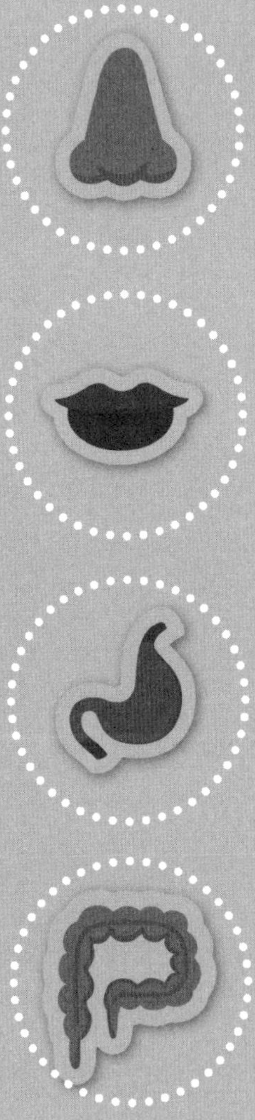

早在有人把燒灼棒捅進別人的屁股之前，腸道氣體可燃❶的危險性便已眾所皆知。農夫都知道，如果放著糞肥不管，細菌會把糞肥分解成更基本的成分。某些成分對農夫來說是有用的肥料，可以從農場的糞坑抽出來灌溉農作物❷。其他成分如氫氣和甲烷，則會把豬舍的屋頂轟掉。以下是為「安全農場節目」（Safe Farm Program）連線的波特（Beatrix Potter）小姐，在甲烷安全廣播現場所做的報導：「甲烷無味、無色，往往神出鬼沒、不著痕跡。」

甲烷及氫氣的濃度高於四%到五%時，就會具有爆炸性。糞坑的糞水上頭的泡沫有六〇%是甲烷。農夫應該都知道這些常識，但是有時候農夫的家人並不清楚。難怪明尼蘇達大學推廣服務部的農場安全課程中，會包含學童教室裡「糞坑展示箱」的製作說明：「需要準備的東西有：……玩具乳牛、豬和公牛（比例為$\frac{1}{32}$），水族箱、乾糞堆肥一磅……以及造型很像糞便的巧克力糖……放在地上假裝是糞便（可有可無）」。

人體的結腸就像「糞坑展示箱」一樣，是縮小版的生物廢料儲存槽。結腸裡面的厭氧環境，提供了製造甲烷的細菌在成長繁殖時需要的無氧環境。結腸裡充滿具發酵性的生物廢料，細菌在糞坑裡或在結腸裡，都靠分解這些廢料維生，過程中也順便產生氣體副產物。細菌產生的氣體大都是氫氣，而這就是你肚子裡的脹氣成分。高達八〇%的脹氣是氫氣。大約有三分之一的人，體內也含有製造甲烷的細菌。甲烷就是瓦斯公司提供的「天然氣」主要成分。（另外三分之二不產甲烷的人相信，體內會產生甲烷的人，放的屁燒起來是藍色的，像瓦斯爐上的母火那樣。可惜我在YouTube上找不到證據。）

進行結腸鏡檢查之前必須先清潔腸道，但這段清潔過程簡直漫長到有點誇張，部分原因就是擔心甲烷和氫氣的可燃性。胃腸專科醫生在篩檢過程中發現息肉時，通常會當場摘除，再利用附有電凝功能的勒除器來止血。萬一此時腸道裡面的可燃氣體燒起來就慘了，他們不希望發生這種事。一九七七年的夏天，就曾在法國發生過一次，差點鬧出人命。

法國南錫一所大學附設醫院裡，一名六十九歲的男子來胃腸科接受治療。醫生把電流強度轉到4，開始簡單的息肉切除手術。才八秒鐘，就聽到爆炸聲。「病人猛然從內視鏡檢查檯往上彈，」病例報告如此寫著，結腸鏡「像魚雷一樣從直腸發射出來」。

奇怪的是，這位法國人明明就有遵照結腸鏡檢查前的指示做好準備。原來，本案例的肇事者是瀉藥。醫療人員之前給過他處方藥甘露醇，這是類似山梨糖醇的藥水，和蜜棗裡的輕瀉成分很像。雖然該男子的結腸裡沒有排泄物，但仍含有細菌，飢餓的細菌吃了甘露醇，產生足夠的氫氣，使體內成為「興登堡號飛船」的氣爆場景。五年後的研究發現，在手術前曾服用甘露醇的病人，十名中有六名體內的氫氣或甲烷（或兩者都有）達到了會爆炸的濃度。

但可不能因為這個理由，就把內視鏡手術延期。現在不用甘露醇清空腸胃了，而且醫生在手術時會定時把空氣或不可燃的二氧化碳灌入結腸，來稀釋可能存在的氫氣或甲烷。（充氣把結腸撐大，也有助於讓醫生看清楚手術的進行。但手術後在結腸鏡恢復室裡，肯定會聽到「屁浪滾滾震天響」。）

在體外，這些來自腸道的氫氣和甲烷並不會造成危險。排出脹氣的動作會使氣體稀釋，它們與室內的空氣混合後濃度降低，不會引起燃燒。看過YouTube網站「點屁火」（*pyroflatulence*）影片的人就明白，火柴要和剛從身體排出的氣體接觸才行。

早期進行太空計畫時，美國航太總署很擔心，太空人的可燃性脹氣會累積在小小的密閉太空艙裡。一九六〇年代「太空中的營養與相關排泄物問題」研討會中，某位研究人員對於這個問題非常關心，甚至建議太空人應該要從那些「產生少量或不產生甲烷或氫氣」的人裡面選拔出來。航太總署曾聘請脹氣專家列維特擔任顧問（等一下我們還會遇到他）。列維特向他們保證，太空艙的空間夠大，且裡面空氣循環夠充分，腸道貢獻出來的氫氣和甲烷不太可能達到危險的濃度。

也難怪航太總署會憂心忡忡，因為早先他們決定在太空艙裡循環百分之百的氧氣，結果在一次發射台測試期間，火花引燃熊熊大火，導致阿波羅一號的三名太空人不幸全部喪生。

一八九〇年冬天的某個清晨，一名年輕的英國工人從床上起身查看時間。黎明未至，曼徹斯特街頭仍是漆黑一片，店家的門窗也緊閉。當他點燃火柴想看清楚座鐘上的指針時，碰巧打了個嗝。「他嚇得半死，」麥克諾特（James McNaught）醫生在《英國醫學期刊》中寫道：「嗝出的氣體竟然著火了，燒到他的臉和嘴唇，連鬍鬚也燒了起來。」

這些「可燃的打嗝氣體」案例頗令人費解（麥克諾特還舉出另外八個案例）。一般打嗝噴出的氣體，不是來自碳酸飲料的二氧化碳，就是吃喝時吞下的空氣，兩者都不可燃。和結腸不一樣，健康人類的胃不會產生氫氣或甲烷。胃酸的任務是殺死微生物；沒有微生物的話，就不會有製造氫氣或甲烷的發酵作用。就算有些細菌能在胃裡存活（某類細菌的確可以），變成半流體的食物很快就會被送往小腸，發酵作用根本來不及有什麼進展。

麥克諾特拿出他的胃管。那位工人吃東西已經是五個小時之前的事了，這麼長的時間通常足以讓胃完成任務，並且把食糜輸送到小腸。結果，從工人的胃抽出〇．七公升酸味撲鼻的湯狀物質，以及一些「結塊的殘餘食物」沉澱。還抽出了很多氣體，看起來像頭上的洗髮泡沫，彷彿是瘋狂科學家燒杯裡的實驗物品，正劈哩啪啦冒著泡泡。

麥克諾特若想驗明這些氣體的身分，並確認其可燃性，只需從燒杯上方蒐集一些，點火燒燒看就夠了。不過他覺得這樣不夠好玩，沒這麼做。某天，麥克諾特又把那位工人找來辦公室。他用一條管子把水灌進工人「淘氣」的胃裡，用來取代裡面的氣體。在此同時，他把火苗對準從工人嘴裡逸出的一縷看不見的氣體。「結果……產生的火焰大到讓病人和我自己都嚇了一大跳。」也許我是以己度人，但是麥克諾特的字裡行間，偶爾會流露出未強烈壓抑的小男生式戲謔，與《英國醫學期刊》正經八百、慈悲為懷的典型風範格格不入。如果我考得上醫生執照，恐怕也會成為另一個麥克諾特醫生。

原來這年輕人是因為幽門❸（胃的下括約肌）狹窄，所以胃裡的食物遭「擋在門外」的時間特別久。再者，麥克諾特宣稱，他的胃裡已經培育出某種抗酸、可產生氣體的細菌。於是，碳水化合物加上細菌加上時間和體溫，等於發酵作用。

這個故事讓我對牛產生好奇。我們之前已經知道，瘤胃是巨大的發酵坑，是細菌的溫床。一頭吃草的牛每天可以製造出將近四百公升的甲烷，從嘴巴排出來，這是胃裡脹氣的基本排出法。你可能想說，「牛打嗝點火」比起「推倒牛」（趁牛站著睡著時把牛推倒，是傳說中的鄉間遊戲）應該毫不遜色，應是鄉下無聊青年的深夜消遣。可是，在美國新罕布夏州長大的我，怎麼從來沒聽過牛會打嗝？我的農業專家好友德彼得斯（見第九章）知道答案。當反芻動物覺得肚子脹脹的，需要幫瘤胃騰出空間時，就會把一些甲烷排出去，但不是利用打嗝，而是經由體內管路的重新設置，把氣體引入肺部，再安靜的呼出來。對於大草原上的叉角羚來說，安靜可能是活命的關鍵。「野生的有蹄類動物在反芻時，傾向於找個地方躲起來，」德彼得斯解釋：「如果獅子經過的時候聽到響嗝聲……」羚羊就莎喲娜拉了。

由於我的讀者比別人的讀者更可能靈光一閃，貿然前往牧場，口袋裡裝著打火機，心裡揣摩著要對牛做什麼壞事，讓我先補充一下：對牛呼出的氣體點火，並不會產生麥克諾特式的噴火奇景。由於前述的「甲烷繞道系統」之故，甲烷會被呼出氣體中的不可燃氣體稀釋。要想把火點燃，必須像打嗝那樣一「股」作氣才行。牛，是不打嗝的。

蛇也不打嗝，但在某些情況下蛇會產生可燃的神祕氣體，成分比例不詳。說到蛇，我們暫時告別忙著餵牛的德彼得斯，轉而向住在阿拉巴馬州的蛇類消化專家西科爾（見第八章）求教。先來了解一下背景資訊：很多植食性動物沒有瘤胃，因此有些發酵作用會在盲腸進行，解剖學上，盲腸是小腸和結腸連接處的一個袋狀結構。這些植食性動物（例如馬、兔子和無尾熊）的盲腸大致都比平均來得大。蟒蛇也是，這讓西科爾覺得很奇怪，因為蟒蛇是肉食性動物，他想不懂，為何肉食性動物需要用來消化植物的器官？西科爾推論，也許這些蛇類的盲腸已經演化，讓牠們可以消化並利用獵物胃裡面的植物。

為了測試他的理論，西科爾拿老鼠[4]來餵食阿拉巴馬大學實驗室裡的某些蟒蛇，然後將牠們連結到氣相層析儀。蟒蛇花四天的時間消化肚子裡的老鼠，西科爾則記錄蟒蛇呼出氣體中的氫氣濃度。他確實看到數據出現尖峰值，不過卻是早在老鼠到達蟒蛇的盲腸之前就出現了。西科爾反過來質疑，可能是腐爛腫脹的老鼠在蟒蛇體內脹破，因而造成氫氣的尖峰值。「事情一發不可收拾。」（這是西科爾的說法，他把一隻腫脹的老鼠屍體弄破，然後測量噴出氣體的氫氣值。）他的質疑獲得證實，氫氣值果然「超過極限」。無意間，西科爾發現了噴火龍神話的生物學解釋。大家聽著，這實在太酷了！

把日曆往前翻幾千年，想像你自己是摩登原始人，身穿毛皮獸衣，正把剛**獵捕**到的一條蟒蛇往家裡拖。說是**獵捕**可能不太對，因為當時蟒蛇正在消化一整隻瞪羚，根本無法抵抗或逃走。你繞著牠看了一圈，發現這是尼安德塔人的「火鴨雞」❺，姑且叫牠「瞪羚蟒」吧。瞪羚已經有一部分腐化分解，不過你並不介意，因為古代原始人是掠食者，同時也是食腐肉者，因此對臭酸的肉類很習以為常。那些腐化分解過程中產生的氣體，就是我們故事裡的關鍵。現在請西科爾出場。

「因此這條蟒蛇的體內充滿了氣體。你把牠放在營火邊，因為等一下就要宰來吃。有人不小心踢到或踩到牠，結果牠體內的氫氣從嘴巴一擁而出。」如今的你我都知道，但是更新世時代的你我都不知道，氫氣濃度達到四％就會具有可燃性。根據西科爾的研究顯示，動物分解時產生的氫氣濃度大約是一〇％。西科爾發出噴火器的呼嘶聲。「這就是噴火蛇故事的由來。故事經過加油添醋流傳了幾千年，遂成為噴火龍的傳奇故事。」他做了不少搜尋工作，發現噴火龍故事最早源於非洲和中國南方：正是巨蛇出沒之地。

注釋

❶英文flammable與inflammable都是指可燃的或易燃的，但是前者看起來比較有安全意識。一九二〇年代，美國國家消防協會擔心民眾會將字首in詮釋為「不」（例如insane意為不正常），因此呼籲把inflammable改成flammable。其實，那些搞混的民眾應該早就納悶，為什麼要警告大家小心**不會燃燒的氣體**。

❷《愛荷華東南部養豬戶通訊》（*Southeast Iowa Snouts & Tails Newsletter*）呼籲：「和你的鄰居合作，打聽附近是否有戶外活動，例如婚禮、野炊之類的，避免在這些活動進行之前施灑糞肥。」除非鄰居也是養豬戶，養豬戶顯然不在意糞肥異味這種事。通訊裡的下一則報導是「糞肥噴灑現場示範」，示範後還提供免費午餐。

❸幽門的原文pylorus為希臘文，意指「守門員」。

❹用來餵食的老鼠是從老鼠網路專賣店RodentPro.com大量採購。店裡的「鼠命」很便宜，一隻特小號的粉紅鼠（供餵食用的一天大的冷凍老鼠）只要美金一角六分。其他還有絨毛鼠（十到十五天大）、白蜜桃絨毛鼠（如果粉紅鼠太小，絨毛鼠太大，這種老鼠的大小就剛好）、跳跳鼠、斷奶鼠和成年鼠。供餵食用的天竺鼠像T恤一樣有各種尺碼：特小、小、中、大、特大及超大號。

❺譯注：火鴨雞（turducken）是感恩節烤火雞的一種做法，先把雞塞入鴨肚裡，然後再塞入火雞肚裡。

第十三章　死人的脹氣

以及胃腸脹氣研究史上的其他趣聞

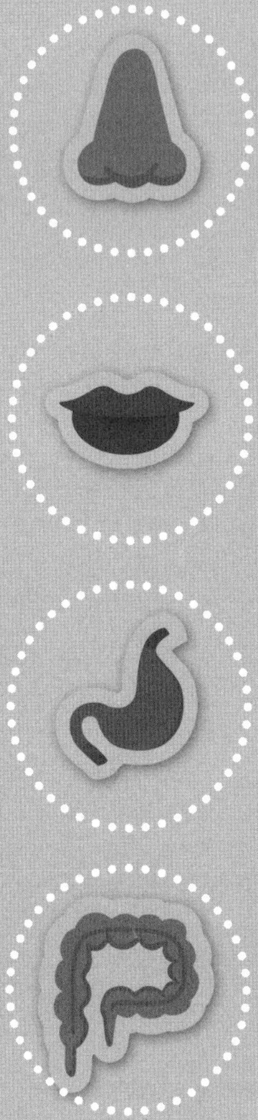

做為宴會氣球的選用材質，「邁拉」（Mylar）（一種聚酯薄膜）的特性可以和乳膠相媲美；這個特性也讓邁拉在現代脹氣研究領域占有一席之地。邁拉的特性，指的就是氣密性。「祝早日康復」的氦氣邁拉氣球還在飄浮，但生病的人老早就出院了。一九九五年，我在某個脹氣實驗中參一腳，幫一顆邁拉氣球充氣，如果有人仍保存著這顆氣球，裡頭應該還有我在克里格曼區域性消化疾病中心的餐廳，吃了三百公克墨西哥辣豆後所產生的氣體。

克里格曼中心的名稱，取自艾倫．克里格曼（Alan Kligerman）的姓氏，他的名字縮寫Ａｋ也成為Ａｋ藥廠（AkPharma）的字首，克里格曼中心由Ａｋ藥廠設立，治療脹氣的賓諾（Beano）酵素也是Ａｋ藥廠做出來的❶。賓諾的活性成分是一種酵素，它能分解某些稱為寡醣的複合碳水化合物，豆類或豆科植物中含有大量的寡醣。我們的結腸裡也有這種酵素，由生存於結腸裡的細菌提供。由於小腸無法吸收這些複合碳水化合物，於是它們會一路來到結腸，由結腸裡的細菌和所含的酵素來分解，過程中便產生大量氫氣。簡單的說：豆類會讓人脹氣。把賓諾酵素加進餐桌上的墨西哥辣豆裡，可以達到事先消化的效果，就像是請代理人幫你預先消化豆類一樣。

有一回我為了寫雜誌的一篇文章，去拜訪克里格曼的實驗室。我還留著當時的筆記和訪問稿，以及克里格曼送我的一件藍綠色賓諾風衣❷，不過細節已經有點模糊。我記得我吃了仔細秤過重量的墨西哥辣豆，與克里格曼及科森（Betty Corson）同坐一桌，科森是賓諾熱線的發言人。我的筆記上說，還有一位名為萊恩的人也在場。那天一起用午餐的人都吃了墨西哥辣豆，不過他們並不是為了參加實驗，只是剛好喜歡吃豆子，或是不得不喜歡，因為Ak藥廠買了大量的豆子，員工廚房的櫥櫃裡，通常隨便都能找到豆子罐頭。

「我會開一罐黑豆罐頭，然後整罐都吃光。」科森說。

萊恩點頭說：「我會拿一罐焗豆，把液體倒掉，很多時候這就是我的午餐。我實在不想承認，五〇％的美國人吃豆子不會有麻煩，我也是其中之一。」

Ak藥廠的人說「吃豆子會有麻煩」時，指的並不是排出脹氣的聲音或味道所導致的尷尬場面。（切記，氫氣和甲烷是沒有味道的。）**麻煩**指的是氣體使結腸撐大所造成的疼痛和不舒服。結腸鼓脹時，會驅動伸張受器傳遞訊息給大腦，大腦以疼痛的方式把訊息轉告給你。如同大多數的疼痛，這是一種預警的警報系統。因為撐大可能是脹破的預兆，大腦非常主動積極的讓你知道身體目前的狀況。

人的年紀愈大，結腸的肌肉就愈鬆弛，因此變得更容易脹氣。萊恩興致勃勃大發議論：「我們身體的裡裡外外都會愈來愈鬆弛。」他說，賓諾的客戶有六〇％超過五十五歲。患有冠狀動脈疾病的人，醫生會建議他們少吃脂肪和紅肉，勸他們在飲食中加入豆類做為蛋白質的替代品。克里格曼說：「這些人有的會回去找醫生說：『脹氣反而讓我有可能心臟病再次發作。』」在大家一聽到脂肪就害怕的一九八〇年代，心臟病醫生開給病人賓諾藥方，就像發萬聖節糖果一樣大方。

會找中年人腸子麻煩的另一類食物是乳製品。約有七五％的亞裔、非裔及印地安原住民美國人缺乏乳糖酵素：這是一種在小腸裡分泌的酵素，可以分解牛奶製品中的乳糖。白種人裡，缺乏乳糖酵素的比例約為二五％。大多數人小時候都能消化乳糖，但是年紀漸長就開始喪失這種能力。克里格曼指出：「一旦過了哺乳年齡，你就沒什麼生物因素還要吸收乳糖。」要不是牛奶廠商一天到晚推銷遊說：「喝牛奶了沒？」──成年人用杯子喝牛奶的主張，說不定在美國也會顯得很不搭調，就像世界上其他地方那樣。

牛奶製品在人體內的生物劇情發展，與豆類如出一轍。因為小腸無法把某種刁蠻的碳水化合物分解成可吸收的物質，於是它原封不動進入結腸。結腸細菌對這些碳水化合物倒是非常積極賣力的分解，過程中團團氫氣噴湧而出。胃腸專科醫生很容易就能診斷出乳糖（或麩質）吸收不良。不過在我居住的加州灣區，大家寧可相信自己的診斷，結果都是誤診。胃腸專科醫生瓊斯（見第十、十一章，之後我們會一再見到他）說：「乳糖經常跟乳脂肪一起行動，而大塊的脂肪對腸子不好。認為自己有乳糖不耐症的人，也會說自己有麩質不耐症。但往往兩者都無憑無據。」

真正的乳糖吸收不良可不輕鬆。一九七四年八月的《新英格蘭醫學期刊》，刊載一個關於匿名病人「色塔夫」❸罹患大量脹氣的病例，原因就是乳糖吸收不良。色塔夫先生的真實身分至今仍是諱莫如深，他每天平均排氣次數多達三十四次。相較之下，可耐乳糖的成人每天排氣次數平均不超過二十二次❹，而且有兩個高峰期：午餐過後五個小時，以及晚餐過後五個小時。萊恩主張，下午五點的高峰期至少有部分是人為因素：「上班的時候忍了半天，所以一下班開車回家，你就會盡情解放。」

克里格曼聽了皺起眉頭。稍早前，萊恩試圖告訴我一個故事：「我還是新手時，有個傢伙……」克里格曼潑了一桶冷水打斷他：「這個話題不好笑。」

等克里格曼起身去接電話時，我把椅子滑到科森旁邊。我想知道，最近打電話到賓諾熱線的都是些什麼人。她告訴我，有個女人說她的男友老是把車停下來「檢查輪胎裡的氣」。基本上，打來的大都是女人，最多的是我母親那一代的人，不管在任何情況下，她們絕不想讓人家聽到她們的問題。例如當天稍早，有個聖靈—科珀斯克里斯蒂修道院的脹氣修女打來，「她說話非常小聲。」科森說。

為什麼不乾脆別吃豆子就好了？科森說，有些人就是非吃不可。我不相信，請她提供一個例子，到底是什麼樣的人非吃豆子不可。她回我：「墨西哥豆泥試吃員。」真的有這種人，而且他們還曾經打過熱線電話。「妳能想像嗎？」她大拍桌子，「老天為證。」

由於克里格曼不在我們身旁，對話內容變得有點不太正經。

我還知道另一個被迫吃豆子的例子。在美國州立監獄，有時他們會讓單獨監禁的犯人吃一種營養完整、但是很難吃的食物，稱為監禁營養麵包（Nutraloaf）。（通常這些罪犯都曾經用餐具攻擊別人，監禁營養麵包可以讓他們整個用手拿起來吃。）豆類一定是其中主要成分，其他還有麵包糠、全麥麵粉以及甘藍菜：全都是容易產生氣體的食物。許多州的囚犯提起訴訟，理由是一天三餐都吃監禁營養麵包，已經構成殘忍而且變相的懲罰。以我讀到的文章來看，問題主要是太難吃，但是某位年長的囚犯可能因為脹氣疼痛而另成個案。

克里格曼回來時，拿了一個看起來像是洋芋片包裝袋的東西，其中一端附有類似浮潛裝置的通氣管。他解釋說，在我吃豆子之前，要先取得基準數值。他把器具遞給我。

「妳在吹氣的時候……」

克里格曼不像是用行話在說排氣這件事。我很快就搞清楚，原來那個像浮潛設備的東西，真的和浮潛設備一樣，是要放進嘴巴裡而不是伸到直腸裡。我鬆了一口氣，同時也有點失望：他只是要我做氫氣呼出試驗而已。如果知道某人從嘴裡呼出的氫氣量，就能很容易推算從直腸排出的氫氣量。因為結腸產生的氫氣由血液吸收的比例是固定的，等血液到達肺部時，氫氣就會散發出來。氫氣呼出試驗提供脹氣研究人員一種簡單可靠的方法來測量產生的氣體，不必讓試驗對象朝著氣球放屁。

不過，在一九七〇年代之前確實是如此。一位退休的豆類科學家告訴我關於脹氣研究計畫的故事，計畫執行者名叫利基（Colin Leakey），地點則是英國埃文河畔斯特拉特福（莎士比亞的故鄉）附近，位於奇平坎普登（Chipping Campden）的一所食品科學機構。如果我是路過的觀光客，可能會略過莎士比亞，直接去奇平坎普登瞧瞧。「人們穿著長袍走來走去（想必是醫院的病人服，不是舞廳的晚禮服），身上連著的管子垂下來又繞上去，連到一個氣球裡。」一九四一年，在美國本土的畢澤（J. M. Beazell）和艾維（A. C. Ivy）也拼湊了某種類似的裝置：「以結腸管插入直腸深約十公分，把氣體蒐集在厚壁橡膠氣球裡。為了要使管子固定不動，用寬條的牙科橡皮障貼在管子從直腸露出來的地方，然後緊密的順著股溝往上走，再以膠帶固定於腹部和背部。這種處理方式讓實驗對象得以下床走動，也不至於太難受。」

脹氣專家列維特說，研究人員是在自欺欺人。「從直腸插管……很不舒服，容易塞住，而且在活生生的實驗對象身上不能長時間使用。」他在一九九六年的一篇論文中如此寫道。若要研究氣體容量，他寧可採用「脹氣紀錄表」法，實驗對象每「放氣」一次，就在專門的日記上做個記號。不過這種方法並非全然可靠，因為每個人的「放氣量」可能有很大的差異，要看……該怎麼說呢？要看那個人是我老公，還是我婆婆。要看他們是「大鳴大放」，還是「欲放還羞」的把一次的量分成好幾次小小聲的放，這樣一來紀錄表上的統計次數就會不實在的增加。

萊恩指出，氫氣呼出試驗也有相關的缺點。人們憋住屁不放時（刻板印象通常是女人），會吸收較多的氣體進入血液中，「因而在呼吸時排出來。」於是呼出來的氫氣量因人為影響而增加。這或許能解釋，為何研究結果有時非常悖於常理，因為女人竟然比男人更容易脹氣。

「是吧?克里格曼先生?」萊恩問。

克里格曼攪弄著他的墨西哥辣豆。「我不知道，萊恩。我不知道忍住不放的屁，最後會有什麼下場。」

直腸管和氫氣呼氣袋都各有不利之處，但是相對於最早的研究方法來說，都算是很進步了。巴黎醫生馬尚地進行的脹氣研究，是記錄在案最早的研究之一。一八一六年，馬尚地出版了一篇論文，標題為〈健康男子腸道氣體之注解〉。題目其實是誤導，雖然被研究的男子並沒有生病，但卻是死人，而且是沒有頭的死人。馬尚地在《化學與物理年鑑》（*Annales de Chimie et de Physique*）中寫道：「在巴黎，死囚在行刑前一、兩個小時，通常會簡單的吃一頓。」而且還配紅酒，真有法國情調！「當他們死亡那一刻，消化作用正全力進行中。」從一八一四年到一八一五年，巴黎的市議員似乎也沒了頭腦，竟然同意把四具遭斷頭處決的男子屍體，送到馬尚地的實驗室，供他研究脹氣的化學組成。斷頭台上的利刃才剛落下，一到四小時之後，馬尚地就沿消化道從四個位置把氣體抽出，然後進行他所能做的測量。

馬尚地「打開」的其中一名死囚，吃的最後一餐裡有部分是扁豆。我本來預期這個人所含的氫氣量最高——因為他吃了豆類，我們才剛發現過，對於飢餓的結腸細菌來說，豆類是未經吸收的碳水化合物最大來源。奇怪的是，氫氣含量最高的死囚，最後一餐吃的是格魯耶爾乾酪（Gruyère cheese，一種瑞士乾酪）和「監獄麵包」。難道巴黎的獄卒在古早以前，就給囚犯吃某種法國版的「監禁營養麵包」嗎？恐怕不是。對許多人來說，來自小麥的未吸收碳水化合物，也會貢獻出相當多的氣體。如果你兩個小時之後就要赴死，沒有理由不多塞些麵包。

姑且不論他的嗜血，馬尚地最令我佩服的是：以一八一四年當時僅有的儀器，他竟然能夠偵測出硫化氫；在人類結腸產生的氣體中，硫化氫基本上只占氣體組成的萬分之一。事實上，馬尚地用的儀器，很可能是他的鼻子。即使硫化氫的含量低到只有〇・〇

2ppm（億分之二），幾近於不存在，人類的嗅覺系統還是能偵測到它的臭雞蛋味。雖然硫化氫的含量微乎其微，套句列維特的話：「卻是屁的臭味最重要的決定性因素。」這方面他很清楚。

注釋

❶Ａｋ藥廠已經把賓諾這個品牌賣給藥業巨擘葛蘭素史克（GlaxoSmithKline，ＧＳＫ）。ＧＳＫ的網站設有線上「脹氣大學」（University of Gas），這是行銷活動的一部分。為了能被錄取（或至少買件運動衫），我看了宣傳影片。一看到宏偉的校園背景，我馬上認出那是達特茅斯學院的貝克圖書館，我父母曾經在那裡上班。根據我對達特茅斯學院兄弟會場景的了解，以此為背景其實還算貼切，不過，我還是向ＧＳＫ投訴。董事長辦公室似乎沒有感受到我的怒氣（「到目前，我還沒有得到董事長對賓諾脹氣大學的評論」），但我最後還是寄出存證信函，後來影像便移除了。

❷贈送訪客賓諾風衣只不過是Ａｋ藥廠行銷手法的一個例子。賓諾公司也在某個重要比賽中，贊助其中一組熱氣球玩家。

❸「色塔夫」（A. O. Sutalf）是假名，是把脹氣的英文flatus倒過來拼寫而成。

❹關於「成人每天排氣次數平均不超過二十二次」這點，我把一小張筆記拿給列維特看，上面是我們家某人做的紀錄，他追蹤自己兩天的排氣總次數，分別是三十五次和三十九次。列維特說：「沒錯，每次我演講時，都會有人過來跟我說，只排氣二十二次實在是太少了。」

第十四章　可疑怪味道

惡臭的脹氣除了令人紛紛走避，還能做什麼？

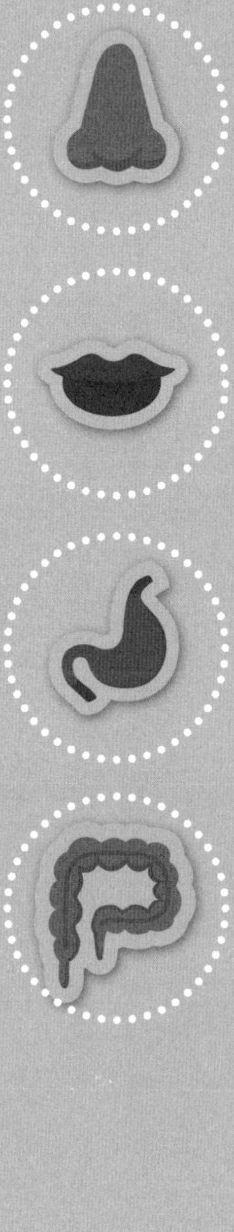

列維特從來沒想過，他在世界上闖出一番名號，靠的竟然是解開脹氣惡臭之謎。這個主意，是提供他獎學金的指導老師想出來的。那時氣相層析儀才剛開始成為實驗室工具，尚未有人如此睿智（或有膽量），想到把這種技術應用在人類排出的氣體上。「他把我叫到辦公室去，」列維特回想當時情景：「他說：『我認為你應該研究胃腸氣體。』我問：『為什麼？』他說：『因為你實在沒什麼能力，如果你因而發現任何東西，至少是沒人做過的，你就有東西可以發表了。』」

結果，列維特發表了三十四篇關於胃腸脹氣的論文。他鑑別出造成脹氣臭味的三種含硫氣體。他發現「浮糞」之所以會浮起來，主要是因為困在裡面的甲烷，而不是膳食纖維或脂肪。最令人印象深刻的是，他發明了蒐集胃腸脹氣的邁拉「充氣燈籠褲」。

他說到他的脹氣研究工作：「即使到現在，它仍讓我做的其他事情都黯然失色。」列維特和我坐在他位於明尼亞波利斯榮民醫學中心實驗室樓上的會議室裡。列維特膚色蒼白，傻里傻氣的笑臉歪向一邊。我不太記得他的頭髮是不是灰色，所以我在谷歌圖片搜尋引擎鍵入他的身分來查詢，結果卻出現焗豆罐頭的照片。

列維特對醫學還有其他貢獻，例如：他發明了氫氣呼出試驗，這種技術原本並不是用來做胃腸脹氣的評估，而是用來診斷小腸的碳水化合物吸收不良。以「非吸收性」碳水化合物製成的減肥食品風行一時，他揭露了背後的真相。他發現絨毛的蠕動是腸道攪動與良性吸收營養成分的關鍵。「我寫了一本關於腸道攪動的書。」

我接著問關於腸道攪動的問題，自覺已經問得夠多了，才問他是否能看看邁拉「充氣燈籠褲」。

列維特設計這種衣服有兩個研究目的，一來是想鑑定造成脹氣惡臭的罪魁禍首，二來是測試號稱可以吸附那些臭氣的用品。他不知道把充氣燈籠褲收到哪裡去了，只翻出一張照片，一個女人穿著充氣燈籠褲，像模特兒一樣站在實驗室裡展示。它還沒充氣時看起來比我想像的更貼身舒適，這個銀色材質皺皺的而且會反光，彷彿是烤馬鈴薯時外面包的那層錫箔紙。

我問列維特，招募志願者來做脹氣研究會不會很困難。其實不難，部分原因是他會付錢給共「香」盛舉的研究對象。賣屁的人和來賣血的，差不多是同一群人。

列維特說：「找到評分員才是難事。」列維特需要兩位氣味評分員來「聞幾下」，然後評出惡臭程度的分數——從「沒有臭味」到「十分反感」。十六位志願者貢獻出的屁味都要聞❶。他的假設是，味道的惡臭程度與三種含硫氣體的混合濃度有關。結果確實是如此。

令人好奇的是，不同的含硫氣體對「整團屁」的貢獻屬於哪一種嗅覺記號，因此列維特從化學品供應商那裡買來這三種氣體。評分員都同意以下的描述：「臭雞蛋」是硫化氫，這種氣體與臭味的相關性最高；「腐爛的蔬菜」是甲硫醇；「甜甜的」則是二甲硫（甲硫醚）。雖然其他含量較少的氣體也有貢獻，但屁的臭味大部分是這三種氣體的味道構成的，由於組成與比例有些微變化，因而產生出人類無窮多樣的屁味。套句克里格曼的話：「屁的味道是某人的特徵，就像指紋一樣。」不過恐怕很難蒐集採證。

屁味種類繁多，每個人都不一樣，每一餐產生的也各不相同，這讓第二階段的研究（評估不同的除臭產品）陷入窘境。哪一種屁或誰放的屁，可以代表一般美國人？事實證明，的確沒有。列維特只好以層析儀讀數資料得到的平均值做為配方，再拿市售的合成氣體當原料成分，調和出一種實驗室混合氣體，評分員認為這「具有明顯的惡臭氣味，和屁的臭味很類似。」也就是說，他逆向製作出仿屁氣體。這種「人造屁」可用來測試各式各樣的活性炭產品：內褲、背膠式內褲護墊、椅墊等等。（活性炭已知能有效吸附含硫氣體。美國航太總署太空服裡的循環空氣供應裝置，就是利用活性炭來過濾，以免太空人在太空漫步時，每分鐘都會被自己的屁吹到臉上三次。）

在另一個模擬實際生活透氣狀況的研究中，列維特把管子貼在實驗對象的肛門旁、放在活性炭護墊或內褲及實驗對象的褲子下方，如果測試的是椅墊，則把椅墊綁在固定位置。實驗對象穿上邁拉充氣燈籠褲，罩住那些受測試的產品，然後助理再用膠帶把褲腳和褲腰帶貼緊皮膚。列維特按下開關，不到半杯（一百毫升）的「合成屁」便從管子噴出，計時兩秒鐘——這是列維特對於一般放屁量多寡與放屁持續時間的最佳猜測值。列維特最後在論文中寫道：「氣體一灌注進去，就以用力拍打的方式讓充氣燈籠褲裡面的空氣不斷混合，持續三十秒鐘。」列維特聲稱沒有錄影畫面。最後，把注射筒嵌入邁拉的開口，抽出氣體，列維特即可測量沒有由活性炭吸附的含硫氣體。

結果，最具挑戰性的部分，竟然是如何讓氣體與活性炭充分接觸。這對氣密性的太空服而言很容易，對西裝而言可不然。座墊相對來說比較沒效，大多數產品只能吸附少得可憐的二〇%含硫氣體。內褲護墊能使含硫氣體降低約五五%至七七%，但功效因「屁氣偏漏」而打了折扣：氣體並沒有穿透護墊，反而傾向從護墊旁掠過而漏氣。七十美元一件的短內褲表現最佳，幾乎能吸附所有含硫氣體，不過功效能維持幾次則不得而知。考慮到成本，不管是金錢還是面子問題，這類產品的市場恐怕相當有限。

除了把活性炭穿在身上或黏在內褲上，還有另一種替代品可供選擇，那就是吞某種藥丸。但是，不用麻煩了，因為列維特也針對藥丸做了研究。活性炭藥丸並不會「明顯影響糞便氣體的釋放」。據列維特推測，當活性炭到達直腸時，它的結合位置應該都已經飽和了。

相反的，含鉍的藥丸能減少百分之百的含硫氣體臭味，對此列維特也測試過。鉍（bismuth）就是佩托比斯摩胃藥（Pepto-Bismol）英文字首bism的由來。每天服用佩托比斯摩胃藥能刺激腸道，但服用「次沒食子酸鉍」則不會，它是體內除臭藥丸德夫龍（Devrom）的活性成分。

我以前從未聽過德夫龍，可能是因為主流雜誌通常都不願意幫這家公司登廣告❷。德夫龍的總裁邁赫拉波羅斯（Jason Mihalopoulos）電郵給我一幅全頁廣告，這原本是想刊登在《讀者文摘》和《AARP》雜誌的，但未能如願。畫面上，一對笑容滿面的銀髮夫婦，手挽著手站在粗體字標題下方，標題寫著：「臭屁薰天？自從我們使用德夫龍之後，再也不臭了！」邁赫拉波羅斯被告知，廣告不得使用如**臭屁**、**臭味**或是**糞便**等語。某家雜誌建議他把廣告詞修改一下，說商品能「消除腸胃脹氣」，但這並不是德夫龍的藥效，而是賓諾的藥效。因此，除非你看的是《傷口、人工造口及失禁護理期刊》（*Journal of Wound Ostomy & Continence Nursing*）❸或《國際肥胖外科手術期刊》（*International Journal of Obesity Surgery*），否則你就看不到那對體內除臭之後變得幸福快樂的德夫龍夫婦。

主流廣告對於「惡臭直腸排氣」的忌諱，已經證明比保險套、甚至震動器還要強烈而且持久，這東西現在都敢明目張膽出現在有線電視的廣告上了（不過，含蓄婉轉說是

「按摩器」)。邁赫拉波羅斯告訴我,CNBC有個針對奇特產業所做的特別報導,而編輯竟拒絕播出關於帕德嫩(Parthenon)公司的片段,德夫龍就是這間家族經營的公司所生產的。「大家不喜歡聽到**放屁**。」他說,隨即又補充一句,他指的是這個詞。反正,人人都是想當然耳。

既然有如此強烈的忌諱,讓我很想知道幫德夫龍擺姿勢拍廣告的到底是誰。要花多少錢才找得到人,願意出現在全國性雜誌的全頁廣告,傾訴他們的屁味困擾?

邁赫拉波羅斯說:「喔,如果有人願意在我們的廣告中露面擺姿勢,我一定會非常驚訝,那照片是從圖庫找來的。」意思是說,任何人只要付費就能使用這些圖片,不管做什麼用途都可以。那對夫婦可能根本不知道狀況。簽下權利讓與同意書之前,千萬要三思啊❹。

德夫龍的顧客大都有些情非得已的消化狀況。他們有的為了減重做過胃間隔或胃繞道手術,或是因疾病而摘除大部分或全部的腸子,因此必須利用「造口術用袋」來排泄。邁赫拉波羅斯解釋,根據手術造口的位置高低,用袋可能每幾個小時就必須清空一次。造口在結腸,清空的間隔時間要較短,排泄物在結腸停留的時間較短,表示較少的水分被吸收。而排泄物的水分愈多,接觸到空氣的表面積愈大,就會有更多揮發物到達鼻子。「在機場的洗手間裡,如果……」邁赫拉波羅斯停頓了一下,尋思該怎麼說。「如果有人正在清空他們的用袋，你馬上就會知道。」

我們討論的話題似乎和排氣沒什麼關係。「不，其實排氣也一樣。」邁赫拉波羅斯說。他解釋，有些使用造口術用袋的人會打開袋子的一角，讓一些氣體排出。「就像是特百惠保鮮盒的排氣鈕一樣。」❺

至於有多少人服用德夫龍是為了消除普通的臭屁味，而不是因為某種醫學狀況，邁赫拉波羅斯並沒有數據資料可以提供。據我猜想，人數應該不會很多，而且我還知道，體內除臭藥物為何賺不了錢、成不了主流商品。這我要請賓諾的發明人克里格曼來說。他告訴我：「當我和人家談，真正講到問題核心時，說真的，我不知道有誰打從心底對自己的臭味有任何不滿。」而且，不像口臭或臭腳丫，「臭屁味」是每個人都會有的問題❻。既然如此，其實也就不算是問題了。

和第一瓶斯科普（Scope）漱口水一樣，邁赫拉波羅斯證實，第一瓶德夫龍往往是由某匿名同事提供，或配偶買來給另一半使用。邁赫拉波羅斯說：「他們自己對這事並不反感。」「這事」指的是臭味，不是購買產品。列維特說，在雞尾酒會時，經常有女人來跟他抱怨老公很會放屁。但他從沒聽過有老公抱怨老婆，雖然根據列維特的說法，科學上已經證實：「女人排出的胃腸脹氣，硫化氫濃度明顯較高，兩位評分員都認為具有明顯較臭的氣味。」不過，由於男性「每次的排氣量較大」，很可能就扯平了。

德夫龍公司並沒有大力積極對社會大眾推銷體內除臭藥，這點頗值得讚許。很好！邁赫拉波羅斯先生，幸好你沒有跟隨灌洗器行銷人員，還有賣灌腸劑的佛利特（Fleet）公司[7]近來的腳步。「保持您後庭的清潔！」佛利特天然灌腸劑的廣告詞如此說道，背景則是清新純淨的高山草原。「專為直腸清潔而製……極溫和，可每天使用。」**果真如此**？除了漱口水，除了腳上要撒爽足粉、腋下要抹香水之外，難不成我們現在還得擔心肛門的味道？

後來我偶然看見一份新聞稿，寫著「告訴您的病人……」，這是佛利特公司提供給醫生的訊息，而且有一位醫生還把這份新聞稿貼在自己的部落格上。原來，佛利特天然灌腸劑是「使用於肛交性愛之前或之後」。好吧，那就沒話說了。

對付臭屁連連最簡單的策略，就是別理它。或者，聽從我認識的一位胃腸專科醫生的建議：養隻狗，這樣你就可以把責任推給牠。除此之外，也可以試著避開某些食物[8]，以免把臭屁原料提供給細菌來產生硫化物。主要的罪魁禍首就是紅肉[9]。十字花科的蔬菜（青花菜、捲心菜、抱子甘藍、花椰菜）也會引起臭味。還有大蒜、乾燥加硫的水果（例如杏乾）、某些濃郁的香料，以及啤酒（原因不詳）。總而言之，我覺得很多神智清楚的人，還是會為了這些美味的食物而寧願放屁。

我來到明尼蘇達州，心存幻想，或許列維特有能耐可以颳起一股人造屁旋風。我很好奇，想知道「科學」可以接近「自然」到什麼程度。結果列維特一笑置之，讓我自討沒趣打消念頭。他請出研究夥伴佛恩（Julie Furne）來打發我，她那裡有樓下實驗室的配方。我在充氣燈籠褲的研究報告看過她的名字，原來她就是其中一位氣味評分員。

對佛恩來說，研究工作幾乎沒什麼變化。我們在實驗室裡找到她，她正從一個小塑膠瓶裡把氣體擠出來，瓶裡裝的是以攝氏三十七度培養、如葡萄乾大小的老鼠糞便。（她和列維特正在研究腸道硫化氫與結腸炎之間的關係，等一下再介紹。）

佛恩剛滿五十歲，她的棕髮從髮際開始轉為銀色，但絲毫無損她少女般的幽默。她沒穿實驗袍，穿的是石南橙色開襟毛衣，我猜是仿一九五〇年代的復古款式。要是在從前，把臉湊近這件毛衣，也許可以聞到淡淡的髮膠或家常燉牛肉的味道。現在你可能不曾有過這種經驗。

列維特說：「這位是瑪莉，她想聞一些氣體的味道。不過別臭死她。」

以等量的分子來說，硫化氫和氰化物一樣致命。這也可以解釋為何人類會演化出對其氣味如此強烈的敏感度。難以忍受的臭味，往往對保住小命是有幫助的。如同所有的毒藥，劑量一多就會致人於死。難聞的「人屁」裡，硫化氫的濃度約為一到三ｐｐｍ，這一點都無害。但增加至一千ｐｐｍ（糞坑或汙水槽中可能有此高濃度），則吸入幾口就會導致呼吸麻痺而窒息。常有工人因此而喪命，有兩位內科醫生在醫學期刊中為這種現象創造了新名詞：糞肺（dung lung）。

硫化氫可能迅速致命，因此農場及工廠安全組織呼籲，任何進入糞坑或試圖清理封閉汙水管的人，都應該戴上自給式呼吸設備。難怪有一次，我和我先生在舊金山看見有人穿著潛水服走在人行道上，肩膀上還扛著通馬桶的吸盤。「真是可怕的阻塞。」艾德說。

人們說魔鬼帶有硫的氣味，還真是恰如其分。硫化氫是很毒的殺人凶手，它那掩蓋不住的臭雞蛋味，在濃度達到十ｐｐｍ時極為明顯，但超過一百五十ｐｐｍ時反而消失；因為嗅覺神經已經麻痺了。少了臭味做為警告，同事及家人可能會衝進糞坑去解救已倒下的人。過去曾發生多起全家人「連環死亡」的慘劇。在某個案例報告中有一張警方檔案照片，顯示了罹難者從泥淖裡被拉出來後躺在地上的畫面。那真是令人悲痛的一幅家庭照片，四個大人穿著成套的及膝長筒靴排成一排，眼睛部分以黑條遮住。農夫原本要去疏通管路，結果不但自己出事，連試圖去救他的工人也倒地身亡。農夫的母親發現兩人不妙，急忙爬下梯子營救，結果也不幸死亡，最後農夫的兒子也賠上了性命。然而事情到此還沒完，因為屍體解剖室裡通風不良，一群病理學家也幾乎不支倒地。

硫化氫是可靠的自殺工具，但同時也會害死想救你的人。在美國，八〇%的硫化氫自殺案例中，急救人員或善心人士在企圖幫忙時，會因吸入毒氣而感到不適。在日本有個自殺案例，造成附近三百五十位居民被疏散。

「問問佛恩感覺如何。」列維特離開時丟下這句話。佛恩受訓成為氣味評分員那天，很擔心自己會被毒死。她頭痛了整晚，「病得像條狗」似的。素食主義者家樂（第四章出現過）曾寫道，他有「認識孔武有力的年輕人」，因為在實驗室裡研究「肉食者的腸道排氣」，而受到頭痛的「猛烈攻擊」。

從裝有實驗老鼠E2發酵糞的便管裡，取出的硫化氫濃度高達一千ppm。「妳一定不想直接拿來聞。」佛恩說。她朝旁邊張望了一下，然後宣讀自己虛構的報紙標題：「作家遭糞便的惡臭薰死。」佛恩有一種親切的中西部北方口音，像是電影《冰血暴》（*Fargo*）裡女警瑪姬的聲音那樣，但已經淡化到不至於要命的程度。

不過，這可是從比唇膏還小的瓶子中抽出來的硫化氫。是否在某些情況下，普通濃度的硫化氫也會有害？胃腸脹氣者會危害公共衛生嗎？某位十九世紀的內科醫生認為會。霍爾頓在《體內衛生》一書中曾引用他的話。他告誡這些胃腸脹氣者，為了家人和朋友，應該要把屁憋住不放，他說：「以無形的氣體來毒害鄰居，如同以有形的毒藥一樣罪過。」我暗想，這句話似乎有一定的道理，例如在密閉空間裡。我告訴佛恩，天氣很冷的時候，我偶爾會把頭埋在棉被裡睡覺。冬天是抱子甘藍的季節，而我先生艾德最喜歡這道配菜。

佛恩向我保證，棉被裡有足夠的空氣可以稀釋另一半製造出的硫化氫，不會有問題的。我後來又寫電子郵件問列維特，他也同意「被動吸入者」沒什麼好擔心的。

特別是和始作俑者相比。製造氣體的人將承受「硫化氫由結腸黏膜吸收的巨大風險」。或者，如家樂先生更激進的說法：「如果單是吸入這些來自腐臭物質、已大量稀釋的揮發性有毒氣體，就會引起強烈的不良反應，那麼滯留在體內的氣體所引起的反應，該會有多麼嚴重？……它們所有的毒性都被吸收進入血液，循環至全身。」列維特很快補充說，還沒有研究顯示，吸收進入血液的硫化氫，或任何存在於結腸裡的其他分解成分是有害的。

然而在健康方面，一般民眾很少要求真憑實據。大多數人相信直覺勝過相信研究，而糞便「自體中毒」的理論，直覺上似乎很有道理。一九一九年的《美國醫學會期刊》(*Journal of the American Medical Association*）中，阿爾瓦雷茲（Walter Alvarez）在他睿智且力挽狂瀾的論文裡寫道：「（人們）以為，如果糞便是腐爛的壞東西，那麼只要身體不含這些東西，一定就會處於最佳狀態。」再往下想，只要不潔的毒物停留在我們結腸裡的時間愈短，就愈不會被吸收進血液，我們就會愈健康。在長久以來都誇大不實的偽科學醫學史上，自體中毒可說是最普遍且最持久的錯誤觀念之一。

自體中毒成為診斷書的健康流行語，在一九〇〇年代早期達到高峰，是「瘴氣」理論自然衍生出的副產品。從一八〇〇年代早期一直到末期，在醫生弄清楚微生物和昆蟲對引發及散布疾病所扮演的角色之前，大都會把病因怪罪給那些未必有毒的氣體（或瘴氣），例如從開放的下水道、垃圾堆，甚至墳場所散發出的氣體。

如果人們相信瘴氣具危險性，很容易進而相信自己的腸道穢物也具危險性。通便劑和灌腸劑的供應商渲染了這層關聯，把結腸稱為「人體的廁所」、「阻塞的下水道」、「死亡與感染的汙穢地」。霍爾頓在書裡重製了法國通便劑居伯樂（Jubol）的雜誌廣告：結腸裡有一群穿著制服的小人兒，手上和膝蓋上都裝有擦洗刷和桶子，就像是巴黎下水道的工人那個樣子[10]。

是什麼樣的特定毒物或機制可能有害、而它有沒有名稱或有沒有人知道，其實都無關緊要。在江湖郎中的範疇內，含糊曖昧反而更好。霍爾頓寫道：「它符合需要。醫學在每個年代都感受到，對那些堅持自己有病，卻展現不出任何明確器官症狀向醫生證明的病人，必須提出一套解釋與診斷。」而自體中毒就像是一九〇〇年代早期的麩質。

造假的診斷產生造假的治療。大約在十九、二十世紀之交，結腸沖洗曾是一門大生意，比起如今要大得多，其中最大的生意，莫過於位在紐約市西六十五街一三四號這棟三層樓的褐石建築：泰瑞爾衛生會館致力於製造並吹捧炒作JBL水瀑結腸沖洗器。JBL分別代表喜悅（Joy）、美麗（Beauty）、生活（Life），暗示你花美金十二．三元買的橡膠座墊，可不只是裝了噴嘴、一坐下去就噗噗響那麼簡單。

「坐在JBL水瀑上，就可以享受體內洗淨。」泰瑞爾（Charles Tyrrell）在一九三六年的宣傳小冊子《為什麼我們應該要做體內淨化》（*Why We Should Bathe Internally*）中如此陳述。泰瑞爾之前做的是橡膠醫藥用品生意，而水瀑沖洗器除了從側面突出一個直腸噴嘴之外，看起來和泰瑞爾本來賣的水瓶沒多大差別。

生意繁忙之餘，泰瑞爾還涉足小型出版事業，這副業對他大有助益。他印製了數千份變相的宣傳小冊子，讓藥劑師發給病人。內容攙入一大堆關於自體中毒與體內腐物教條信仰的見證，分別來自：顧客、醫生⑪、神職人員⑫，全都長篇大論的公開表示滿意與感謝。他們的失眠、疲勞和憂鬱症全都一「洗」而空，連青春痘、口臭、缺乏食欲和「喪失精力」都能解決。體內洗淨能消除煩躁不安、「蠻橫的壞脾氣」、「超過六個月無法勝任木材分級的工作，卻不用辭職或被開除」。一組使用前、使用後的照片，似乎意味著結腸沖洗能把蓬頭垢面、頹廢的衰尾鬍，改造成活力充沛、捲翹的八字鬍。

似乎沒有哪種醫學狀況嚴重到連體內洗淨都無法修復。住在底特律林肯街三四二號的威爾斯先生，把他太太清除「累積的萎縮黏膜組織……約半英寸寬、四到六英寸長」歸功於水瀑沖洗器。住在加州長灘的尤因太太終於揮手告別「左卵巢上方的一包膿瘡」。人們感謝泰瑞爾治好他們的氣喘病、風濕症、傷寒、黃疸，甚至癱瘓和癲癇！宣稱的醫學療效實在太牽強附會了，泰瑞爾認為有必要指出：「身體功能失調的因素可能不只是……自體中毒。」

美國醫學會調查局接獲太多憤慨的醫生來信，以至於需要設計一套制式信函來回覆。「未來我們計畫解決該機構的問題。」信中如此擔保。美國醫學會資料庫中的「泰瑞爾衛生會館」檔案裡，這樣的信第一封日期為一八九四年，最後一封則為一九三一年，看來他們應該拿出更大的魄力和精力來解決。

某位醫學會員看不下去，自己跳出來解決這件事。一九二二年，對自體中毒持懷疑態度的內科醫生唐納森（Arthur Donaldson），把三隻狗的肛門暫時縫合，以人工方式讓牠們不得不便祕。四天來，牠們還是吃一般的肉、牛奶和麵包，結果這些狗除了有些沒胃口，身體並沒有出現什麼症狀，也看不出內在中毒的情形。三隻狗全都「看來精神不錯」，令人印象深刻。

唐納森的研究還不僅於此。他從這些以手術造成便祕的狗身上抽取少量的血液，第一次是在手術後五十五小時，然後在七十二小時又抽一次，最後一次則是九十六小時。他把抽出的血注射到無便祕的兩隻正常狗的血液裡⑬，看看是否會產生疑似「糞便中毒」的症狀。結果並沒有。

唐納森主張，人們及醫生輕易就把症狀歸咎於自體中毒，但事實上那只不過是便祕引起的作用：直腸擴張與刺激。為了證實理論，他把糞便大小的棉花團塞進四名男子體內。三小時後，這些人開始出現不適，而出現的這些症狀通常會被歸罪為自體中毒。等棉花團一排出，症狀隨即減輕。如果糞便是造成血液中毒的元凶，應該要等更長的時間，症狀才會減輕。肝臟和腎臟清除身體裡的化學物質，需要好幾個小時。阿爾瓦雷茲指出，吃過蘆筍後，尿液散發的臭氣從放下叉子的那一刻就沒少過，而且直到隔天早上仍揮之不去。要是灌腸能「迅速」減輕症狀，這樣的「迅速」正足以反駁自體中毒的前提假設。

胃腸專科醫生瓊斯說得最好：「每個肚子不舒服的人，只要上個廁所大大解放一下，就會覺得好多了。依我看，根本不需要求助於任何東西。」

去除身體「不潔毒物」的另一種方法，就是吃大量纖維，這樣食糜便會快速通過結腸，快到來不及產生不潔的糞便。不溶性膳食纖維（或粗纖維）是植物中難消化、不可發酵的部分——那是人類胃腸無法分解的「枝葉」。這些纖維會吸收水分，對於把糞便變「大坨」有顯著貢獻，而垃圾愈大愈多，你就必須愈快清空垃圾桶。

家樂是提倡粗纖維的重要人物。他主張，健康的結腸每天要清空三、四次，這是「大自然的規畫」。他引用一些可估算的排便頻率來佐證，如「野生動物、野人……嬰兒和智障者」。家樂的資料來源包括「管理良好的智障收容所」職員，以及倫敦動物園的猿類飼養員。家樂多次「專程」前往倫敦動物園，為了探討動物上廁所的習慣。家樂提到，黑猩猩「每天大便四到六次」（全都拿來丟動物園的遊客）。家樂本來習慣穿無瑕雪白的西裝，不過在第二次、第三次去動物園時，可能就不敢穿了。

家樂並沒有親自去蒐集「野人」的規律作息資料，但有人代勞。一九七〇年代早期，流行病學家沃克（A. R. P. Walker）在南非醫學研究所任職，很容易接觸到班圖族（Bantu）及其他「奉行原始生活形態」的民族。沃克在南非各村落到處旅行時，發現「在班圖族鄉野間，經常會碰到未成形的糞便」。某人的敝屣可能是別人「靈光乍現的時刻」。沃克知道，班圖人幾乎從未被診斷出西方的消化疾病。這是因為他們吃許多纖維的關係嗎？他們充滿木質的食糜是不是太快離開結腸，以至於來不及造成危害？

沃克忙著為大便計時：英國人對照班圖人。他讓實驗對象吞下具有輻射不透明特性的藥丸，然後排泄至塑膠袋裡，並標上日期和時間。袋子經過X光照射[14]，研究人員便能精確得知藥丸需要多長時間才能完成旅程。結果，消化的速度和競走比賽一樣：最慢的三位班圖人，比最快的三個白人還要快。沃克認為，這是因為班圖人吃非常多的不溶性纖維，像是小米粥和玉米粥。

沃克是麩皮（bran）的幕後推手。他發表的論文，以及較近期由他的研究夥伴伯基特（Denis Burkitt）發表的論文，掀起了長達十年的纖維狂熱。美國人很難得的硬是吃了大量的麩皮鬆餅、燕麥以及高纖早餐麥片。霍爾頓引用一九八四年的調查，發現有三分之一的美國人吃了較多的纖維來保持健康。

近來並沒有聽到太多關於纖維的消息，於是好奇的我在醫學文獻搜尋網站PubMed上，展開癌症與膳食纖維的查詢。發表於二〇一〇年《美國流行病學期刊》（*American Journal of Epidemiology*）的最新研究，追蹤了三千名荷蘭男子長達十三年，得到的結論是：「男子排便頻繁與直腸癌的風險增加相關，而便祕與風險降低相關。」瓊斯對此並不感到意外。醫學界對於伯基特的纖維說法一向有所保留。「他比較的是班圖人和英國海軍新兵，那些新兵基本上都不吃纖維，而且都抽菸。」其他還有許多控制不了的因子，也讓英國人和非洲鄉下的黑人有所區別。「實驗結果只是顯示有關聯，並非有因果關係，實在無法再進一步推論了。」

為何當時會聽到那麼多關於纖維的消息？瓊斯說，因為有利可圖：「東西推陳出新，要多買與多吃。」沃克和伯基特譜了調，而麥片公司不斷吹彈。瓊斯說，當他坐下來細看那些關於飲食因子與結腸癌的研究，發現風險最重要的決定性因子，並不是你吃了多少纖維，而是多少熱量。熱量愈少，風險愈低。而這一點是發不了大財的。

而且，最新的研究指出，消化物傳送的時間較慢（也就是說，和那些討厭東西接觸的時間較長），事實上反而是有益的。硫化氫似乎能防止發炎及發炎可能引發的後果（潰瘍性結腸炎和癌症）。在齧齒動物的研究中，發現硫化氫對於消化道壁有顯著的抗發炎作用，而阿司匹靈在此的作用卻相反。阿司匹靈和伊布洛芬（ibuprofen，一種消炎止痛藥）在任何地方都能對抗發炎，**但是**在胃和腸子裡面反而會**引起發炎**。歐爾森（Ken Olson）是美國印第安納大學醫學院的生理學教授，也是多篇相關主題論文的作者，他說阿司匹靈或伊布洛芬如果和硫化氫同時使用，或許能使防止腫瘤生長的效力增強幾千倍——至少對小鼠及實驗室培養的腫瘤細胞是如此。人體試驗目前還沒開始。

硫化氫並不是惡魔。在它的危險與惡臭下，它不過是和氯化鈉（食鹽）同樣基本且不可或缺的一種分子。全部的身體組織裡都會產生硫化氫，時時刻刻，不管晚餐吃的是什麼。雖然有些最近的研究對此不以為然。歐爾森說：「它是一種氣體傳導分子（gasotransmitter），一種信號分子，有極大的治療潛能。這是目前生物醫學最熱門的領域。」

以上故事的寓意在於：由於無知、傲慢與牟利動機，人們竟不明就裡的罔顧人體智慧，把無中生有、道聽塗說的東西信以為真。所謂的**智慧**，指的是歷經幾百萬年來演化所累積的進展。「心靈」強烈排斥大便，但是「身體」卻不懂我們到底在想什麼。

自體中毒還有另一個說不通的地方。吸收主要是小腸的工作，而不是結腸。小腸擁有數百萬的絨毛，負責的正是：把養分運送至血液。自體中毒狂熱分子會對此加以反擊，就如家樂所說：「結腸中的惡臭糞便物質會轉回到小腸。」但事實上並不會如此，因為迴盲瓣（身體結構上位於小腸與結腸之間的入口）的開口是單向的。

要強迫迴盲瓣從反方向開啟是有可能，但這在日常生活中並不會自然發生。這種非自然現象往往是發生在死人身上、且在十九世紀的解剖學梯型教室裡，當時解剖板上的死屍連著軟管，一端沒入直腸，另一端則連到唧筒。為了測試迴盲瓣的功能，從一八七八年到一八八五年，英國、法國、德國和美國的研究人員至少進行了五次這樣的實驗。「賀希爾（Heschl）利用屍體進行了幾次實驗，發現迴盲瓣是防止液體從下方進入的安全完美的屏障，他感到很滿意。」某篇評論的作者寫道。俄亥俄州醫學院的道森（W. W. Dawson）在十三具屍體上測試迴盲瓣的功能；其中十二具屍體的迴盲瓣都很強。第十三具屍體的展示紀錄，刊登於一八八五年的《辛辛那提刺胳針與診所》期刊上。「從你們的座位上……就能看到，液體一進來結腸便逐漸膨脹。」他斷定這是一種異常現象。「瓣膜無疑是不完全的。」不過他的表演倒是完美無瑕。

這樣說似乎不為過：要有異常的液體量、在異常的壓力下，才能衝破英勇的迴盲瓣，從後方進入小腸。或許，那正是「喜悅—美麗—生活」結腸沖洗器的功用。熱中於體內淨化的信徒為了把糞便殘留物徹底排除，反而將那些令人畏懼的殘留物沖出結腸（在身體結構上吸收相對較少的部位），往上直接沖進小腸（演化功能就是專門用來吸收）。

你可能會納悶，為什麼醫學人士對這件事情如此用心良苦。就只是因為這在講堂上看起來很炫，他們才樂此不疲嗎？不完全是。實驗的目的，是為了解決醫學上長久以來的爭論：「直腸餵食」（營養素灌腸法）的價值。

注釋

❶ 還有比聞到「十分反感」的屁臭更慘的。英國萊斯特郡的沃爾瑟姆寵物營養中心（Waltham Centre for Pet Nutrition）進行一項狗脹氣的惡臭研究，評分表上最後一欄是「無法忍受的臭」。

❷ 關於不願幫德夫龍登廣告，《星期六晚郵報》（*Saturday Evening Post*）是例外。該郵報對於醫學圖片的容忍度很強，從二〇一一年十一月的一篇文章〈寵物身上的腫塊：那些是什麼東西？〉可見一斑。

❸ 照護傷口、人工造口及失禁的護理師，辛勞難以想像，值得特別嘉獎，因而有榮幸看到這張消除臭屁後幸福美滿的廣告。

❹ 關於把照片授權給圖庫公司，我想起一件往事。一九八〇年代時，每個人看起來都很土氣，我朋友提姆和他的兄弟為合組的樂團拍了一些宣傳照片。後來，攝影師把那些照片的版權賣給圖庫代理商。幾年後，其中一張照片出現在某賀卡上，內頁寫著：「呆瓜俱樂部向您致賀！」

❺ 如果你想告訴我，用來描述把保鮮盒中氣體排出的適當動詞是**打嗝**，而不是**放屁**，請容我轉述一九九八年特百惠保鮮盒發言人接受採訪時所說的話：「我們不再說是**打**

嗝，我們現在都說讓密封蓋『說悄悄話』。」我不覺得**說悄悄話**比**打嗝**更適合，但這聽起來讓腸道旅程有一種含蓄可愛的詩意。**何瑞修，的確是這樣，即使她的悄悄話誤導了我**。

❻雖然有些人的臭屁問題較嚴重，但這與各人體內的菌叢有關。有些人的體內有較多會產生硫的細菌，順帶一提，容易產生硫的細菌喜歡群居於降結腸，那是最靠近直腸的部位，這也是為什麼惡臭的胃腸脹氣往往是溫的。細菌分解作用就發生在靠近腸道出口處，因此如胃腸專科醫生瓊斯所言，屁是被「熱騰騰擠壓出來的」。

❼佛利特公司發明了世界上第一個通便劑「超級英雄」（EneMan），當初瓶子的造型有手也有腳，還有一個尖尖的噴頭，且身穿綠色披風。（eBay上有時會出現超級英雄的公仔玩具，但我說的不是那個。）

❽屁臭味與飲食的關聯至深，據一九八四年穆爾（J. G. Moore）與同事發表的文章〈糞便氣味圖譜〉所稱，藉由把六千四百年前的糞便加水復原，從散發出的氣體可重建古時候那位排便者的飲食情況。標題提到的方法，是利用氣體層析儀及「嗅聞連接口」來分析排泄物氣味。現代的方法，則是利用糞便化石中食物的ＤＮＡ定序，來測定排便者的飲食內容，已不必再製作（或傳送）「糞便氣味圖譜」了。

❾蛋白質分解後的氣味都很臭，像是：「陳年」乳酪、臭雞蛋、屍體、腳底的死皮等等。此外，「晨起口臭」是細菌吞噬脫落的舌細胞，釋放出硫化氫所產生的。而這是用嘴巴呼吸八小時導致唾液缺乏所造成，否則唾液通常會把脫落的舌細胞沖走。發出的惡臭是一種警告：這裡含有許多細菌，可能（要看是哪一種細菌）會讓你生病。最可怕、最臭的食物都是來自缺乏食物與冷凍設備的國家。蘇丹的農村居民吃發酵（腐爛）的毛毛蟲、青蛙，以及蛋白質較少的小母牛尿液。難怪蘇丹的旅遊業一直發展緩慢。

❿在雜誌廣告中，無情的居伯樂沒有為它的虛構工人提供面罩，也沒有給鞋穿！他們都打赤腳！現實生活中，我們該關心的是法國下水道裡的工人，而不是法國人身體下水道裡的小人兒。法國的職業流行病部門發現，巴黎下水道工人的肝癌罹患率增加，不過他們大都也飲酒過量，但誰能因此怪罪他們呢？

⓫泰瑞爾的宣傳資料中提到的這些人，大都死無對證，也有的是被收買，或是來自同樣腐敗的團體——例如預防懷孕用藥與幼兒治療藥（萬能儲備成藥）的供應商。

⓬根據神父、教士、修女和修道院院長的見證數量來看，宗教禁欲者是直腸沖洗的狂熱愛用者。從美國醫學會資料庫收藏的衛生詐騙歷史文件中，我發現ＪＢＬ水瀑沖洗器

的檔案裡提到「親愛的神父」贈品，這是「僅限天主教神職人員」的特別優惠。不過長老派教徒也一樣弄得到手；一位滿意的牧師JHM寫說，他多年來已經「用壞」了三組。

除了善心宗教界人士的見證，一九三〇年至一九三二年紐約巨人隊教練諾爾斯（Leonard Knowles）的見證亦不遑多讓。諾爾斯未公然陳述但暗示了，球員的養生法也包括「喜悅—美麗—生活」水瀑療程。巨人隊獲得國家聯盟季賽第二名和第三名時，諾爾斯正好在隊上，難得的是，泰瑞爾竟然沒有把功勞攬在自己身上。

⓭以自體中毒的實驗來說，唐納森在這三隻狗身上做的實驗，違反的動物福利還算比較輕微。一八九三年，法國人布沙爾（Charles Bouchard）更過分，他提到他的實驗室兔子：「我用糞便萃取物實施靜脈注射，牠顯現出沮喪與腹瀉的症狀。」令人不禁要問：如果你是一隻養在實驗室籠子裡的動物，某天照顧你的主人為你注射了人類的排泄物，還有比這更令人沮喪的嗎？就來問問赫特（Christian Herter）實驗室裡的動物吧。一九〇七年，在為期幾個月的實驗中，赫特博士把獅子、老虎、狼、大象、駱駝、山羊、水牛和馬的糞便萃取物注入兔子和天竺鼠的體內。赫特想知道，肉食性動物的糞便是否比草食性動物的糞便更具有毒性。不管是注射了哪一類的糞便，那些齧齒動物最後都死了，讓人不禁懷疑，如果用人類的糞便會如何？

⑭順帶一提，沃克發現「可以用篩濾的方式把藥丸擷取出來，這樣就不需要照射X光」。如果可以用X光，誰會想用篩的？大概只有早就被放射科拒絕往來的人。根據以下所述，我猜沃克可能也一直對班圖村民得寸進尺。「八〇％到九八％的班圖小孩」，他驚嘆，竟然能「應觀眾要求當場製造糞便」。

第十五章　吃上去

消化道是雙向道嗎？

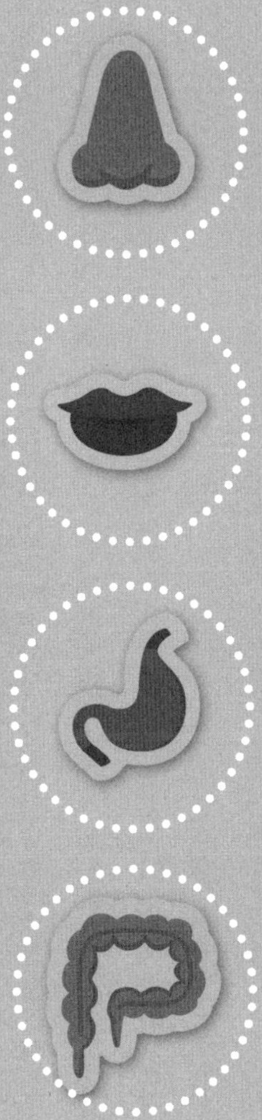

無論遠至古埃及時代，或近至一九二六年，但凡無法把食物吃下去的病人，就會被迫把食物吃上去。「營養素灌腸法」是最後不得已的手段，不這樣做的話這些人會活活餓死。聽來似乎不可思議，但醫學界廣泛接受這種手段，還可以買到現成的調配產品。你可以在期刊上看到它們的廣告，偶爾還附有顧客的見證推薦（例如用過「直腸咖啡❶與奶精」很滿意的一八五九號病人，說這「比其他任何注射劑都更能緩解『挨餓之苦』」）。

前美國總統賈飛德（James Garfield）是直腸餵食的典型代表。一八八一年，賈飛德的肝臟遭殺手的子彈射穿，不久後因為布利斯醫生（D. W. Bliss）❷的手指頭和醫療器材沒洗乾淨，害賈飛德總統受到細菌感染。從當年的八月十四日到九月十九日賈飛德過世這段期間，在布利斯的吩咐下，日益衰弱、不停乾嘔的國家領袖沒有吃進任何東西，只用了美國軍醫處藥房調製的營養素灌腸劑。

美國軍醫處副處長克萊恩（C. H. Crane）的「直腸用牛肉膏」配方如下：「將三分之一磅新鮮牛肉切碎，泡入十四盎司的冷軟水，水中先加入幾滴鹽酸與少許鹽……經過一小時至一小時十五分，以篩子過濾牛肉。」然後再加進一個蛋黃、霖牛肉類肽（peptonoid）及五杯威士忌。

幫嘗不出食物味道的人煮東西有個好處，就是可以重複相同菜色而不會引起抱怨，或者該說不會引起一般的抱怨。從直腸吃東西也有壞處：體溫很快會使食物腐爛發臭。

賈飛德總統和他的護理師忍受了五天「令人反感作嘔」的含硫臭屁，於是菜單中的蛋黃遭到剔除。牛肉的血液也應該避免；某位醫生怨嘆說，血液分解產生的臭味「臭到瀰漫整棟屋子」。肉湯是另一種普遍的直腸餵食菜色，同樣會創造出細菌生長的最佳環境。（在瓊脂廣泛使用於實驗室培養之前，牛肉湯也是培養基的一種。）餵了灌腸劑的直腸是高效率的細菌培養器，是身體內部的培養皿。

更糟的是，如果進行的程序太急，可能會引來傳統上灌腸的後果。（我猜這和餵嬰兒應該不會差太遠，只不過，圍兜該圍在哪裡？）一八八二年《英國醫學期刊》有某位博學的投稿人寫道：「不用說，在注射營養素之前，應該先把直腸清空。」他建議先使用餐前灌腸劑來清洗。

這個問題的解決方法之一，就是在食物中混入蠟與澱粉，製成栓劑。布利斯在《直腸餵食》（*Feeding per Rectum*）❸一書中提到，栓劑的額外好處是病人能夠自己處理進食問題，不用拘禁在醫院裡。「這種方法的便利性非常強。」他津津樂道。栓劑可說是直腸用的補給營養棒。布利斯後來又警告：「在某些案例中，由於直腸的過敏反應，導致整個栓劑都退還出來。」在醫學史上，有人用過比這更委婉含蓄的說法來形容排泄的行為嗎？

不好意思，給你吧，我要退還這個東西？

後來，賀希爾、道森和其他人也利用屍體來進行灌腸研究並發表論文。迴盲瓣實驗已經解釋得很清楚：小腸是養分吸收的大本營，在正常、非液壓的情況下，反其道而行是行不通的。這也是為什麼肉類灌腸劑總會包含一些切碎的胰臟，原因是希望胰臟酵素能把蛋白質分解成結腸和直腸較容易吸收的東西。

直腸餵食提供的是養分，還是只有水分？被吸收的是什麼？吸收了多少？一連串實驗進行的結果，發現結腸和直腸無法吸收大分子，例如脂肪、白蛋白、蛋白質等，這些分子幾天之後都會被「退還」出來。鹽和葡萄糖、某些短鏈脂肪酸、維生素和礦物質等，還能保留一定程度，其他的就很少了。百分之九十的養分吸收都發生在小腸裡面。直腸餵食只能延緩死亡，要說能延續生命可就誇大其辭了。

有趣的是，梵蒂岡教廷在一六〇〇年代曾提出類似的實驗。「以直腸餵食牛肉湯，算不算違反四旬齋齋戒？」對於這個令人頭痛的問題，教會想找出答案。在教會裡，這是引起爭論的話題。當時的藥劑師生意興隆，為修女及其他虔誠、飢餓的天主教徒提供肉湯灌腸服務，因為他們發現這樣可以讓他們撐到午餐時刻。梵蒂岡的齋戒把食物定義為：「可消化的東西，從嘴巴外面接收到嘴巴裡面，然後再藉由吞嚥輸送到胃裡。」根據這個定義，灌腸基本上並沒有違反齋戒❹。修道院裡的灌腸狂熱，讓梵蒂岡教廷不得不重新考慮該定義。有人提出一項實驗，讓志願者只能完全從直腸餵食。如果他們能存活，灌腸劑就應該被視為食物而禁止。如果他們無法存活，食物的定義便可維持不變，犯齋戒的人就應該懺悔贖罪。結果，沒有人志願進行實驗，於是修女繼續「在她們的斗室裡，問心無愧的欣然享用灌腸劑」，義大利醫學歷史學家拉賓諾（A. Rabino）如此寫道。

由於結腸充當吸收器官的能力有限，很多完善的營養素每天都被棄而不用。只有當食物被送往結腸之前的那段時間，小腸才有機會吸收。結腸裡的細菌會盡量分解食物，過程中製造出維生素和其他養分，但因結腸的功能並非用來吸收「當地製造」的豐富養分，所以有些養分便排泄出來。

我和ＡＦＢ國際公司的寵物食品科學家莫勒（詳見第二章）聊天時談到這個話題。莫勒對犬科動物自食糞便這個令人困惑的習慣，提出了解釋：「如果設身處地想想，」這個嘛，我想很難吧。「某些情況下，吃自己大便的狗，或許能獲得流失的養分」，因為一餐食物能經過小腸兩次。

在某些動物的世界裡，自己製造出來的東西往往就是第二道菜。對於齧齒動物與兔類來說，維生素Ｂ和Ｋ是由住在結腸裡的細菌獨家製造的，所以牠們自己生產出來的糞粒，等於是又大又軟的每日維生素。說到這，就要介紹一下巴恩斯（Richard Henry

Barnes），以及營養學歷史上這段鮮為人知的故事。

巴恩斯曾擔任康乃爾大學營養學研究所所長（一九五六年至一九七三年）、美國營養學會會長，也是第一位正式發表食用糞便演講的學者。我找到一張巴恩斯的照片，拍攝時間大約是他在《營養綜論》（*Nutrition Reviews*）期刊發表〈食糞的營養意涵〉期間。他的金髮已經從太陽穴開始後退，貼著頭骨梳得整整齊齊。他戴的眼鏡是一九五〇年代晚期流行的那種雙色角質鏡框，演員艾德．哈里斯（Ed Harris）很適合扮演他的角色。巴恩斯在任何方面都不像是反傳統的人，巴恩斯的同事在訃文裡緬懷斯人：「我最敬佩他的一項人格特質，是他在處理……社會及政治敏感問題時，完全開放的心胸與客觀性。」

巴恩斯最初會對齧齒動物的自食糞便行為產生興趣，其實是為了避免這種現象。如同當時其他的營養學家，巴恩斯發現他精心設計的飲食研究，老是遭實驗對象的替代食物破壞，十分沮喪。之前的研究人員試過拿鐵絲網當籠子的底部，讓糞粒能夠掉出來。結果證明沒什麼用，據巴恩斯所述：「大便才從肛門擠出來，就馬上被吃掉了。」網狀籠底上的大鼠還是能想盡辦法，吃掉牠們「總輸出」的五〇%至六五%。

後來巴恩斯對於這些「輸出」的「輸入」很有興趣，程度超過原來他想研究的營養成分。他在一九五七年的論文中寫道：「大鼠以食糞做為獲得下腸道合成營養素的手段，作用仍是我們目前最大的營養學謎團之一。」這研究竟然是由美國國家科學基金會贊助。

巴恩斯開始記錄實驗大鼠的排泄物在每天食物裡占的精確分量。他把小塑膠瓶的瓶頸改裝成「糞便蒐集杯」，用來罩住老鼠的尾部。從這裡我們得以窺見巴恩斯的刻苦與創意。美國國家科學基金會的部分經費拿來支付帶鋸、福斯特納鑽頭、木鑿、膠帶、金屬帶、橡皮管，以及惠登塑膠公司出品的三種不同大小的塑膠瓶。蒐集杯裡每天蒐集到的糞便，會全部倒出來放在動物的飼料罐裡，我喜歡想像巴恩斯本人用誇張的動作，把飼料罐的銀色保溫蓋掀開的樣子。巴恩斯發現，大鼠吃掉的每日排泄物為四五%至一〇〇%不等。巴恩斯還發現，如果不讓大鼠吃排泄物，大鼠很快就會缺乏維生素B_5、B_7、B_{12}、K、硫胺素、核黃素，以及某些必需脂肪酸。

四年後，澳洲皇家伯斯醫院生化科及動物之家的科學家阿姆斯壯（B. K. Armstrong）與索夫特利（A. Softly）發現，不讓大鼠吃牠們第一輪排泄物的話，會嚴重妨礙牠們的生長。在長達四十天的實驗過程中，不吃排泄物的幼鼠只增加原來體重的二〇%，而吃排泄物的控制組則增加了七五%。（兩組大鼠都有吃其他食物。）阿姆斯壯和索夫特利沒有採用巴恩斯的技術，另外發明了獨門的控制方法。「為了免除不斷清空及更換糞便蒐集杯的需要，我們為老鼠穿上外套，以免牠們接觸到肛門。」

說「穿上外套」實在太謙虛了。他們不但設計款式（期刊論文裡有介紹），還購買柔軟的皮革來製作。「尾部裂縫採用V型剪裁，繞過陰莖或陰道。繫帶可調整鬆緊程度，用繩子在尾部打上蝴蝶結，再用小剪刀做最後的調整。」聽起來還以為是電影《一家之鼠》（*Stuart Little*）的劇情介紹，直到論文翻頁看到第一張插圖：「老鼠穿上外套以避免食糞」。皮革是黑色的，而外套（實際上是背心）沿老鼠的中線以繫帶綁住，活像是緊身束腹，最後還加上黑色的皮革項圈。突然間，所謂的「控制」有了全新意味，令人不禁想入非非，懷疑動物之家下班後，究竟在搞什麼名堂。

巴恩斯把「自食糞便」比擬為「反芻」：把飲食充分利用的另一種策略。牛會把同一口食物重新咀嚼、吞嚥四十到六十次，大幅增加瘤胃細菌與食物接觸的表面積，從而獲取最大的營養價值。事實上，自食糞便的另一個替代名詞就是「假性反芻」（pseudo-rumination）。不用說，這個名詞一定是某位兔子愛好者發明的。兔子是死忠的自食糞便者，飼主似乎對此感覺不太舒服。在兔子圈中，較大、較軟的第一輪糞粒❺有個聽起來不像是糞便的別名：盲腸便（cecotropes）。某篇論文開宗明義就表明：「吃盲腸便，不是吃糞行為」。

巴恩斯繼續堅稱：「看來似乎大多數的非反芻動物，對糞便都有很強的食欲，這種習性對牠們的營養特性來說很正常……大腸的功能定位，理應被視為腸道的前吸收區。」換句話說，再度造訪小腸才是吸收的真正終點。

如巴恩斯所言，我相信自食糞便是「老鼠、兔子、天竺鼠、狗、豬、家禽……及無疑其他許多動物的正常習性。」但巴恩斯說：「非反芻動物多半都這樣。」此話怎講？

首先來看和我們最親近的物種。我寫電子郵件給愛荷華州立大學的靈長類動物學家普露茲（Jill Pruetz），她在塞內加爾的凡格里河流域研究黑猩猩，我曾在二〇〇七年的某雜誌介紹其概況。很湊巧，普露茲和同事柏托拉尼（Paco Bertolani）剛投稿一篇相關主題的論文。「我不喜歡把凡格里黑猩猩想成食糞者，」她回信說：「但是妳能怎麼辦？」這麼辦吧，可以稱之為「種籽再攝取」（seed reingestion）。技術上來說，這是正確的。如他們所言，凡格里黑猩猩不會「吃糞便的基質」。牠們「一隻手接住排泄出來的糞丸，然後用另一隻手或嘴唇把其中的種籽撿取出來」。如果你注意到，牠們完成動作後會「在樹皮上摩擦嘴唇來清潔」，應該會感到很欣慰。

只有當猴麵包樹和豆科植物的種籽硬到無法咀嚼的那幾個星期，普露茲的研究團隊才觀察得到「種籽再攝取」的現象。在這段期間，種籽必須經過消化道兩個回合，外殼才能分解，釋放出核仁裡面的蛋白質和脂肪。坦尚尼亞哈札族的女人也用類似的方法，蒐集狒狒糞便中軟化的猴麵包樹種籽，洗淨、曬乾後搗碎成粉。

當你正自認為與黑猩猩及哈札族相比，自己高高在上之際，應該知道世界上最昂貴的咖啡豆（每磅高達美金兩百元以上），便是來自麝香貓（原產於印尼、長得很像貓的動物）的消化道。據說這種動物的消化酵素能把咖啡豆的味道變得更香。其交易利潤之高，甚至衍生出大量仿冒麝香貓糞便的市場，賣的竟是以普通的未消化咖啡豆，加上黏稠度相仿的糞便基質及膠水製成的黑心貨。

雖然種籽再攝取現象大都盛行於食物稀少的莽原區，但在雨林中也同樣會發生。普露茲的論文引用了一份研究成果，是一組研究人員觀察野生山地大猩猩的食糞行為。周圍環境物產相當豐饒，研究人員無法解釋大猩猩為何有這種行為，他們認為這可能和人類在隆冬清晨喝麥片粥是同樣的道理。「他們主張，」普露茲在電郵中寫道：「山地大猩猩在低溫或大雨期間，可能喜歡吃點溫的東西。」

實在很抱歉，現在該來說說人類了。一九九三年的一項研究，探討「人類行為方式與營養不足動物的類似處」，提到三名收容機構的病人：巴特、亞當和科拉，他們全都患有重度的發展障礙。標戈（Charles Bugle）和魯賓（H. B. Rubin）成功打破這三人的自食糞便習慣，餵他們喝一種稱為非凡寧適（Vivonex）的營養補充飲料。作者推測，這種族群「通常患有多重障礙，身體可能缺乏某種功能，使他們比較難消化或代謝飲食中的所有養分」。無論是否屬實，在其他機構的職員嘗試過的替代方法中，非凡寧適算是最方便的了。

即使到了今天，仍有某類物質偶爾需要利用直腸來吸收。以這種方式用藥，會比口服更快生效，部分是因為它們跳過了胃與肝臟。鴉片、酒精、菸草、南美仙人掌素、發酵龍舌蘭汁……還有其他你想得到的，都是從直腸給藥。以某些南美洲的迷幻藥來說，直腸的享樂放縱還能避免口服後伴隨而來的嘔吐。一九七七年三月，弗斯特（Peter Furst）與柯伊（Michael Coe）揭開了自然歷史上的某些謎團，在這之前我們對於古馬雅文明裡的「灌腸興奮劑」重要性一無所知。他們仔細研究一尊原本由私人收藏、年代大約為西元三世紀的馬雅彩繪瓶，從中有了重大發現。彩繪裝飾的主角是一個男人，戴著精心製作的尖頭帽，卻沒穿褲子，像貓一樣蹲伏著，臀部抬高，一名同伴跪在他身邊，拿著管狀的物體接觸他的肛門。另一個男人則蹲下來自行操作。

這只瓶子的出現如同醍醐灌頂。「在古馬雅藝術中，原本令人費解的場景與物品」突然間真相大白。弗斯特與柯伊舉某墓穴中發現的小泥人為例，它那蹲坐著回過身的姿勢，就好像在擦屁股一樣。專家一直百思不解，為什麼家屬會拿相當於「尿尿小童」的馬雅小泥人，當成摯愛親人的陪葬品？他們現在總算明白，原來那個泥人是在進行當時慣常的某種尋歡作樂。那些看起來像是手工做的粗糙烤火雞調味管（中空的骨頭、一端連著動物的膀胱或魚鰾），在中、南美洲的考古挖掘中頻頻出現，瓶子上的圖案無疑也有助於破解真相。弗斯特與柯伊發現：「南美洲印第安人，是第一個懂得使用當地橡膠樹汁來製作球狀灌腸注射器的民族。」

有無可能，瓶子上的圖案只是單純描繪通便過程？針對這點，弗斯特與柯伊堅稱，只有「舊大陸時代灌腸」的那些人才會和便祕扯上關係。（有時候甚至太超過。作者提到，路易十四在位期間有超過兩千次的灌腸行為，有時「在灌腸過程中還順便接見朝廷官員及外國政要」。路易一系對於注射沖洗器的熱愛，最遠可以追溯至路易十一，他甚至還幫他的狗兒們施行灌腸術。）

這種「下方路徑」對於施用毒藥也有好處，可以避開味蕾與宮廷試吃員（如果真的有這種人的話），讓凶手能施以較高的劑量而不被察覺。有些歷史學家相信，羅馬皇帝克勞狄烏斯（Claudius）就是死於這種方式，主謀者是他迷人的第四任妻子，年紀比他小得多的阿格里庇娜（Agrippina）。動機顯然是政治因素，因為阿格里庇娜急於想把她前任婚姻所生的兒子推上羅馬皇帝的寶座。另外，根據羅馬帝國時期歷史學家蘇埃托尼烏斯（Suetonius）對克勞狄烏斯的記載：「他的笑極不得體，他的怒氣更令人厭惡，他口吐白沫、鼻涕滴溢；除了說話結巴，頭也晃得厲害。」還有，一九四二年九月五日出版的《美國醫學會期刊》曾提到：「克勞狄烏斯皇帝……受脹氣所苦。」❻

目前為止，史上最古怪的逆向輸送應該算是聖水灌腸。我接觸到的第一份參考資料，是某藝術期刊裡提到的一段話，說聖水灌腸是驅魔法師經常使用的法寶。這似乎有些道理：既然要灑聖水，為什麼不乾脆直接灌進遭邪魔附身的身體裡？為了證實是否有此慣例，我寫電子郵件給美國天主教主教團的公關辦公室，那裡算是美國境內的天主教堂總部。當然，沒人會理我，所以我還是回頭找那份藝術期刊，查閱文章的參考資料，訂購作者所引用的論文，並且聘請一位翻譯，因為引用的這篇論文，是發表在某義大利醫學期刊上。

根據論文所述，聖水灌腸是獨立事件，與天使雅娜（Jeanne des Anges）有關，她是一六〇〇年代早期法國盧丹（Loudun）一所吳甦樂會（Ursuline）修道院的院長。天使雅娜宣稱，名為格朗狄埃（Urbain Grandier）的教區神父卑鄙下流、且巫術高強，竟然出現在她的夢裡愛撫她並試圖勾引她。而他疑似得逞，因為院長三更半夜意亂情迷的叫喊聲，驚擾了修道院的寧靜肅穆。院長立刻下令驅魔。

為什麼施洗聖水要取道直腸，而不是讓遭邪魔附身者直接喝一杯就好？其中一個解釋是：原始的羅馬天主教聖水祈福儀式會在水裡加鹽。無論這種慣例是怎麼開始的，反正這麼一來，聖水就不能喝了❼。

另外還有一個理由：「神父試圖驅除魔鬼幾天後，他從遭魔鬼附身的修道院院長那裡發現，魔鬼藏身於……裡面，」說到這裡，我請來的翻譯停了一下。她彎下身湊近論文的影印頁，以手指跟著逐字細讀：「……*il posteriore della superiora*。她的屁股裡面！」

驅魔法師意識到，情況的發展已經超出他的專業範圍，或者讓他覺得不妥，於是向外求援，請到了藥劑師「亞當先生」跟他的旅行用注射器。（在當時，灌腸屬於藥劑師的職權範圍，而且占他們收入相當大的比例）。亞當先生「把注射器裝滿聖水，用他一貫的技術，為修道院院長施行奇蹟般的灌腸術」。兩分鐘後，魔鬼便逃之夭夭了。

描述這場盧丹事件的書，包括一六三四年根據目擊者描述的翻譯本，並沒有提到亞當先生或直腸驅魔，但這些書確實有助於了解故事的經過。格朗狄埃因施巫術而遭定罪，燒死在火刑柱上，大多數的證據都認為，他應該是被天使雅娜及另一位敵對的神父共同設局陷害。處決後，「邪魔附身」事件持續了好幾年，還蔓延到其他十六位修女身上，使修道院成了當地的觀光勝地，這也難怪，因為：「她們……用如此不雅的詞句，連最放蕩的男人都感到羞愧，而她們的行為，無論是暴露自己或招來淫蕩的行為……令國內最不堪的青樓妓女都瞠目結舌。」

翻譯小姐拉法耶拉（Rafaella）讀完我請她翻譯的文章後，她的反應是：「我很遺憾，不過，應該允許修女可以有性行為。」或者，至少可以偶爾用聖水灌腸。

醫生開始經由「另一個嘴巴」（馬特博物館館長多迪如此稱呼肛門）來供應晚餐時，稱為「逆蠕動」（antiperistalsis）的現象也開始出現在醫學期刊上。這和嘔吐時暫時性的反向蠕動有所區別，小腸把裡面的東西擠壓回到胃，而括約肌則打開允許其通過。以上這些都屬於正常現象。

以下就不是了。「此人八天以來，每二十四小時至少一次、有時兩次，吐出名副其實的糞便，呈固態圓柱狀、褐色，而且還有一般的糞便臭味，顯然是來自於大腸。」病患是一個年輕女人，一八六七年住進法國拉里布瓦西埃（Lariboisière）一所醫院，接受雅庫醫生（Dr. Jaccoud）的照料，原因是癔病性痙攣發作。這並不是第一個疑似「從嘴巴排便」的案例，蘭曼（Gustav Langmann）在一九〇〇年的文章中，曾概述十八個貌似真實的病例報告，情況各有相當大的不同。

雅庫認為他的病人患有腸道阻塞。當食糜阻塞到某個程度，使消化道有脹破危險時，就會啟動一種稱為「濁物嘔吐」（faeculent vomiting）的緊急措施。不過這種情況下嘔出的主要是液體，來源是小腸。成形的糞便不會從結腸的上端離去。

況且，女病人並沒有顯現出危及性命的阻塞症狀。雅庫提到：「除了嘔吐後一時覺得噁心之外，病人飲食如常，而且維持一貫的健康。」事情似乎有點反常，雅庫的同事懷疑他可能造假。和「胃裡有蛇」或「生出活兔子」（結果兔子原來是事先藏在婦人裙子裡的）這些慣用伎倆相比，「從嘴巴排便」的境界更高。專家會大老遠跑來觀看這種難得一見的奇景。對於渴望引起注意的寂寞或遭忽略的病人來說，醫生的囑咐就是一切。

一八八九年，蘭曼為所謂的反向排便者進行測試。一名二十一歲的學校教師，代號為NG，一年來多次進出紐約的德國醫院，病狀是因為經常嘔吐。那年的五月十八日，有目擊者報告說，她吐出大小如巧克力麥芽球的「硬糞便」。蘭曼在論文中寫道：「現在似乎是適當時機，可以試驗物質從直腸到嘴巴的輸送過程。」

上午十一點零一分，蘭曼醫生把不到一杯、加了靛藍色染料的水注入女病人的直腸。「藍色糞便以自然方式排出。」也就是說，從慣有的方向產生出來。幾天後，一位護理師報告，發現女病人的枕頭下有「一些硬的糞便，用紙包著」。據蘭曼的描述，後來那個女病人又在其他兩個醫療機構「重施故技」。

人類不會用同一個孔穴來吃東西兼排便。那是刺胞動物專屬的獨門絕技，海葵和水母是最有名的例子。

關於「逆蠕動」引起的混淆，事實上是因為腸道蠕動的波動本來就朝著兩個方向。這是一種混合作用，食糜的循環愈好，接觸到絨毛的養分就愈多。雖然最終整體的運動是往前，但是如瓊斯所言，是一種「進兩步、退一步的現象」。

如果在醫學文獻裡查閱**逆蠕動**，會發現外科手術史上一個短暫而有趣的階段。一九六四年，北加州一群外科醫生雄心勃勃採取反傳統的方式，試圖治療慢性腹瀉並促進吸收。為了使病人小腸的往前輸送過程變慢，他們把小腸剪掉十五公分，將它轉向再縫回原來的位置。

瓊斯指出，身體會找出最適合的方式來自我改造。一九八四年有個研究，追蹤做過這種手術的四名病人。兩年內，他們又開始腹瀉了。

對於較輕微的狀況來說，心態的轉換或許會有幫助。列維特告訴我：「當看到病人只是有一點點腹瀉，我會說：『你該慶幸自己不是便祕。』」

注釋

❶這裡說的「直腸咖啡」可不是指滾燙的熱咖啡。咖啡灌腸劑蔚為風潮，已經不只一人因為差點把結腸煮熟而被送進急診室。我第一次聽說這種事情，是從經驗豐富的急診室護理師那裡聽來的。她在電子郵件裡寫道：「你絕對想不到這些人會對自己做出什麼事。有人忘記把當成子宮托的馬鈴薯拿出來，直到兩腿間發芽長出藤蔓才察覺；有人決定要在浴室裡自己照著鏡子進行隆鼻，但竟是拿昨晚吃剩的雞骨頭來取代鼻軟骨。真是匪夷所思。」

❷布利斯醫生的英文全名為Doctor Willard Bliss，這裡的Doctor（醫生）是名字的一部分，而不是職稱。他的雙親以新英格蘭醫生Dr. Samuel Willard的名字來為兒子命名，原因不詳。他們似乎把醫生的職稱誤以為是他的名字，本來應該把兒子取名為Samuel Willard Bliss，結果卻變成Doctor Willard Bliss。或許為了讓人生簡單一點，布利斯後來乾脆進入醫學界——雖然似乎缺乏能力與職業道德。除了涉嫌害賈飛德早死（然後提出高達兩萬五千美元的帳單，約合現在的五十萬美元），聽說布利斯還找未經訓練的內閣成員的妻子來當護理師。取這個名字可真方便，不管發生什麼事情，就算他的行醫執照被吊銷，他永遠都是Doctor Bliss。

❸布利斯為什麼要寫《直腸餵食》這樣一整本關於「直腸食物供給」的書？他說，因為這「比任何羅曼史都更有趣」。

❹教士手冊《彌撒典禮》（*The Celebration of Mass*）很好心的列舉其他可以進入消化道，而在技術上不違反齋戒的東西，例如：漱口水、吞下的指甲、毛髮與嘴唇上的脫皮，以及「從牙齦流出的血」。

❺鑑於兔子愛吃牠們自產的糞粒，你會以為兔子飼料的製造商應該避免使用「顆粒」這個字眼。因此當Kaytee牌兔子飼料吹噓「高品質營養成分飼料顆粒，兔子的最愛」，我想到的未必是乾糧。

❻克勞狄烏斯皇帝有脹氣，解釋了為什麼羅馬會立法決議，通過這項奇怪的法令：「羅馬人對於當眾放屁，不需要感到不好意思。」

❼聖水可以喝嗎？其實很難有明確的答案。某位我聯絡過的神父指出，聖水是受洗用，主要是用來祈福和浸禮，不是拿來喝的。不過另一位神父卻建議我去看McKay Church Goods網站，他們有賣五種不同型號的「聖水桶」。聖水桶是容量為六加侖（約二十三公升）的獨立式飲水機，附有按鈕式水栓，與辦公室用的飲水機同一系列，不過頂部

多了個十字架。當然啦，有喝這種聖水的教友，也有希望他們不要喝的神父。在加州卡勒（Cutler）的聖瑪麗教區，這兩種情形都有。一九九五年，桑丘—博伊爾神父（Father Anthony Sancho-Boyles）為了勸大家不要太常喝聖水，祭出從前的老派做法，在聖水裡加鹽。隔週的星期天，有婦人抱怨說，她早上都用聖水泡咖啡，結果現在咖啡的味道變得很奇怪。

第十六章 阻塞不通

貓王的巨結腸症，以及因便祕而死的一些省思

列寧之墓在公共紀念碑中算是很獨特的，因為裡頭展示的是他如假包換的遺體。因此，慕名前來的不僅有想要瞻仰遺容的人，還有其他像我一樣純屬好奇的人。不管是哪一種，死亡使一切莊嚴靜肅，所以很難分辨誰是哀悼者，誰是來看熱鬧的。當我參觀位於費城的馬特博物館，看到標識為JW的遺骸時，回想起了列寧之墓。玻璃櫃與細心設置的燈光，呆若木雞的參觀者那幾乎難以解讀的神情，在在令人屏息噤聲毛骨悚然。

JW的玻璃陳列櫃展示的並不是屍體，而是他的結腸。和保存列寧遺體的玻璃櫃比起來，這個玻璃櫃並沒有大太多，由此可知兩件事：一、列寧是小個子；二、JW的結腸非常巨大：最寬的部分，周長達二十八寸。我還記得當時站在那裡，心想：它和我穿同樣尺寸的牛仔褲。旁邊放一個正常的結腸當成比例尺，正常結腸的周長大約三寸。

這是怎麼回事？原來他患有先天性巨結腸病。當JW的胚胎沿結腸建立神經細胞時，逐漸失去作用，害結腸的最後一段沒有神經細胞。因此，蠕動（收縮及擴張的波動，使物質得以在腸道中移動）一到這裡便停止了。食糜在此堆積，直到壓力增加到某種程度，才硬把堆積的東西推擠出去。推擠可能幾天發生一次，也可能幾星期才一次。阻塞區後方的結腸由於過分擴張而損壞，變成一坨鬆垮、無力、腫脹的東西。巨大的結腸最終可能會侵占許多空間，進而開始威脅到其他器官，讓人連深呼吸都倍感艱難。JW的心臟與肺臟被往上及往外推擠，以至於肋骨也給推向兩旁，往軀幹的水平方向突出去。

如果沒有手術治療，JW的這種巨結腸就會橫行。假使標本夠壯觀，就有資格進入博物館，在醫學史上占一席之地，而本人卻沒沒無聞。K先生的巨結腸案例也是如此，這案例記錄在一九〇二年的《美國醫學會期刊》裡。在文章所附的照片中，他的結腸看起來像是放在病床上，長得超大，大到令K先生整個人黯然失色，醫師和護理師逐漸習慣於照料大結腸，而不是照料K先生本人，幫它換床單、幫它端餐盤，還幫它的薑汁汽水插吸管。可憐的K先生，我們只知道他住在南達他州的格羅頓（Groton）。其他的一切則只能歸結於屍體解剖的細節，以及醫生協助他排便的時程表。從醫療紀錄中我們可以拼湊出，K先生似乎有個很關心他的家庭：「六月二十二日，接獲報告說他正常解出滿滿一桶糞便……全家歡欣鼓舞。」

馬特博物館的館長多迪帶我去地下室❶，看我們還能對JW這個人了解多少。檔案裡有一篇論文翻印本，是病理解剖實作教學者佛米德（Henry Formad）於一八九二年四月六日在費城醫學院發表的。除了監督「工程相當浩大的屍體解剖」，佛米德還曾與JW的母親做過訪談。她記得在JW兩歲時，「排便障礙」與腹部腫脹便十分明顯，表示他患有先天性巨結腸症。JW從十六歲開始工作，先是在一家鑄造廠，後來又去了一家煉油廠。在此同時，他的肚子仍不斷脹大。在他過世前不久所拍的照片中，他站在鋪著木頭地板的醫師檢查室裡，全身赤裸，只穿醫院的拖鞋和鬆垮的白襪，臉上蓄著長了好幾天的鬍碴。他直視攝影鏡頭，一副無言抗議的神情。想像他挺著超大的肚子，彷彿懷了三胞胎，過了預產期還生不出來，疙疙瘩瘩的四肢骨架羸弱不堪，有如矮胖子蛋先生（Humpty Dumpty）與卡通《大力水手》裡骨瘦如柴的奧莉薇結合生下的混種後代。為了捕捉他巨大身軀的最佳畫面，攝影師還指示ＪＷ把一隻手高舉到頭部。如此「性感」的姿勢吸引了你的目光，但是姿勢以外的種種卻令你不忍卒睹。

到了二十歲，ＪＷ的身形變得非常奇特，於是受從前費城第九與弧博物館（Ninth and Arch Museum）的畸形怪人秀網羅。博物館一樓裝了遊樂場的大力士遊戲設備，以及照了會變形的哈哈鏡，我幻想ＪＷ下班時徘徊在鏡子附近顧影自憐，調整自己腰身的位置，左照右照，欣賞自己變成比例正常的人。ＪＷ展演時的藝名是「氣球人」，同台展出的還有「明尼蘇達毛茸茸寶貝」❷，以及其他千奇百怪的人和動物。

佛米德沒有提到ＪＷ的心理狀態，只提到他沒有結婚，愛喝酒（這倒是情有可原）。

不見得要有巨結腸，才會淪為「排便猝死」的犧牲者，不過，有的話確實比較可能。

ＪＷ二十九歲時，被發現死在他常去吃晚餐的俱樂部洗手間地上。驗屍報告說他是驟然死亡，但沒有證據顯示是心臟病發作或是中風。同樣的，K先生死於半夜兩點，據說是因為大便太用力。

「貓王也是這麼死的。」諾爾（Adrianne Noe）說。諾爾是美國國家健康醫學博物館（National Museum of Health and Medicine）的主任，這裡也收藏了身分不詳的巨結腸標本。我們正要掛電話時，話題聊到了貓王。諾爾提到，有一天，當她站在館內展示的巨結腸旁邊時，有位參觀者告訴她，貓王也有巨結腸。那個人還說，貓王一輩子都受便祕所苦，他小時候，母親格拉迪斯（Gladys）還得幫他「用手解便」。「他說這就是為什麼貓王很黏他母親。」

電話裡沉默了片刻。「真的嗎？」

「他是這麼說的。」

我聽說貓王也是死在廁所裡，但我以為地點只是巧合，就像影星茱蒂・嘉蘭（Judy Garland）和蘭尼・布魯斯（Lenny Bruce）一樣：標準的名人用藥過量，只是場景比較尷尬一點。不過，說貓王死於「大便用力過度」也有點道理。根據三人的驗屍解剖：JW、K先生，以及貓王都是突然虛脫，驗屍解剖也找不出明顯的死因。（雖然貓王血液中有幾種微量的處方藥，但都沒有達到致命程度。）貓王的驗屍解剖明確揭露的事實是：他的結腸為正常大小的兩、三倍。

事發當時，沒有人將貓王的死因歸咎於他的結腸，或為了要努力清空結腸。直到多年以後，本案的驗屍官沃立克（Dan Warlick）才提出「巨結腸或大便用力過度」的論點。貓王長期以來的醫生尼可包勒斯（George Nichopoulos）對於沃立克的論點深表贊同。尼可包勒斯因為濫開處方藥而遭汙衊，許多粉絲把貓王的死怪罪在他頭上。他寫了一本回憶錄，讓自己有機會向媒體說明，但似乎沒什麼人想聽。我碰巧看到這則參考資料，是在兜售便祕草藥偏方的網站上。網站的頭條報導是一篇短文，標題為〈貓王死於便祕〉（中間和最後一則報導也用同一篇），歸類在「便祕新聞」版。

為什麼不早點提出「結腸無力症」的論點呢？尼可包勒斯說他當時從沒聽過這種病。一九七〇年代治療貓王的胃腸專科醫師也沒聽過。「那時候還沒有人知道。」尼可包勒斯說。

我想起曾在泰瑞爾（見第十四章）的某本書裡讀到，歷史上，結腸的醫學知識進展曾因受排斥而舉步維艱。他宣稱，十八、十九世紀的解剖人員與人體解剖教學者，會立刻把屍體的下腸道切除丟棄，「因為它容易發臭而且很噁心。」美國國家醫學圖書館的歷史學家薩波（Michael Sappol）曾寫過大量的解剖學歷史，他也聽過這種說法。我不禁納悶：厭惡真的減緩了腸道疾病治療的進展嗎？排泄物的禁忌是否阻礙了研究、討論，以及媒體的關注？

我記得多年前在舊金山搭公車時，看過一則關於肛門癌這「無人聞問的癌症」的公益廣告。我以前從來沒聽過肛門癌，而且從那時起又過了十五年，也不曾再看過另一則相關消息。直到我在寫這段文章時，查閱了資料，才知道女明星法拉．佛西（Farrah Fawcett）竟然是死於肛門癌。曾有消息指出她得的病是「結腸下方」的癌症。這很像是小時候我母親把陰道稱為「前面的下面」一樣。

即使到了二〇一〇年，肛門癌仍然沒有非營利協會，沒有人為它發起募款及推廣活動，更沒有專屬的意識顏色絲帶。（連盲腸癌都有專屬的絲帶。）❸和子宮頸癌一樣，肛門癌也是由人類乳突病毒引起；患者是因為與感染者發生性行為才會中鏢，因此要不要使用保險套，這一點大家應該都清楚。

結腸無力症甚至比肛門癌還要低調。我很懷疑短期內有人會在公車上看見關於「排便猝死」的海報。我能想像，這種事很難啟齒，因而阻礙了醫生、病人與高危險群之間的公開討論。如同尼可包勒斯在《貓王與尼克醫生》（*The King and Dr. Nick*）一書中所述：「沒有什麼比人們對他的排便困難竊竊私語，更令人難堪。」

但是我還有很多問題想不通。便祕什麼時候會從不舒服演變成致命威脅？必須多用力才能把大便擠出來？到底便祕如何讓人沒命？那些使用軟便劑的人，使用方式是否像其他人使用嬰兒阿司匹靈一樣？

我知道有個人不會介意聊聊「便祕」這件事。

尼可包勒斯住在曼菲斯郊區，樹很多，房屋之間相隔甚遠，他的房子位於馬路的轉彎處，每一、兩年總會有個醉鬼沒注意到彎路，開車衝進對街房屋的庭院。一九七〇年代，貓王設計並建造這棟房子，送給尼可包勒斯與他的家人做為禮物。看得出來在當時這房子相當時髦奢華：尖頂形天花板及裸露的椽架，巨大的石壁爐隔出樓下的開放空間還有後院的游泳池。

尼可包勒斯陪我走到沙發那裡。他和妻子艾德娜一左一右坐進我旁邊的扶手椅。家具擺放的位置離得很遠，我把錄音機拿給醫生，不然怕會漏掉他所說的話。我伸手搆不著咖啡桌，所以每次要拿起或放下杯子，都得從座位上半站起來。為了維持開銷，這個家庭似乎一直入不敷出，因為房子設計者的品味遠比住戶奢華太多。

尼可包勒斯剛動過髖關節手術，正在復元中。雖然他已經八十幾歲，而且要靠電動代步車來行動，但看起來並不顯老。他很黝黑而且注重打扮，才剛從「貓王週」紀念活動亮相回來。他的頭髮白了，但絕非療養院老翁那種所剩無幾的稀疏毛髮。他的頭髮站得直挺挺的，如光環般罩住他的頭。

我打開文件夾，把帶來的JW和K先生的巨結腸照片遞給他。貓王的驗屍解剖文件並沒有公開，不過尼可包勒斯有一張比例類似的巨結腸照片。他打開筆記型電腦，把螢幕轉向我。我站起來把咖啡放下，越過中間隔著的家具。照片裡，穿著藍色手術袍的外科醫生捧著一攤血淋淋的結腸，得意洋洋用兩手高舉過頭，像是運動員捧著獎杯的勝利姿勢。尼可包勒斯說本來想把照片放在他寫的書裡，這樣人們就能體會貓王所經歷的痛苦。「但是我們知道，他的遺孀普莉西拉不會允許我們在書裡放這張照片。」

「她什麼事情都要管。」艾德娜的聲音彷彿來自遙遠的島國。

我請尼可包勒斯從醫學的角度，談談貓王的確切死因。

「他死的那天晚上，身形比平常來得巨大。」他開始說明。自從貓王必須想方設法為自己清空糞便以來，隨著時間演進，他的腰圍也從大變成非常巨大。有時候，在兩場演出之間，他的體重似乎一下子增加或減輕了九公斤。「那天晚上，他想把肚子裡的積便清掉。他不斷的用力、再用力，屏住呼吸。」便祕的人都會這樣，專業術語稱為「伐氏操作」（Valsalva maneuver）。我們請一七〇四年的伐耳沙爾瓦（Antonio Valsalva）來解釋：「如果深吸氣之後閉住聲門，然後持續用力呼氣，此壓力會進而影響心臟及胸腔內的血管，使血液的流動暫時受阻。」血壓短暫上升之後，由於壓力的壓迫使血流減少，造成心跳速率及血壓驟降。之後身體便會啟動緊急措施，以最快的速度恢復原狀。

對於「伐式操作」如蹺蹺板般的生命跡象變化，身體的反應會影響心電節律，造成的心律不整可能會致命。在某些人身上尤其可能發生這種情形，例如有顆受損心臟的貓王。貓王的驗屍解剖報告所列的死亡原因，就是致命性心律不整。「差不多每個從事急救醫療的醫生，都遇過病人在廁所中猝死的慘劇。」希克洛夫（B. A. Sikirov）在〈排便引起的心血管事件：這是無可避免的嗎？〉一文中寫道。

一九五〇年，一群辛辛那提大學的醫生藉由監測五十名研究對象的心跳速率來記錄此現象，其中一半的人有心臟病，要他們「深吸一口氣，憋住，然後使勁往下，好像在用力大便一樣」。我覺得這實驗相當魯莽，幸好沒人死掉，但是有可能。這種事情經常發生，以至於在冠狀動脈照護病房裡，服用軟便劑簡直是家常便飯。

還有更危險的東西：便盆！「病人在醫院病床使用便盆時突然死亡的頻率高得離譜，這點多年來常被提及。」辛辛那提的醫生寫道。離譜到有個名詞應運而生：「便盆死」（bed pan death）。平躺姿勢解不出大便，這跟蹲坐姿勢容易解出來是一樣的道理。蹲坐會不由自主增加直腸的壓力，助你一「擠」之力。希克洛夫從〈排便時用力的力道〉研究中還發現，把直腸與肛門的角度調直，可以讓排便更容易。整體效果「只要用最小的力道就可以排便順暢」，希克洛夫滿意的說。

肺栓塞是另一種與排便有關的猝死類型。當人放鬆時，血液激流可能會使大血管裡的血塊剝除。等血塊到達肺部時便可能阻塞，造成致命的栓塞。一九九一年某研究發現，在美國科羅拉多州一所醫院裡，三年來的肺栓塞死亡案例中，有二五%與排便有關。該研究的作者對希克洛夫的蹲坐論提出質疑，他宣稱蹲坐時向下蹲及起身的動作，會提高大腿深層血管血塊剝落的風險。

貓王幾乎每天都要吃通便劑及接受灌腸。「我隨身帶著三、四盒『佛利特』灌腸劑，」尼可包勒斯說，憶及他跟隨貓王巡迴演唱的日子，並提到灌腸劑的品牌。他說，適當的時機「很難拿捏」。貓王有時一天演出兩場，尼可包勒斯必須把給藥的時間安排好，這樣才不會發生貓王上台唱歌唱到一半時，藥效正好開始發揮作用的事情。這段時期是貓王演藝事業的低潮期：「穿著笨重的連身衣、兩腮蓄著長鬢角」的時代。他的結腸已經明顯擴張，以至於擠迫到橫膈膜，也開始影響他的呼吸和唱歌。在聚酯纖維衣與巨大腰圍之下，很難看出他就是曾在艾德蘇利文劇場舞台上表演的那個人，他的舞步放蕩，坦白說有點不堪入目，製作人不得不下令鏡頭只照他的腰部以上。這麼做現在還有別的原因。「有時候表演正進行到一半，他以為自己只是『放個小屁』，結果出來的卻不是氣體，」尼可包勒斯說得很小聲，「然後他就必須下台去換衣服。」

看過「優雅園」（貓王在曼菲斯的故居）主人房浴室的人，一定會注意到它奢華無比——電視！電話！軟墊座椅！——不過，這些擺設等於反映出他在裡頭花的時間有多長。尼可包勒斯說：「他在裡面每次可能會花上三十分鐘、一個小時。他在裡面有很多書。」便祕主宰了貓王的生活。甚至他著名的座右銘TCB——「Taking Care of Business」（做好分內的事情）——聽起來都像是在說廁所裡的事情。（TCB誓詞談的是自我尊重、尊重同胞、調理身體、調理心理、冥想，以及根據貓王隨從的爆料——「免於便祕」。）

尼可包勒斯寫的書一推出，結腸直腸外科醫生拉爾（Chris Lahr）就聯絡上他。拉爾的專長是麻痺性結腸❹。他已經切除超過兩百條結腸（部分或全部），他推測貓王應該也切除過。我和拉爾通電話時，他告訴我歌手強尼・凱許（Johnny Cash）、柯特・柯本（Kurt Cobain）和泰咪・溫妮特（Tammy Wynette）也都深受難以根治的便祕所苦，他確信他們都有一大段麻痺性結腸。不過，這幾個人也都有難以根治的毒癮。鴉片劑（不管其形式為海洛因或處方止痛藥）會徹底減緩結腸的活動（抗憂鬱藥物及其他精神科藥物也會，程度各有不同）。

想知道何者正確：貓王的情況是因為藥物還是基因遺傳，必須有他童年的資料才行。大部分患有先天性巨結腸症（巨結腸症的主要原因）的人，在嬰兒或幼兒時期就能診斷出來。正如瓊斯醫生所言：「他們打出娘胎就這樣了。」如果諾爾聽到的消息（貓王的母親必須用手指幫他解便）屬實，那就應該是像先天性巨結腸症之類的遺傳性疾病。

我問尼可包勒斯有沒有聽過用手解決阻塞的事情。艾德娜搶著說，她曾在貓王的某一本自傳中看過。

尼可包勒斯說他自己也調查過。「我們想搞清楚，這個病到底是從出生就有，還是後來才產生的。但是他母親已經不在了。」貓王的母親格拉迪斯在貓王二十二歲時就過世了。而貓王小時候，他父親很少在家。

「我曾想找普莉西拉談談這件事。」他說。搞不好貓王曾經和妻子討論過他的醫療狀況。尼可包勒斯轉移身體重心，他的髖關節還是會痛。「她不想談。」貓王的情況並沒能遏止他對食物的熱愛，這讓我很驚訝。他非常喜歡艾德娜的希臘式漢堡，所以送給她一枚訂做的鑽戒，每種不同顏色的鑽石代表不同的食材。當我問起時，尼可包勒斯說：「綠色代表荷蘭芹，白色代表洋蔥，褐色是牛肉餡，還有黃色……」他說的某些字帶有天生的曼菲斯口音，例如 *Yellow* 說成 *Yella*。

「黃色是洋蔥。」艾德娜說。

尼可包勒斯想了一下。「洋蔥不是白色嗎？」

「不是，白色是麵包。」

「伊蓮！」尼可包勒斯對著樓上大喊。「把漢堡戒指拿來！」自從父親的髖關節骨折後，伊蓮一直和父母親住在一起，忙進忙出。

過了幾分鐘，伊蓮出現在樓梯間。她走路一拐一拐的穿過客廳，原來是車禍和從梯子上摔下來的綜合後遺症。她說：「抱歉，我剛剛在浴室裡，我相信你們都能諒解。」——你們指的是在客廳裡談論腸道健康的這群怪人。

伊蓮坐在她父親的電動代步車上。她讓我看她腳踝治好後、釘子突出來的地方，然後又把襯衫的肩膀部位扯下來。我以為會看到更多的醫療器具，結果原來是刺青。「妳喜歡猴子嗎？」我差點要說，然後我才恍然大悟：她有藥物成癮的問題（猴子在背上，是成癮的隱喻）。止痛藥奧施康定（oxycontin）、吩坦尼（fentanyl），都是治療慢性疼痛的藥物。除此之外，她還患有纖維肌痛症。

「……還有躁鬱症。」她父親插嘴。

她對他做個鬼臉。「你才有。」

我拜託他們讓我試戴那個漢堡戒指。「拿去戴吧！」尼可包勒斯說。那真是個令人叫絕的珠寶。我喜歡鑽石和漢堡的組合，代表迷人的魅力以及垃圾。我覺得自己像是影星伊莉莎白・泰勒，同時也像是她最後一任丈夫福騰斯基（Larry Fortensky）。

貓王的結腸並沒有展示在玻璃櫃裡，但是閱讀《貓王之死》（*The Death of Elvis*）一書中的驗屍解剖章節，你就可以想像它的樣子。「佛洛仁多（Florendo）動刀時，他發現貓王的巨結腸，從降結腸的底部以上整個塞住，橫結腸也有一半塞住……嵌塞物像黏土一樣堅硬，佛洛仁多用剪刀似乎都剪不下去。」

尼可包勒斯也在驗屍現場，他還記得當時的情形。他說像黏土一樣的東西是鋇，貓王之所以服用鋇劑，是為了要照X光——而那是四個月之前服用的。「鋇就像是石頭一樣。」他的手勢指向壁爐。他說嵌塞物至少阻塞了貓王結腸直徑的五〇%到六〇%。

一六〇〇年代，德高望重的英國內科醫生西登哈姆（Thomas Sydenham），主張騎馬可以治療腸道阻塞。我跟尼可包勒斯提到這點，並指出貓王也很喜歡騎馬，優雅園裡甚至還蓋了馬廄。

他說：「很有意思，這樣肯定會放鬆。」伊蓮把代步車掉頭，開走了。

西登哈姆是極為溫和的執業醫生。他的另一套治療腸阻塞的方法，主要是薄荷水和檸檬汁，似乎只要一杯夏日清涼飲料，就能讓人恢復正常。他接著說：「我還囑咐，喝的時候，讓一隻活的貓咪持續躺在袒露的肚子上。」貓咪要待在原位兩、三天，然後他又開了些看不懂但想必比較強一點的處方。「病人開始吃藥丸之前，貓咪都不可以拿下來。」

西登哈姆沒有解釋為什麼。我在想，這算不算是動物輔助治療的雛形，而貓咪的角色只不過是幫病人放鬆，讓一切順其自然，阻塞往往就會自我了結。有一次，西登哈姆治療一位宿便過多的倫敦商人，把他送到愛丁堡去看一個根本不存在的專家。病人來回坐了一個星期的火車，很不爽，但是休息夠了，病也痊癒了。

貓爪的揉捏，或許也可以看成是某種為治療而進行的按摩，雖然看起來不太像。在上個世紀之交，把按摩（當時也稱為治療體操）運用在腸阻塞並不罕見。懷德（Anders Gustaf Wide）在《醫療與整形外科按摩手冊》（*Hand-Book of Medical and Orthopedic Gymnastics*）中，提到「結腸按壓」手法：「至少能感覺到大腸的下半部，通常裡面有硬硬的糞便，甚至能感覺到這些糞便如何順著應有的方向往前帶動。」

也可能感覺不到。在一九九二年慕尼黑大學的研究中，不管是有便祕的實驗組或是沒有便祕的對照組，九個階段的「結腸按摩」都無法加速結腸的輸送時間。在這三週的療程期間，他們還監測實驗對象的舒適感，結果也沒有改善。假如那些女按摩師採用懷德的一些「肛門按摩」手法，結果可能會有所不同。比如說，「以小圓圈震顫抖動的方式，在肛門周圍兩邊輪流按壓。」

外科醫生也提倡用手把嵌塞物移除，不過這裡說的是「深入」而不是「淺出」。道森（俄亥俄州醫學院的外科教授，我們在第十四、十五章曾見過他）說：「我打算今晚要利用屍體來說明腸道研究的某些面向。」當時是一八八五年，道森把助手柯夫曼（Coffman）醫師介紹給聚集的觀眾，然後轉身面向檢查台。「大家都看到，實驗對象是一位女性。」我們要直接跳到第二道程序：「手可以插入多深？」所謂的「病人」仰躺著，大腿舉高、膝蓋彎曲。這個姿勢稱為「截石位」或「傳教士式姿勢」，端看你是要把東西拿出來還是放進去。以這個例子而言，兩者都說得通。「現在柯夫曼醫生把手從肛門插入，輕輕的往前、往上按壓。」道森邀請觀眾靠近觀看，因為這樣才能看到柯夫曼突起的手在體表下方移動，像是卡通裡的鼴鼠在草皮底下鑽洞。「柯夫曼醫生可以任意移動他的手。你們馬上就看得出來，這樣如何能移除……阻塞的糞便。」❺

歷史上治療腸道阻塞的方法，大都從通水管取得靈感。和浴室的水管一樣，主要的策略有兩點：猛壓水或用空氣來沖走，或用某種金屬鑽來鑽去使其碎裂。一八七四年六月，《亞特蘭大醫療與外科期刊》（*Atlanta Medical and Surgical Journal*）描述貝提（Robert Battey）醫生「安全簡便」的方法，從直腸注入多達十一公升的水來溶解「堆積的堅硬糞便」。「當壓力解除時，腹部的張力大到使水從肛門噴洩而出」，貝提寫到某個難忘的案例，「強勁的水流」高達六十公分高。貝提演講時還附帶現場示範。隨便翻閱當時的醫學期刊，外科醫生及解剖學教授似乎都興致勃勃想展現高人一等的本領，把課堂上的示範說明提升至極為壯觀的場面。

消化道是一條錯綜複雜、曲折離奇的管路，要通行無阻並不容易。一百多年來，吞鉛粒或水銀（重達三公斤）被視為破除阻塞的好辦法。之後，病人便翻滾或搖晃，希望那些重物能夠通過阻塞的地方。問題是，胃裡面的東西是逐漸釋放出去的，不管吞的時候有多迅速。金屬丸並不是以「統一陣線」推進腸道，而是零零星星往前移動，用X光看起來會像是吞下一串珍珠。一七七六年，名為皮洛黑（Pillore）的法國醫生描述他幫病人進行驗屍解剖，病人的小腸因為〇．九公斤重的水銀聚集成一大塊而下垂，使一圈小腸被拉長，往下陷進骨盆腔裡。最終使病人喪命的，到底是水銀、未解決的阻塞物，還是像太妃糖一樣拉長的腸子？誰也說不清。

某些年間，水管工人那一套暫時退讓，換電工來接手。如同放射線如今大行其道，那時候的電既新奇又刺激，敢情是任何病痛都能一電就見效。治療頑固性便祕的電療法，號稱用輕微的電流來幫病患通便。「有效嗎？」一八七一年《英國醫學期刊》的某個投稿人，以下面這句話回應半信半疑的同僚：「我差點就來不及跑廁所。」

突破障礙最粗暴的方法，就是乾脆請醫院的值班人員給病人來個過肩摔❻。腸子在人體裡並非固定不動在同一個地方，有時候，只要倒栽蔥就能讓人舒服一些。一八六四年，羅許醫學院（Rush Medical College）的勒維特醫生（William Lewitt）提到，一位男性的肚子裡有腫瘤，大小如足月孩童的頭部，腫瘤的擠壓影響到他的消化工作。「探訪病人時，我們發現他因腹部疼痛而遭受劇烈的痛苦，經常想要從直腸排出脹氣，而這只有在他用頭和手進行垂直倒立的姿勢時，才辦得到。」勒維特醫生自稱是解剖示範專家，我想他應該會排除萬難，把那個人打包，帶去演講廳好好展示一番。

最後一招治療辦法就是動手術。如果阻塞物怎麼樣也甩不走、按不掉、沖不散，或是處「電」不驚，便可能面臨切除的命運。古時候還不流行消毒洗手、戴手套，手術得承擔相當大的感染風險。為充滿細菌的結腸動手術，風險更大。駭人的是，結腸切除不僅用來解除危及生命的嵌塞，還用來治療便祕和「誤以為可能的後果」：自體中毒。要讓食糜快點通過人體，還有什麼比「縮短滑道」更好的辦法呢？蘇格蘭外科醫生連恩（Arbuthnot Lane）爵士是腸道手術的發明者，並且大力提倡這個方法。一開始只是先切除幾公尺，後來演變成全結腸切除，把基本上還算健康的結腸割掉，直接把小腸的末端與直腸縫合。如果拉肚子算是治好便祕的話，那他倒稱得上是大功告成，不過如此一來，卻陷病人於營養不良之風險。在第十五章裡，我們從食糞的齧齒動物身上學到，結腸產生的不只是不潔的糞腐物（藉由細菌的努力代謝），還包含有用的脂肪酸及維生素。

連恩是極度討厭糞便的人。一般人若是膚色較深，我們會認為是種族或曬太陽的緣故，連恩卻認為這是遭帶有糞便毒素的血液染色所致。他很驕傲的寫說，某病人「黃褐色的膚色」在手術後一個月消失了。寫到另一個女人，則是「她的褐色幾乎完全消失」。

連恩過分到竟然把結腸視為無用的構造，說它是「我們身體結構上的重大缺陷」。

人體結構是自然演化精密調節下的產物，敢對此妄加揣測，需要相當程度的傲慢與無知。連恩從病人身上恣意剪除的結腸，並不單單只是用來儲存廢物的器官。讓連恩、泰瑞爾、家樂之輩既畏懼又鄙視的細菌，在我們身體廢棄物裡生長茁壯、辛苦工作的細菌，非但沒有害處，反而對身體健康至關重要。

注釋

❶到地下室聽起來很令人興奮，其實不然，因為多迪沒有把「超級恐怖」的東西拿出來展示。例如以乾燥的痔核做成的項鍊，以及裝著皮膚的果醬罐。

❷奇怪的是，博物館建築物外牆的展覽廣告招牌打的卻是「年輕女子籃球選手」。

❸盲腸癌專屬絲帶是琥珀色的。由於癌症的數量比顏色還多，現在的意識絲帶就像油漆色卡一樣：胃癌是藍紫色、卵巢癌是藍綠色，而結腸癌和直腸癌是純藍色，它們本來是褐色（膀胱癌是黃色），但是有些病人反對。照我說，這是個錯誤。原本它們可以擁有專屬的褐色，但是改成藍色就要和ＥＢ病毒（人類疱疹病毒第四型）、成骨不全症（俗稱玻璃娃娃）、卡崔娜颶風罹難者、酒醉駕車、急性呼吸窘迫症候群、虐待兒童、禿頭、以及二手菸共用。

❹拉爾醫生還寫過一本關於麻痺性結腸的書，稱為《我為什麼大不出來？》（*Why Can't I Go?*），特別刊出幾十幅排便造影圖片與結腸手術的特寫照片，數量多到要在封底加注警語。

❺用手直接插入直腸的療法，隨後引起激烈爭論，標題可以稱之為〈手的大小〉。凱爾西（Charles Kelsey）醫生宣稱，手圍若超過九寸（約二十三公分）「不適合從事這種行

為」。道森反駁說，骨盆的大小應列入考慮。「髖骨較寬的男人或女人，能容許的手圍可達十寸（約二十五公分）。」如果修改這個限制的話，可能會「讓手剛好比較大的開業醫師洩氣且為難」。道森還提到克洛凱（Cloquet）醫生的例子，他「為了要找一個玻璃杯」，把十四隻手指頭伸入病人的直腸裡：六隻是他自己的，另外兩位同事各用了四隻。後來病人的括約肌恢復完好如初（自尊心就不得而知了）。

❻與過肩摔治便祕相關的是：是否真有可能把某人打得「屎滾尿流」？那要看是什麼屎、什麼人打的。胃腸專科醫生瓊斯說：「我以前的高中足球教練，曾經擔任華盛頓紅皮隊的進攻截鋒，他向我發誓，格林（Mean Joe Greene）撞他撞得太用力，害他必須換褲子。」瓊斯補充說，他的教練當時只是「有一點閃尿」，如果要用力把人撞到「剉屎」同時又不會死人，應該滿難的。

第十七章　噁心因子

我們可以治好你的病，不過有件事……

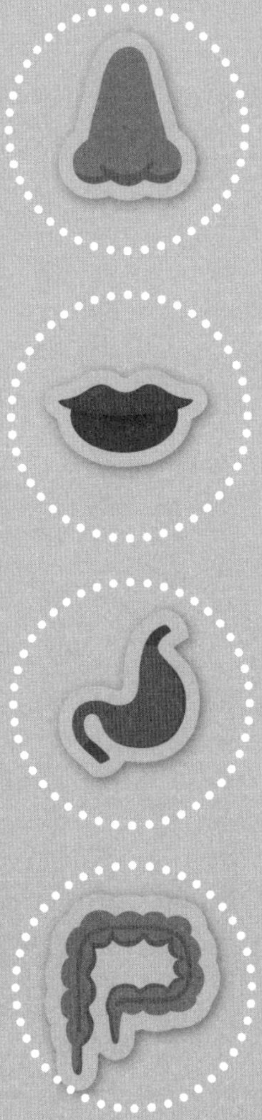

從許多方面來看，這都是標準的宴會邀請函。有附近街道的地圖、宴會的地點及時間，還很親切的歡迎闔家光臨。不過，裝飾的元素卻很罕見：人體結腸內部的剖面圖，每個部位都工整的標示出來。在圖的上方，以節慶體字型寫著：「腸微生物叢派對！」主辦人寇拉斯（Alexander Khoruts）是胃腸專科醫師，也是明尼蘇達大學醫學院副教授。除了一般的結腸鏡檢查及消化不良等諮詢之外，他還從事結腸細菌的移植，也就是所謂的腸微生物叢移植。

這天晚上，幾乎所有來參加宴會的人都與這項工作有關。瑟道斯基（Mike Sadowsky）是教科書《糞便細菌》（*Mike Sadowsky*）的共同編輯，也是寇拉斯的研究夥伴。正在拿自助餐的漢米爾頓（Matt Hamilton）是明尼蘇達大學博士後研究員，他的工作是準備移植的材料。漢米爾頓用湯匙把寇拉斯自己家裡做的俄羅斯紅甜菜沙拉舀到盤子裡，分量多到有個護理師告訴他，明天他就會「看起來像是消化道出血」。

那個護理師對一大盤「整根香蕉沾滿巧克力」的甜點讚賞有加，那是寇拉斯十三歲的兒子做的「主題甜點」之一。詹姆斯（James）果然有乃父之風，既聰明又有教養，具有狡黠的幽默感。他用客廳裡的三角鋼琴演奏古典音樂，有朝一日想寫小說。護理師問詹姆斯，那道甜點❶是「布里斯托大便分類法」中的第幾型，他不假思索回答：第四型（「像香腸或蛇一樣，且表面很光滑」）。

和這群人聊天，很難找到適當的用餐話題——不是因為他們粗魯或沒禮貌，而是因為他們對於結腸的看法跟其他人非常不一樣。人體與腸微生物叢（住在我們腸子裡幾百兆微生物群的統稱）之間的交互作用，是目前很熱門的研究領域。幾十年來，醫學研究人員對食物與營養素在疾病治療及預防方面的角色有所鑽研，而那些已顯得太過簡化。如今的目標，是要針對身體、食物（例如當紅的抗癌聖品：咖啡、茶、水果以及蔬菜中的多酚家族），以及分解食物的細菌之間的交互作用抽絲剝繭、理出頭緒。某些最有益於人體的多酚無法在小腸吸收，必須靠結腸裡的細菌來代謝。你吃的東西能不能讓你受惠（或受罪），取決於你的腸道裡住了哪些細菌。長久以來，燒焦的紅肉一直被認為是致癌物，但事實上，那只是構成致癌物的原料。如果沒有腸道細菌加以分解，原料是無害的。（藥物也是同樣的道理；根據腸微生物叢的組成，藥物的療效也會有所不同。）這是一門新興科學，相當複雜，但是基本概念很簡單。對於疾病的治療及預防策略來說，改變某人身體裡的細菌，居然比改變飲食更加有效。

身為文明一族，我們向來視細菌為牛鬼蛇神，對別人的病菌更是避之唯恐不及，因此實在很難想像，有人住進醫院，是為了要植入來自別人結腸裡的細菌。我即將訪問的病人受到困難梭狀芽孢桿菌（*Clostridium difficile*）的侵襲，對於他來說，這卻是一件求之不得的好事。長期感染困難梭菌（醫學上暱稱為 *C. diff*）可能會造成腸道功能失常，有時甚至會致命。

「如果你五十五歲，穿著尿布，每天要換十次的話，對『噁心因子』早就麻木了。」漢米爾頓說。他拿了一些釀番茄到盤子裡。漢米爾頓的胃口奇大，這年輕壯漢什麼都不在乎。

「對病人來說，沒有所謂的『噁心因子』，他們已經噁心慣了。他們只想早點擺脫這種慢性疾病。」寇拉斯補充。

至於一般的細菌，我們對它們的想法一定要徹底轉變才行。首先，它們的數量比你自己還要多。身體每有一個細胞，就有九個（較小的）細菌細胞。寇拉斯用「它們 vs. 你」的心態提出他的論點。「細菌代表我們身體裡一個代謝活躍的器官。」它們就是你。你就是它們。「這是個哲學問題。到底誰擁有誰？」

人們的細菌族群可能會影響到他們的日常行為。「腸道裡的某些細菌族群可能希望你吃某種飲食，或是以不同的方式儲存能量。」（荷蘭正在進行臨床試驗，看看從苗條的志願者身上移植的「捐贈者糞便」，會不會讓研究對象的體重減輕❷；目前為止效果差強人意，但並不特別顯著。）寇拉斯為我舉了一個令人難忘的例子，說明行為如何受到微生物的暗中操控。弓蟲這種寄生蟲會傳染給老鼠，但是必須在貓的腸道中才能繁殖。為了達到目的，弓蟲的策略是改變老鼠的腦，讓老鼠受貓尿味的吸引。於是老鼠會自投羅網，被貓吃掉。寇拉斯繼續說，如果你親眼看到這種事，一定會抓破頭也想不通：那隻老鼠是怎麼搞的？他接著笑了起來。「你會不會覺得共和黨員的菌群與眾不同？」

你體內的細菌卡司陣容由什麼來決定？大多數情況下，全憑運氣。今天你結腸裡的細菌種類，和你六個月大時的細菌種類差不了多少。人的腸微生物叢，大約有八〇%是在分娩時由母親那裡傳過來的。「那是相當穩定的系統，你可以藉由某人的菌群來追溯他們的家譜。」寇拉斯說。

宴會已經接近尾聲。我去廚房和詹姆斯，還有寇拉斯逆來順受的女友卡特莉娜（Katerina）說晚安。水槽旁的流理台上有個攪拌器等著清洗。詹姆斯說：「嘿！妳還沒喝巧克力便便冰沙。」

沒關係，因為我就要去看真正的本尊了。

和任何移植一樣，首先要有捐贈者。「任何人都可以。」寇拉斯說。他也不知道要找的是哪一種細菌，哪一種才是可以制伏困難梭菌的復仇天使。就算他知道，也沒有簡單的方法，可以判斷捐贈者的「捐獻糞便」裡有沒有那些菌種。糞便細菌的菌種大都很難在實驗室裡培養，因為它們都是厭氧菌，意思是它們無法在有氧的環境下存活。（常見的大腸桿菌及葡萄球菌是例外，它們在人體內外、在醫生身上、在醫生的器具上，到處都能生長繁殖。）

寇拉斯對捐贈者唯一的要求是：他們必須沒有消化方面的疾病與傳染病。家庭成員並不是最理想的捐贈者，因為他們的醫療問卷可能並非全然可靠。「你不見得會向你所愛的人坦承，你曾經嫖妓。」寇拉斯特別喜歡找一位當地的男性捐贈者，這人希望能不透露真實姓名（這是當然）。這個人的細菌已經移植給十位病人，把他們全都治好了。「他已經快有大頭症了。」寇拉斯面無表情的說。寇拉斯說話時大都面無表情。他告訴我：「在俄羅斯，如果你常常笑，人家會以為你有什麼毛病。」他和人家講話時，常提醒自己要笑。有時候會慢個一、兩拍，像電視上遙遠的海外記者現場報導的聲音。

「他來了。」一個子很高的男人，明尼亞波利斯冬天的裝扮，拿著一個小紙袋從走廊邁著大步走來。

「不是我最好的作品。」他說。一面把袋子交給寇拉斯，一面向我點頭問好。沒有進一步閒聊，他就轉身離開了。他看起來並不像是尷尬，只是趕時間。他是不像英雄的英雄，默默的用他今早馬桶裡的產物拯救生命、助人恢復健康。

寇拉斯進入一間空的檢查室，撥了漢米爾頓的號碼。進行移植的當天早上，漢米爾頓都會先來醫院一趟，再去環境微生物實驗室，那是他工作的地方，也是處理移植材料的地方。通常這時候他應該已經到了，寇拉斯有點焦躁不安。厭氧菌在結腸外有生命期限，沒有人知道它們能存活幾個小時。

寇拉斯留了話：「嗨，我是寇拉斯。東西已經準備好，可以來拿了。」他瞇起眼睛。「我想這應該是他的號碼。」如果收到陌生人這種訊息，一定很刺激。我幻想緝毒人員包圍攻堅胃腸科，寇拉斯則拚命辯解。

寇拉斯電話還沒掛斷，漢米爾頓就匆匆忙忙趕到了，穿著全副刷毛服裝，滿是歉意。漢米爾頓笑起來很自然，和寇拉斯正好相反。我想，要生漢米爾頓的氣幾乎是不可能的。

開車去實驗室要十分鐘。因為漢米爾頓開得很快，而且冷藏箱一直快要從後座滑下去，所以車子裡有一點微微的緊張氣氛。冷藏箱是一個有形的存在，介於雜貨與真實的乘客之間。很快的，我們已經在繞圈找停車格。漢米爾頓對要這樣浪費時間很不滿。「如果我載的是捐贈器官，他們一定會給我停車證。」

結果停車花的時間比處理材料的時間還久。處理設備很簡單：一部奧斯特（Oster）❸攪拌機，以及一組土壤篩。攪拌機的蓋子上裝了兩條管子，以便把氮氣灌進去，把氧氣逼出來。基本上，在液化設定下以二十秒的脈衝進行兩、三次就夠了，然後就倒進篩網過濾。所有的動作都在通風櫃裡進行，理由很明顯。漢米爾頓一面操作篩網一面聊天，偶爾還叫出認得出來的成分：辣椒片、花生[4]。

他決定用攪拌機再進行第二回合。如果材料不能任意流動，可能會阻塞結腸鏡，妨礙微生物在結腸裡的散播。他轉頭對著我：「所以今天我們面臨的，大致就是當它是固體硬塊時的做法，而不只是簡單的攪拌。」彷彿是電視節目《超炫美式機車》（*American Chopper*）裡的主持人對著鏡頭說明，總結剛才觀眾所看到的情形。

好不容易，終於把液體倒進容器裡，妥善密封，放回冷藏箱。它看起來像是加了低脂牛奶的咖啡，幾乎沒有味道，氣體都由通風櫃抽走了。我們三個人，漢米爾頓、我，還有「冷藏箱」，趕緊回到車上，原路開回醫院。

要接受移植的病人已經來了，他在輪床上等著，輪床就放在布簾圍成的房間裡。走廊上的寇拉斯穿著白袍。漢米爾頓把冷藏箱交給他。他裝滿了四小瓶，然後蓋好，等一下就要通過結腸鏡注入病人體內。現在，這四小瓶液體就放在裝著冰塊的塑膠碗裡。寇拉斯問一位路過的護理師，在等待檢查室開放的時候，可以把碗放在什麼地方。她看了一眼，幾乎沒有停下腳步。「不要拿去休息室就行了。」

和人一樣，細菌是好是壞，要看是在什麼情況下，而不是單看它的本質。葡萄球菌在皮膚上相對平和，或許是因為那裡的營養素比較少。假如它們有機會進到血液裡（例如經由手術切口），那就完全是另一回事了。細菌的受體及表面蛋白讓它能「感覺」環境中的營養素。如漢米爾頓所言：「它們會說：『這地方不錯，我們在這裡狂歡吧。』」細菌就此開起腸微生物叢派對！對宿主來說這是壞消息。在醫院裡發現的菌種，比較可能對抗生素產生抗藥性，醫院裡的病人經常因為免疫功能不足而無法抵抗。

大腸桿菌也一樣。大多數菌種在結腸裡不會引起症狀。免疫系統已經習慣腸道裡含有大量的大腸桿菌，見怪不怪，無需驚慌。假如同樣的菌種跑到尿道和膀胱，才會被視為入侵者，如此一來，免疫會攻擊自身而產生症狀——例如發炎。

即使是困難梭菌，也不是天生就很壞。三〇%到五〇%的嬰兒體內都有困難梭菌，卻沒有什麼不良影響。三%的成人腸道裡藏有它們的蹤跡，倒也相安無事。可能是其他細菌叫它們不要製造毒素，或是它們的數量太少，毒素不足以造成明顯症狀。

問題通常是從「結腸被抗生素清除乾淨」才開始的。困難梭菌現在有機會站穩腳跟。不管醫院再怎麼小心，困難梭菌芽孢還是到處都有。而結腸裡的某些狀況，會讓困難梭菌更容易成長茁壯。憩室是結腸壁上向外突出的囊袋，通常由慢性便祕造成，情況如下：如果結腸的肌肉必須用力把廢棄物移走，而結腸壁上有個弱點，廢棄物就會順勢而入。那個弱點於是向外膨脹，形成小囊袋。困難梭菌便在囊袋裡播種。

抗生素解決困難梭菌感染的機會有八〇％，二〇％則是一、兩星期內又再次感染。侵占憩室的困難梭菌很難徹底消滅，它們是消化道裡的蓋達恐怖組織，躲在難以進出的洞穴裡。「抗生素是雙刃劍，它們能抑制困難梭菌，但是同時也殺死了能控制住困難梭菌的細菌。」寇拉斯說。每次病人舊病復發，再復發的機率就會倍增。每年大約有一萬六千名美國人死於困難梭菌感染。

今天的這位病人，他的憩室已經轉變成膿腫。嚴重的結腸炎多次發作，導致他嚴重腹瀉，有時甚至要靠靜脈注射來維生。現在看他躺在檢查室裡，你絕對不會聯想到這些。他打了Versed（一種抗焦慮藥物），安靜的側躺著，身上穿著藍白色醫院罩衫，沒穿褲子。住院的人有一種令人心疼的脆弱無助。他們在外頭或許是CEO或將軍，但是在這裡，他們只不過是病人，他們溫馴，他們懷抱希望，他們感恩。

燈光昏暗，立體音響播放著古典音樂。寇拉斯跟病人說話，藉以衡量鎮靜劑的效果。他在等病人的聲音變小，說話變慢。

「你有養寵物嗎？」

房間裡安靜了片刻。「……寵物。」

「我想可以開始了。」

一位護理師把裝著小瓶子的碗拿進來。我問她瓶子上的蓋子是紅色，是否表示這是對生物有害的。

「不是，裡面的褐色才是。」

除非靠近觀看，否則糞便移植看起來和結腸鏡檢查非常相像。當結腸鏡從支架上抽出來、移到病床上時，首先出現在影像監視器上的，是飛奔而過的檢查室超廣角影像。如果你因為太年輕而不熟悉結腸鏡的話，我建議你去看看調酒師的汽水槍：長長的、具有彈性的黑色管子，手把上裝有控制器。調酒師用來選擇汽水和可樂的按鈕，寇拉斯則是用來選擇二氧化碳（使結腸膨脹，這樣可以看得比較清楚），或是生理食鹽水（用來把「準備工作沒做好」的殘餘物沖掉）。

寇拉斯用左手操作控制鈕，用右手扭轉管子。我說這好像是在彈手風琴或是彈鋼琴，兩隻手要各自獨立做不相干的事情。寇拉斯除了會玩結腸鏡，也會彈鋼琴，他倒寧可用截肢者的假肢來比喻。「時間久了，它就變成你身體的一部分。即使那裡沒有神經末梢，我也大約知道是怎麼回事。」

結腸鏡放進去了，朝北前進。病人的心跳可以由結腸壁的顫動看出來。寇拉斯繞過一個彎曲處。轉換病人的姿勢可以幫助繞開急轉彎處，所以護理師傾力幫他屈身，姿勢彷彿是駕駛正在把拋錨的汽車推到路肩。

寇拉斯利用控制端的活塞，釋放出部分移植物質。結腸已經事先用抗生素清除過，所以新來的單細胞居民不必對抗一大堆原住民。在抗生素掃蕩之下，僥倖存活的原住民不管有多少，新來的移民必定會占上風。根據寇拉斯的研究顯示，不到兩星期，捐贈者和受捐者結腸裡的細菌形態就會同步。

寇拉斯在結腸末端又釋放一次移植物質，然後就收回結腸鏡。

幾天之後，寇拉斯轉寄了一封病人寫的電郵給我（姓氏部分已刪除）。一年來讓他無法工作的疼痛及腹瀉已經不見了。他寫說：「星期六晚上，我解出一小塊固體狀的大便。」這種令人激動的星期六晚上，可能不是你想像中的那種，但是對於Ｆ先生來說，很難有比這更令人激動的了。

一九五八年，外科醫生艾斯曼（Ben Eiseman）進行了史上第一次的糞便移植。早期使用抗生素時，病人往往因為正常細菌遭大量消滅而導致腹瀉。艾斯曼認為，用別人的正常細菌來補充腸道裡的細菌或許會有幫助。艾斯曼說：「在那個時代，只要有想法，我們就會去嘗試。」我寫信給他的時候，他已經高齡九十三歲，住在丹佛。

醫學界很難得想出如此有效、便宜、沒有副作用的治療方法。我寫本文時，寇拉斯已經做過四十次糞便移植來治療棘手的困難梭菌感染，成功率達九三%。加拿大亞伯達大學於二〇一二年發表的研究顯示，一百二十四個糞便移植案例中，有一百零三個立即得到改善。自從艾斯曼首度「按下活塞」以來，已經過了五十五年，卻還沒有任何美國保險公司正式認可這種療法。

為什麼？難道是「噁心因子」妨礙了這種療法的接受度？部分是，寇拉斯說。「它讓人自然而然產生反感。反正就是顯得不恰當。」他認為，新的醫療程序從實驗性到成為主流，這個過程的影響很大。我訪問他的一年之後，胃腸專科與傳染病學界邀請「一小群從事糞便移植的醫生」，彙整出一篇「最佳實踐」論文來概述最理想的醫療程序：為了建立該療程的計費規範，讓保險公司得以立案支付，這是常見的第一個步驟。截至二〇一二年的年中，仍未有計費規範或已取得共識的收費標準。寇拉斯估計，整個作業還要再過一、兩年才會完成。在此同時，他只收取結腸鏡檢查的費用。

健保官僚制度阻撓病人獲得更好的照顧，程度有時令人感到震驚。寇拉斯對於復發性困難梭菌感染之細菌療法的研究，花了一年半的時間才獲得明尼蘇達大學研究倫理審查委員會（Institutional Review Board，簡稱ＩＲＢ，負責監督研究主題的安全性）的許可，即使委員會並沒有實質的批評或疑慮。我去參觀移植過程的那天早上，寇拉斯給我看一個我不熟悉的物品，那是一個長了翅膀的塑膠碗，稱為馬桶帽❺，用來套在馬桶邊緣，接取捐贈者的產品。「那個東西讓ＩＲＢ的協議延遲了兩個月，他們把它退回來，問說：『馬桶帽的費用誰付？』而那東西一個才美金五角。」他說。

寇拉斯也正在提一個研究計畫，評估利用糞便移植來治療潰瘍性結腸炎的可行性。一般認為，發炎性腸道疾病（主要指大腸急躁症、潰瘍性結腸炎、克隆氏症）是免疫系統對正常細菌進行的不恰當反應引起的，而且害結腸遭到池魚之殃。ＩＲＢ這次本來拒絕批准試驗，直到ＦＤＡ（美國食品暨藥物管理局）核可之後才跟進。而且這只是試驗而已，要獲得ＦＤＡ的最終核可（讓醫療程序可適用於任何人）代價甚高，可能得花上十年的時間。

以糞便移植來說，其中並沒有牽涉到藥品或醫療器材，因此沒有製藥公司或器材廠商有夠深的「憩室」來贊助多回合的臨床對照試驗。製藥公司要有利可圖，才會想爭取醫療程序的核可。製藥公司賺錢是靠治療疾病，而不是靠治好疾病。「這攸關幾十億美金的利潤，我告訴卡特莉娜，如果核准了，在河底找到我也不要太意外。」寇拉斯說。

我們坐在寇拉斯的辦公室裡，兩邊都是結腸鏡。有個架子在我們頭頂上，架子上擺了一副可怕的人體直腸實物尺寸塑膠模型，這結腸正慘遭所有想得到的疾病折磨：痔瘡、胃瘻管、潰瘍性結腸炎、糞石。這是在暗喻美國的健保系統嗎？

寇拉斯笑了：「用來擋書的啦。」那是某家製藥公司在消化疾病週送的贈品，消化疾病週是胃腸專科醫生與藥品業務代表的年度大會，偶爾會有人打扮成「胃」，派發試用品。正當官僚制度慢吞吞緩步前進，治療困難梭菌的糞便移植也悄悄在美國三十個州的醫院裡推行。但是還有二十個州的病人求助無門。有些病人轉而尋求《臨床胃腸病學與肝臟病學》（*Clinical Gastroenterology and Hepatology*）某論文研究者所說的「糞便移植自力救濟」。有七名感染困難梭菌的病人，利用藥房買的灌腸工具，靠自己或「家人操作」進行移植，雖然七人都治好了，卻不見得每次都這麼幸運。最近有個婦人寫電郵向寇拉斯請教，但是沒有遵照他囑咐的方法去做。她在攪拌器裡放自來水，所以氯把細菌都殺死了。另一個在自己家裡進行移植的人，則是換了不同的腹瀉來源：遭捐贈者糞便裡的寄生蟲感染。由於大批公文往返拖拖拉拉，IRB非但沒有保護病人，反而置他們於險地。

糞便細菌療法很快就會變得更加簡化。更先進的過濾法，將會把細胞物質從噁心的東西裡分離出來。到時候細菌加上抗凍劑（避免冰晶刺破細胞），便可製成藥劑冷凍起來，等有人需要的時候，再運送到需要的地方。寇拉斯已經朝此方向在努力。

如果能有一種簡便的藥片，像用來治療復發性酵母菌感染的乳酸桿菌栓劑一樣，那就功德無量了。可惜的是，一般來說，在實驗室有氧環境中容易成長並維持生存的好氧菌，不太可能是有幫助的菌種。雖然研究人員並不確定哪一種才是理想的細菌，但他們知道，很可能是那些只能在結腸裡成長茁壯的厭氧菌。你要找的小小生物，正依賴健康的你來維持它們的生存，它們的演化任務和你自己的完全一致——它們，就是你健康的微生物夥伴。

我問寇拉斯，現在市面上看到的「益生菌」產品裡到底有什麼東西。「只有市場行銷。」他回答。微生物學家里德（Gregor Reid）是加拿大益生菌研究發展中心的主任，他也有同感。只有一個例外，除非益生菌裡的細菌（如果真的有的話）是好氧菌；因為在無氧環境下培養、處理及運送細菌，既複雜又昂貴。里德告訴我，這些產品九五％「從來沒有在人體試驗過，不應該稱為益生菌」。

我預測在十年之內，每個人都會知道一些曾受惠於別人身體產物（不管是什麼形式、方法）的人。最近我收到一封來自德州某醫生的電郵，告訴我關於斯托爾（Lloyd Storr）的故事，斯托爾是住在樂波市（Lubbock）的醫生，利用自製的「耳垢輸液」（把捐贈者的耳垢放在甘油中煮沸）來治療慢性耳部感染。耳垢能維持酸性環境，抑制細菌過度生長，因此可能含有某些抗菌成分。不管它真正的功能是什麼，有些人的功能就是比別人的好。寇拉斯有一位朋友是牙周病醫生，他也一直鼓勵這牙醫嘗試用細菌移植[6]來治療牙齦疾病。

如果一切順利，人們受到普瑞來（Purell）與來舒（Lysol）這些殺菌產品廠商的大力洗腦，因而對細菌產生的歇斯底里反應，將會開始慢慢消退。多虧這些揮舞著攪拌機的英勇先驅，眾人的大驚小怪及毫無根據的恐懼，將可因理性思考，或許再加上一點點感恩之情而緩解。

寇拉斯醫生，我們以碰馬桶帽邊的大禮向您致敬！

最諷刺的是，一開始，一切就只有腸道而已。我在那裡的最後一天，當我們開車離開寇拉斯的診所時，他解釋說：「我們基本上只是圍繞著消化道，高度演化的蚯蚓。」到後來，食物處理單元需要大腦來幫它找尋食物，還要有四肢來幫它取得食物。這樣它的體型就變大了，所以需要循環系統來分配能量以驅動四肢……如此等等。即使現在，消化道還有自己的免疫系統與自己的原始腦，也就是所謂的腸道神經系統。我記得范維列特在我們聊天時曾經說過的話：「大家驚訝的發現：人主要是一個大管子，周圍有一些東西圍繞著。」

「人如其食」，但不僅如此，「你怎麼吃造就了你」。幸虧你不是海葵，不然排出午餐的洞就是吃進晚餐的同一個洞。還好你不是吃草的動物或是反芻動物，否則一輩子都在拚了命猛吃。感謝消化液和消化酵素，感謝絨毛，感謝火和烹煮，感謝所有的奇蹟，讓我們成為現在的樣子。寇拉斯舉大猩猩為例，這些猿類同胞的發展受到阻礙，是因為效率較差的腸道需要太多能量。像牛一樣，大猩猩也靠發酵大量天然植物來維生。「牠們整天都在消化樹葉。只會坐在那裡一直咀嚼，然後在體內煮。哪還有閒工夫思考什麼大道理。」

那些熟知人體腸道的人可以看出它的美，不只在於它的精巧複雜，而且在於它內在的風貌與結構。一九九八年某期《新英格蘭醫學期刊》，有兩位西班牙的內科醫生發表了兩張照片：「橫結腸形成的袋狀」與高第米拉之家的上層拱廊並列對照。我靈光一閃，也想看看自己內在的高第，所以就去做了第一次結腸鏡檢查，沒有用任何藥❼。

這是一種難以名狀的感覺，我這輩子大概曾有過十次。夾雜著不可思議、榮幸，以及謙卑。一種近乎恐懼的敬畏。在阿拉斯加州費爾班克斯（Fairbanks）郊外的雪地上，我曾有過這種感覺，頭頂上如鞭子般甩過的北極光如此逼近，我忍不住屈膝跪下。在山上黑漆漆的夜裡，仰望一路閃耀深邃的銀河，我受到強烈的震撼。看著自己的迴盲瓣，窺視自己的盲腸內部，見證人體宏偉壯觀的複雜，老實說，我感到有點輕度到中度的痙攣。

不過，這一刻我所獲得的感動，你們應該都能體會。我們大多數人，一輩子都沒有正眼瞧過自己身上的器官，那是我們所擁有最珍貴、最神奇的東西。等到出了什麼毛病，我們才會想起它們。這對我來說顯得很奇怪。我們怎麼會認為女歌手克莉絲汀（Christina Aguilera）比我們自己的身體內在還要有看頭呢？或許，看起來很奇怪的是我才對。你們可能在想，**噢，那個瑪莉．羅曲把頭湊在屁股上**。我要說的是：只是暫時而已，而且滿懷著至高無上的敬意。

注釋

❶那道沾滿巧克力的香蕉甜點都沒有人吃。根據賓州大學「噁心專家」羅津的研究，估計應該有五七％的人會吃。在他的研究中，研究對象被問到願不願意吃「看起來像是一坨狗大便的奶油軟糖捲」。大家對這種「形似」的東西相當忌諱，一二％的研究對象連碰都不想碰，即使他們知道那是奶油軟糖。

❷把瘦子的糞便移植到實驗者的腸道中，這個實驗稱為FATLOSE試驗。FATLOSE代表「糞便用藥減輕體重」（Fecal Administration To LOSE weight），可說是一個PLEASE例子：「科學家與實驗人員選用的首字母縮寫非常牽強」（Pretty Lame Excuse for an Acronym, Scientists and Experimenters）。

❸我寫信給奧斯特公司，得到的回應是：「嗨，瑪莉——經接洽我們的奧斯特產品部門，以及看過您寄來的資料之後，我們的結論是對此議題不予置評。」

❹如果要我猜排池物裡有辣椒片和花生，是什麼菜的殘留，我猜是宮保雞丁。

❺馬桶帽也稱為修女帽，因為很像《飛天修女》（*Flying Nun*）影集裡修女戴的包頭帽。信天主教的護理師及醫院病人不時對此表達抗議，所以這個名稱已經很少人用了。

❻接吻算是一種比較不具侵略性的細菌移植。根據研究記載，引起牙齦炎的三種不同細菌，會在夫妻之間傳來傳去。以牙周病來說，婚外情或許可視為一種細菌療法。

❼不用藥就進行結腸鏡，沒什麼大不了。大多數歐洲人做檢查時，鎮靜劑是有需要的人才使用。你會裝上一個注射器，需要時只要說一聲就行了。八〇%的人從未要求用藥。

誌謝

這陣子，我從慈善樂捐的世界裡學到一招。以下的項目，反映來自許多層面的慷慨與支持，讓這本書得以順利完成。如果《深入最禁忌的消化道之旅》很有趣、很好玩，如果本書內容精確、具有啟發性或是令人信服，那是因為絕大部分來自這些優秀人類的貢獻。

白金級懸壅垂的各界

他們無償犧牲整個下午接受專訪，而且人物描述滿意與否不掛保證；陪我走訪各檔案室；賂賻快扭斷、幫我開門、鋪設歡迎地毯。我向他們鞠躬：

Andrea Bainbridge，美國醫學會歷史醫療詐騙暨另類療法收藏

德彼得斯（Ed dePeters），加州大學戴維斯分校

多迪（Anna Dhody）與紐曼（Evi Numen），馬特博物館

瓊斯（Michael Jones），維吉尼亞聯邦大學

寇拉斯（Alexander Khoruts）、漢米爾頓（Matt Hamilton）及瑟道斯基（Mike Sadowsky），明尼蘇達大學

克里格曼（Alan Kligerman），克里格曼區域性消化疾病中心

蘭斯塔夫（Sue Langstaff），應用感官公司

列維特（Michael Levitt）與佛恩（Julie Furne），明尼亞波利斯榮民醫學中心

尼可包勒斯（George "Nick" Nichopoulos），貓王的私人醫生

Megan and Rick Prelinger，普瑞林格圖書館

羅森（Nancy Rawson）、莫勒（Pat Moeller）、麥卡錫（Amy McCarthy），以及克蘭索（Theresa Kleinsorge），AFB國際公司

羅德里格茲（"Rodriguez"）、帕克斯（Gene Parks）、波拉（Ed Borla）以及Paul Verke，阿維納爾州立監獄以及加州懲教局

西科爾（Stephen Secor），阿拉巴馬大學

希雷提（Erika Silletti）、維克（René de Wijk）、范德比爾特（Andries van der Bilt）與范維列特（Ton van Vliet），食品谷，荷蘭

崔西（Richard Tracy）、雷米納格（Lee Lemenager）與格雷（John Gray），內華達大學雷諾分校

黃金級幽門團體

忍受我反覆打電話以及電子郵件的長期糾纏；覺得作者已經逾越一般諮詢的範圍，甚至已經瀕臨惹人厭的地步，卻沒有表現出來。我向他們敬禮：

陳建設（Jianshe Chen）、克萊芬（Phillip Clapham）、克倫普（Justin Crump）、Evangelia Bellas、勞瑞（Thomas Lowry）、梅茲（David Metz）、邁赫拉波羅斯（Jason Mihalopoulos）、尼倫爵克（Gabriel Nirlungayuk）、諾爾（Adrianne Noe）、拉斯特雷利（Tom Rastrelli）、瑞德（Danielle Reed）、羅津（Paul Rozin）、威廉斯（Terrie Williams）、Sera Young

銅丸俱樂部

為神祕晦澀的主題提供不可或缺的專業意見；分享合約；啟發、鼓勵我，逗我笑。感謝他們：

阿蘭達米歇爾（Jaime Aranda-Michel）、Dean Backer、Daniel Blackburn、猶太拉比布列（Zushe Blech）、Laurie Bonneau、謝法列（Andrea Chevalier）、Patty Davis、Siobhan DeLancy、丹馬克（Erik “the Red” Denmark）、德魯諾夫斯基（Adam Drewnowski）、艾斯曼（Ben Eiseman）、Holly Embree、Father Geoff Farrow、佛克斯（Richard Faulks）、蓋格（Steve Geiger）、Roy Goodman、哈達德（Farid Haddad）、Susan Hogan、Al Hom、Tim Howard、傑恩（Bruce Jayne）、強森（Mark Johnson）、Mary Juno、卡羅伊許（Jason Karlawish）、Ron Kean、Diane Kelly、克萊格（Bruce Kraig）、拉爾（Christopher Lahr）、珍妮佛・隆（Jennifer Long）、倫德斯特倫（Johan Lündstrom）、Ray and Robert Madoff、The Notto、歐爾森（Kenneth Olson）、Jon Prinz、Sarah Pullen、里德（Gregor Reid）、賴利（Janet Riley）、薩波（Michael Sappol）、Adam Savage、Markus Stieger、Jim Turner、瓦格納（Paul Wagner）、汪辛克（Brian Wansink）、韋蘭德（Colleen Weiland）法官、懷海德（William Whitehead）

永久會員

為了寫這些書，他們這些年來一直在身旁支持我；他們的溫暖、才華、耐心與友情，讓我用紙張與圖像印刷來擁抱他們：

Jill Bialosky、Erin Lovett和Louise Brockett、Bill Rusin與Jeannie Luciano，以及諾頓出版社的Stephen King與Drake McFeely，還有具有鷹眼的非凡文稿編輯Mary Babcock

Stephanie Gold、Jeff Greenwald

Jay Mandel與Lauren Whitney，威廉莫里斯奮進娛樂公司

Lisa Margonelli、Anne Pigué

艾德，以及所有最棒的羅曲家族

參考書目

自序

Waslien, Carol, Doris Howes Calloway, and Sheldon Margen. "Human Intolerance to Bacteria as Food." *Nature* 221: 84–85 (January 4, 1969.)

第一章　鼻子的功能

Drake, M. A., and G. V. Civille. "Flavor Lexicons." *Comprehensive Reviews in Food Science and Food Safety* 2: 33–40 (2003).

Hodgson, Robert T. "An Analysis of the Concordance among 13 U.S. Wine Competitions." *Journal of Wine Economics* 4 (1): 1–9 (Spring 2009).

Hui, Y. H. *Handbook of Fruit and Vegetable Flavors.* Hoboken: Wiley, 2010.

Mainland, Joel, and Noam Sobel. "The Sniff Is Part of the Olfactory Percept." *Chemical Senses* 31: 181–196 (2006).

Morrot, Gil, Frederic Brochet, and Denis Dubourdieu. "The Color of Odors." *Brain and Language* 79 (2): 309–320 (November 2001).

Mustacich, Suzanne. "Fighting Fake Bordeaux." *Wine Spectator*, November 8, 2011. www.winespectator.com/webfeature/show/id/45968.

Pickering, G. J. "Optimizing the Sensory Characteristics and Acceptance of Canned Cat Food: Use of a Human Taste Panel." *Journal of Animal Physiology and Animal Nutrition* 93 (1): 52–60 (February 2009).

Smith, Philip W., Owen W. Parks, and Daniel P. Schwartz. "Characterization of Male Goat Odors: 6-Trans Nonenal." *Journal of Dairy Science* 67 (4): 794–801 (April 1984).

第二章 我要吃腐胺

Association of American Feed Control Officials. *Feed Ingredient Definitions,* Official Publication, 1992.

McCarrison, Robert. "A Good Diet and a Bad One: An Experimental Contrast." *British Medical Journal* 2 (3433): 730–732 (October 23, 1926).

Phillips, Tim. "Learn from the Past." *Petfood Industry* (October 2007). pp.14–17.

Wentworth, Kenneth L. "The Effect of a Native Mexican Diet on Learning and Reasoning in White Rats." *Journal of Comparative Psychology* 22 (2): 255–267 (October 1936).

第三章 肝臟和民情輿論

Apicius. Book VIII: *Tetrapus (Quadrupeds)*.

Blake, Anthony A. "Flavour Perception and the Learning of Food Preferences." In *Flavor Perception*, edited by a. J. Taylor and D. D. Roberts. Hoboken: Wiley-Blackwell, 2004.

Blech, Zushe Yosef. "Like Mountains Hanging by a Hair." Kashrut.com. http://www.kashrut.com/articles/L_cysteine/ (accessed September 2012).

Bull, Sleeter. *Meat for the Table*. New York: McGraw-Hill, 1951.

Casteen, Marie L. "Ten Popular Specialty Meat Recipes." *Hotel Management*, August 1944. pp. 26–28.

Cline, Jessie Alice. "The Variety Meats." *Practical Home Economics* 21:57–58 (February 1943).

Davis, Clara. "Results of the Self-Selection of Diets by Young Children."*Canadian Medical Association Journal* 41 (3): 257–261 (September 1939).

Feeney, Robert E. *Polar Journeys: The Role of Food and Nutrition in Early Exploration.* Fairbanks: University of Alaska Press, 1997.

Guthe, Carl E., and Margaret Mead. "Manual for the Study of Food Habits: Report of the Committee on Food Habits." *Bulletin of the National Research Council*, No. 111 (1943.)

——. "The problem of Changing Food Habits: Report of the Committee on Food Habits." *Bulletin of the National Research Council,* No. 108 (1943).

"Jackrabbit Should Be Used to Ease Meat Shortage." *Science News Letter*, July 24, 1943.

Kizlatis, Lilia, Carol Deibel, and A. J. Siedler. "Nutrient Content of Variety Meats." *Food Technology*, January 1964.

Kuhnlein, Harriet V., and Rula Soueida. "Use and Nutrient Composition of Traditional Baffin Inuit Foods." *Journal of Food Composition and Analysis* 5: 112–126 (1992).

Mead, Margaret. "Reaching the Last Woman down the Road." *Journal of Home Economics* 34: 710–713 (1942).

Mennella, J. A., and G. K. Beauchamp. "Maternal Diet Alters the Sensory Qualities of Human Milk and the Nursling's Behavior." *Pediatrics* 88 (4): 737–744 (1991).

Mennella, J. A., A. Johnson, and G. K. Beauchamp. "Garlic Ingestion by Pregnant Women Alters the Odor of Amniotic Fluid." *Chemical Senses* 20 (2): 207–209 (1995).

Rozin, Paul, et al. "Individual Differences in Disgust Sensitivity: Comparisons and Evaluations of Paper-and-Pencil versus Behavioral Measures." *Journal of Research in Personality* 33: 330–351 (1999).

——. "The Child's Conception of Food: Differentiation of Categories of Rejected Substances in the 16 Months to 5 Year Age Range. *Appetite* 7: 141–151 (1986).

Wansink, Brian. "Changing Eating Habits on the Home Front: Lost Lessons from World War II Research." *Journal of Public Policy and Marketing* 21 (1): 90–99 (Spring 2002).

Wansink, Brian, StevenT. Sonka, and Matthew M. Cheney. "A Cultural Hedonic Framework for Increasing the Consumption of Unfamiliar Foods: Soy Acceptance in Russia and Colombia." *Review of Agricultural Economics* 24 (2): 353–365 (September 23, 2002).

War Food Administration. *Food Conservation Education in the Elementary School Program* (pamphlet). Washington, D.C.: USDA, 1944.

第四章 最長的一餐

Barnett, L. Margaret. "Fletcherism: The Chew-Chew Fad of the Edwardian Era." In *Nutrition in Britain: Science, Scientists and Politics in the Twentieth Century*, edited by David Smith. London: Routledge, 1997.

——. "The Impact of 'Fletcherism' on the Food Policies of Herbert Hoover during World War I." *Bulletin of the History of Medicine* 66:234–259 (June 1992).

Chittenden, Russell H. "The Nutrition of the Body: A Study in Economical Feeding." *Popular Science Monthly*, June 1903.

Dawson, Percy M. *A Biography of François Magendie*. Brooklyn: Albert T. Huntington, 1908.

"Eating Guano." *California Farmer and Journal of Useful Sciences* 11 (22) (July 1, 1859).

Fletcher, Horace. *The New Glutton or Epicure.* New York: Frederick A. Stokes, 1917.

Levine, Allen S., and Stephen E. Silvis. "Absorption of Whole Peanuts, Peanut Oil, and Peanut Butter." *New England Journal of Medicine* 303 (16): 917–918 (October 16, 1980).

第五章 難受反胃

Beaumont, William. *Experiments and Observations on the Gastric Juice, and the Physiology of Digestion.* Edinburgh: Maclachlan and Stewart, 1838.

Green, Alexa. "Working Ethics: William Beaumont, Alexis St. Martin, and Medical Research in Antebellum America." *Bulletin of the History of Medicine* 84 (2): 193–216 (Summer 2010).

Janowitz, Henry D. "Newly Discovered Letters Concerning William Beaumont, Alexis St. Martin, and the American Fur Company." *Bulletin of the History of Medicine* 22 (6): 823–832 (November/December 2008).

Karlawish, Jason. *Open Wound: The Tragic Obsession of Dr. William Beaumont.* Ann Arbor: University of Michigan Press, 2011.

Leblond, Sylvio. "The Life and Times of Alexis St. Martin." *Canada Medical Association Journal* 88: 1205–1211 (June 15, 1963).

Myer, Jesse S. *Life and Letters of Dr. William Beaumont.* St. Louis: C. V. Mosby, 1912.

Roland, Charles G. "Alexis St. Martin and His Relationship with William Beaumont." *Annals of the Royal College of Physicians and Surgeons of Canada* 21 (1): 15–20 (January 1988).

第六章 口水晶瑩剔透

"Breastfeeding Fatwa Sheikh Back at Egypt's Azhar." *Al Arabiya News*, May 18, 2009. http://www.alarabiya.net/articles/2009/05/18/73140.html.

Broder, J., et al. "Low Risk of Infection in Selected Human Bites Treated Without Antibiotics." *American Journal of Emergency Medicine* 22 (1):10–13 (January 2004).

Bull, J. J., Tim S. Jessup, and Marvin Whiteley. "Deathly Drool: Evolutionary and Ecological Basis of Septic Bacteria in Komodo Dragon Mouths." PloS One 5 (6): e11097 (June 21, 2010).

Chowdharay-Best, G. "Notes on the Healing properties of Saliva." *Folklore* 75: 195–200 (1975).

Eastmond, C. J. "A Case of Acute Mercury Poisoning." *Postgraduate Medical Journal* 51: 428–430 (June 1975).

Fry, Brian, et al. "A Central Role for Venom in Predation by *Varanus Komodoensis* (Komodo Dragon) and the Extinct Giant *Varanus (Megalania) Priscus*. *Proceedings of the National Academy of Sciences* 106 (22): 8969–8974 (June 2, 2009).

Harper, Edward B. "Ritual Pollution as an Integrator of Caste and Religion." *Journal of East Asian Studies* 23: 151–197 (1964).

Hendley, J. Owen, Richard P. Wenzel, and Jack M. Gwaltney Jr. "Transmission of Rhinovirus Colds by Self-Inoculation." *New England Journal of Medicine* 288 (26): 1361–1364 (June 28, 1973).

Humphrey, Sue, and Russell T. Williamson. "A Review of Saliva: Normal Composition, Flow, and Function." *Journal of Prosthetic Dentistry* 85 (2): 162–169 (February 2001).

Hutson, J. M., et al. "Effect of Salivary Glands on Wound Contraction in Mice." *Mature* 279: 793–795 (June 28, 1979).

Jamjoon, Mohammed, and Saad Abedine. "Saudis Order 40 Lashes for Elderly Woman for Mingling." *CNN.com/world*, March 9, 2009. www.cnn.com/2009/WORLD/meast/03/09/saudi.arabia.lashes/index.html.

Kerr, Alexander Creighton. *The Physiological Regulation of Salivary Secretions in Man.* New York: Pergamon Press, 1961.

Lee, Henry. "On Mercurial Fumigation in the Treatment of Syphillis." *Medico-Chirurgical Transactions* 39: 339–346 (1856).

Lee, V. M., and R. W. A. Linden. "An Olfactory-Parotid Salivary Reflex in Humans?" *Experimental Physiology* 76: 347–355 (1991).

Mennen, U., and C. J. Howells. "Human Fight-Bite Injuries of the Hand: A Study of 100 Cases within 18 Months." *Journal of Hand Surgery* (British and European volume) 16 (4): 431–435 (November 1991).

Montgomery, Joel M., et al. "Aerobic Salivary Bacteria in Wild and Captive Komodo Dragons." *Journal of Wildlife Diseases* 38 (3): 545–551 (2002).

Nguyen, Sean, and David T. Wong. "Cultural, Behavioral, Social and Psychological Perceptions of Saliva: Relevance to Clinical Diagnostics." *CDA Journal* 34 (4): 317–322 (April 2006).

Oudhoff, Menno, et al. "Histatins Are the Major Wound-Closure Stimulating Factors in Human Saliva as Identified in a Cell Culture Assay." *FASEB Journal* 22: 3805–3812 (November 2008).

Patil, Pradnya D., Tanmay S. Panchabnai, and Sagar C. Galwankar. "Managing Human Bites." *Journal of Emergencies, Trauma, and Shock* 2 (3): 186–190 (September–December 2009).

Read, Bernard E. *Chinese Materia Medica: Animal Drugs, from the Pen Ts'ao Kang Mu by Li Shih-chen, A.D. 1597.* Taipei: Southern Materials Center, 1976.

Robinson, Nicholas. *A Treatise on the Virtues and Efficacy of a Crust of Bread: Eat Early in a Morning Fasting, to Which Are Added Some Particular Remarks Concerning the Great Cures Accomplished by the Saliva or Fasting Spittle . . .* London: A. & C. Corbett, 1763.

Romão, Paula M. S., Adilia M. Alarcão, and Cesar A. N. Viana. "Human Saliva as a Cleaning Agent for Dirty Surfaces." *Studies in Conservation* 35: 153–155 (1990).

Rozin, Paul, and April E. Fallon. "A Perspective on Disgust." *Psychological Review* 94 (1): 23–41 (1987).

Silletti, Erika M. G. *When Emulsions Meet Saliva: A Physical-Chemical, Biochemical, and Sensory Study*. Thesis, Wageningen University, 2008.

第七章 櫻桃小丸子

Altkorn, Robert. "Fatal and Non-fatal Food Injuries among Children (Aged 0–14 Years)." *International Journal of Pediatric Otorhinolaryngology* 72 (7): 1041–1046 (July 2008).

Gliniecki, Andrew. "Elton John Wins pounds 350,000 for Libel: Punitive Damages Awarded against 'Sunday Mirror' over False Claims about Diet." *Independent*, November 5, 1993.

Heath, M. R. "The Basic Mechanics of Mastication: Man's Adaptive Success." In *Feeding and the Texture of Food*, edited by J. F. V. Vincent. Cambridge, U.K.: Cambridge University Press, 2008.

John v. MGN, Ltd., QB 586 (1997), 3 WLR 593 (1996), 2 All ER 35(1996), EMLR 229 Court of Appeal, Civil Division (1996).

Mitchell, James E., et al. "Chewing and Spitting Out Food as a Clinical Feature of Bulimia." *Psychosomatics* 29: 81–84 (1988).

Prinz, Jon F., and René de Wijk. "The Role of Oral Processing in Flavour Perception." In *Flavor Perception*, edited by A. J. Taylor and D. D. Roberts. Hoboken: Wiley-Blackwell, 2004.

Seidel, James S., and Marianne Gausche-Hill. "Lychee-Flavored Gel Candies: A Potentially Lethal Snack for Infants and Children." *Archives of Pediatrics and Adolescent Medicine* 156 (11): 1120–1122 (November 2002).

Van der Bilt, Andries. "Assessment of Mastication with Implications for Oral Rehabilitation: A Review.*Journal of Oral Rehabilitation* 38: 754–780 (2011).

Wolf, Stewart. *Human Gastric Function: An Experimental Study of a Man and His Stomach.* Oxford, U.K.: Oxford University Press, 1947.

第八章 大口猛吞

"A Shark Story of Great Merit." *New York Times*, December 4, 1896. Bernard, Claude. *Leçons de Physiologie Expérimentale Appliquée a la Médecine, Faites au College de France.* Paris: Bailliere, 1855. pp. 408–418.

Bondeson, J. "The Bosom Serpent." *Journal of the Royal Society of Medicine* 91: 442–447 (August 1998).

Dally, Ann. *Fantasy Surgery 1880–1930, with Special Reference to Sir William Arbuthnot Lane* (Clio Medica 38, Wellcome Institute Series in the History of Medicine). Amsterdam: Editions Rodopi B.V., 1996.

Dalton, J. C. "Experimental Investigations to Determine Whether the Garden Slug Can Live in the Human Stomach." *American Journal of Medical Sciences* 49 (98): 334–338 (April 1865).

Davis, Edward B. "A Whale of a Tale: Fundamentalist Fish Stories." *Perspective on Science and Christian Faith* 43: 224–237 (1991).

Foster, Michael. *Lectures on the History of Physiology during the Sixteenth, Seventeenth, and Eighteenth Centuries.* Cambridge, U.K.: University Press, 1901.

Gambell, Ray, and Sidney G. Brown. "James Bartley——A Modern Jonah or a Joke?" *Investigations on Cetacea* 24: 325–337 (1993).

Hunter, John. "On the Digestion of the Stomach after Death." *Philosophical Transactions of the Royal Society* 62: 447–454 (1772).

Paget, Stephen. *Experiments on Animals.* London: James Nisbet, 1906.

Pavy, F. W. "On the Immunity Enjoyed by the Stomach from Being Digested by Its Own Secretion during Life." *Philosophical Transactions of the Royal Society* 153: 161–171 (1863).

Reese, D. Meredith. "Medical Curiosity: Alleged Living Reptile in the Human Stomach." *Boston Medical and Surgical Journal* 28 (18): 352-356 (June 7, 1908).

Slijper, E. J. *Whales.* New York: Basic Books, 1962. pp. 284–293.

Spence, John. "Severe Affection of the Stomach, Ascribed to the Presence in It of an Animal of the Laerta Tribe." *Edinburgh Medical and Surgical Journal* 9: 315–318 (July 1813).

Stengel, Alfred. "Sensations Interpreted as Live Animals in the Stomach." *University of Pennsylvania Medical Bulletin* 16 (3): 86–89 (may 1903).

"Swallowed by a Whale." *New York Times,* November 22, 1896.

Warren, Joseph W. "Notes on the Digestion of 'Living' Tissues." *Boston Medical and Surgical Journal* 116 (11): 249–252 (March 17, 1887).

第九章　晚餐的復仇

Bland-Sutton, John. "The Psychology of Animals Swallowed Alive." In *On Faith and Science in Surgery.* London: William Heinemann, 1930.

Haddad, Farid S. "Ahmad ibn Aby al'Ash'ath (959 A.D.) Studied Gastric Physiology in a Live Lion." *Lebanese Medical Journal* 54 (4): 235(2006).

Kozawa, Shuji, et al. "An Autopsy Case of Chemical Burns by Hydrochloric Acid." *Legal Medicine* 11: S535-S537 (2009).

Matshes, Evan W., Kirsten A. Taylor, and Valerie J. Rao. "Sulfuric Acid Injury." *American Journal of Forensic Medicine and Pathology* 29 (4): 340-345 (December 2008).

第十章　吃太飽

Barnhart, Jay. S., and Roger E. Mittleman. "Unusual Deaths Associated with Polyphagia."

*American Journal of Forensic Medicine and Pathology*7 (1): 30-34 (1986).
Csendes, Atila, and Ana Maria Burgos. "Size, Volume, and Weight of the Stomach in Patients with Morbid Obesity Compared to Controls." *Obesity Surgery* 15 (8): 1133–1136 (September 2005)
Edwards, Gillian. "Case of Bulimia Nervosa Presenting with Acute Fatal Abdominal Distention." *Lancet* 325 (8432): 822–823 (April 6, 1985).
Glassman, Oscar. "Subcutaneous Rupture of the Stomach; Traumatic and Spontaneous." *Annals of Surgery* 89 (2): 247–263 (February 1929).
Key-Åberg, Algot. "Zur Lehre von der Spontanen Magenruptur." *Gerichtliche und Offfentliche Medicine* 3, 1: 42 (1891).
Lemmon, William T., and George W. Paschal Jr. "Rupture of the Stomach Following Ingestion of Sodium Bicarbonate." *Annals of Surgery* 114 (6): 997–1003 (December 1941).
Levine, Marc S., et al. "Competitive Speed Eating: Truth and Consequences." *American Journal of Roentgenology* 189: 681–686 (2007).
Markowski, B. "Acute Dilatation of the Stomach." *British Medical Journal* 2 (4516): 128–130 (July 26, 1947).
Matikainen, Martti. "Spontaneous Rupture of the Stomach." *American Journal of Surgery* 138: 451–452 (September 1979).
Van Den Elzen, B. D., et al. "Impaired Drinking Capacity in Patients with Functional Dyspepsia: Intragastric Distribution and Distal Stomach Volume." *Neurogastroenterology and Motility* 19 (12): 968-976 (December 2007).

第十一章　X他們的

Agnew, Jeremy. "Some Anatomical and Physiological Aspects of Anal Sexual Practices." *Journal of Homosexuality* 12 (1): 75–96 (Fall 1985).
Cox, Daniel J., et al. "Additive Benefits of Laxative, Toilet Training, and Biofeedback Therapies in the Treatment of Pediatric Encopresis." *Journal of Pediatric Psychology* 21 (5): 659–670 (1996).
Garber, Harvey I., Robert J. Rubin, and Theodore E. Eisestat. "Foreign Bodies of the Rectum." *Journal of the Medical Society of New Jersey* 78 (13): 877–888 (December 1981).
Klauser, Andreas G., et al. "Behavioral Modification of Colonic Function: Can Constipation Be Learned?" *Digestive Diseases and Sciences* 35 (10): 1271–1275 (October 1990).
Knowlton, Brian, and Nicola Clark. "U.S. Adds Body Bombs to Concerns on Air Travel." *New York Times*, July 6, 2011.

Lancashire, M. J. R., et al. "Surgical Aspects of International Drug Smuggling." *British Medical Journal* 296: 1035–1037 (April 9, 1988).
Lowry, Thomas P., and Gregory R. Williams. "Brachioproctic Eroticism." *Journal of Sex Education and Therapy* 9 (1): 50-52 (1983).
Schaper, Andreas. "Surgical Treatment in Cocaine Body Packers and Body Pushers." *International Journal of Colorectal Disease* 22: 1531-1535 (2007).
Shafik, Ahmed, et al. "Functional Activity of the Rectum: A Conduit Organ or a Storage Organ or Both?" *World Journal of Gastroenterology* 12 (28): 4549–4552 (July 2006).
Simon, Gustav. "On the Artificial Dilatation of the Anus and Rectum for Exploration and for Operation." *Cincinnati Lancet and Observer* 14 (5): 326-334 (May 1873).
State of Iowa v. Steven Landis, Court of Appeals of Iowa, No. 1-500/10-1750 (2011).
Stephens, Peter J., and Mark L. Taff. "Rectal Impaction following Enema with Concrete Mix." *American Journal of Forensic Medicine and Pathology* 8 (2): 179–182 (1987).
United States v. Delaney Abi Odofin, 929 F.2d at 60.
United States v. Montoya de Hernandez, 473 U.S. 531 (1985).
Voderholzer, W. A., et al. "Paradoxical Sphincter Contraction Is Rarely Indicative of Anismus." *Gut* 41: 258–262 (1997).
Wetli, Charles V., Arundathi Rao, and Valerie Rao. "Fatal Heroin Body packing." *American Journal of Forensic Medicine and Pathology* 18 (3): 312–318 (September 1997).
Yegane, Rooh-Allah, et al. "Surgical Approach to Body Packing." *Diseases of the Colon and Rectum* 52 (1): 97–103 (2009).

第十二章　可燃的你

Avgerinos, A., et al. "Bowel Preparation and the Risk of Explosion during Colonoscopic Polypectomy." *Gut* 25: 361–364 (1984).
Bigard, Marc-Andre, Pierre Gaucher, and Claude Lassalle. "Fatal Colonic Explosion during Colonoscopic Polypectomy." *Gastroenterology* 77:1307–1310 (1979).
Manner, Hendrik, et al. "Colon Explosion during Argon Plasma Coagulation." *Gastrointestinal Endoscopy* 67 (7): 1123–1127 (June 2008).
"Manure Pit Hazards." *Farm Safety & Health Digest* 3 (4, part 3).
McNaught, James. "A Case of Dilatation of the Stomach Accompanied by the Eructation of Inflammable Gas." *British Medical Journal* 1 (1522):470–472 (March 1, 1890)

第十三章　死人的脹氣

Beazell, J. M., and A. C. Ivy. "The Quality of Colonic Flatus Excreted by the 'Normal'

Individual." *American Journal of Digestive Diseases* 8 (4): 128–132 (1941).

Furne, J. K., and M. D. Levitt. "Factors Influencing Frequency of Flatus Emission by Healthy Subjects." *Digestive Diseases and Sciences* 41 (8): 1631–1635 (August 1996).

Greenwood, Arin. "Taste-Testing Nutraloaf." *Slate*, June 24, 2008.

Kirk, Esben. "The Quantity and Composition of Human Colonic Flatus." *Gastroenterology* 12 (5): 782–794 (May 1949).

Levitt, Michael D., et al. "Studies of a Flatulent Patient." *New England Journal of Medicine* 295: 260–262 (July 29, 1976).

Magendie, F. "Note sur les gaz inestinaux de l'homme sain." *Annales de Chimie et de Physique* 2: 292 (1816).

Suarez, Fabrizis L., and michael D. Levitt. "An Understanding of Excessive Intestinal Gas." *Current Gastroenterology Reports* 2: 413-419 (2000).

第十四章　可疑怪味道

Burkitt, D. F., A. R. P. Walker, and N. S. Painter. "Effect of Dietary Fibre on Stools and Transit-Times, and Its Role in the Causation of Disease." *Lancet* 300 (7792): 1408–1411 (December 30, 1972).

Donaldson, Arthur. "Relation of Constipation to Intestinal Intoxication." *Journal of the American Medical Association* 78 (12): 882–888 (March 25, 1922).

"Fatalities Attributed to Entering Manure Waste Pits—Minnesota, 1992." *MMWR Weekly* 42 (17): 325–329 (May 7, 1993).

Goode, Erica. "Chemical Suicides, Popular in Japan, Are Increasing in the U.S." *New York Times*, June 18, 2011.

Levitt, Michael D., and William C. Duane. "Floating Stools: Flatus versus Fat." *New England Journal of Medicine* 286 (18): 973–975 (May 4,1972).

Kellogg, J. H. *The Itinerary of a Breakfast.* Battle Creek, Mich.: Modern Medicine Publishing, 1918.

Knight, Laura D., and S. Erin Presnell. "Death by Sewer Gas: Case Report of a Double Fatality and Review of the Literature." *American Journal of Forensic Medicine and Pathology* 26 (2): 181-185 (June 2005).

Moore, J. G., B. K. Krotoszynski, and H. J. O'Neill. "Fecal Odorgrams: A Method for Partial Reconstruction of Ancient and Modern Diets." *Digestive Diseases and Sciences* 29 (10): 907-912 (October 1984).

Oesterhelweg, L., and K. Puschel. " 'Death May Come on Like a Stroke of Lightening . . .': Phenomenological and Morphological Aspects of Fatalities Caused by Manure Gas." *International Journalof Legal Medicine* 122: 101–107 (2008).

Ohge, Hiroki, et al. "Effectiveness of Devices Purported to Reduce Flatus Odor." *American Journal of Gastroenterology* 100 (2): 397–400 (February 2005).

Olson, K. R. "The Therapeutic Potential of Hydrogen Sulfide: Separating Hype from Hope." *American Journal of Physiology: Regulatory, Integrative and Comparative Physiology* 301 (2): R297-R312 (August 2011).

Osbern, L. N., and Crapo, R. O. "Dung Lung: A Report of Toxic Exposure to Liquid Manure." *Annals of Internal Medicine* 95 (3): 312–314 (1981).

Simons, C. C., et al. "Bowel Movement and Constipation Frequencies and the Risk of Colorectal Cancer among Men in the Netherlands Cohort Study on Diet and Cancer." *American Journal of Epidemiology* 172 (12): 1404–1414 (December 15, 2010).

Suarez, Fabrizis L., and Michael D. Levitt. "An Understanding of Excessive Intestinal Gas." *Current Gastroenterology Reports* 2: 413–419 (2000).

Suarez, F. L., J. Springfield, and M. D. Levitt. "Identification of Gases Responsible for the Odour of Human Flatus and Evaluation of a Device Purported to Reduce This Odor." *Gut* 43 (1): 100-104 (July 1998).

Walker, A. R. P. "Diet, Bowel Motility, Faeces Composition, and Colonic Cancer." *South African Medical Journal* 45 (14): 377–379 (April 3, 1971).

Whorton, James C. *Inner Hygiene: Constipation and the Pursuit of Health in Modern Society.* New York: Oxford University Press, 2000. pp. 11–17.

Wild, P., et al. "Mortality among Paris Sewer Workers." *Occupational and Environmental Medicine* 63 (3): 168–172 (March 2006).

第十五章 吃上去

Armstrong, B. K., and A. Softly. "Prevention of Coprophagy in the Rat: A New Method." *British Journal of Nutrition* 20 (3): 595-598 (September 1966).

Barnes, Richard H. "Nutritional Implications of Coprophagy." *Nutrition Reviews* 20 (10): 289–291 (October 1962).

Barnes, Richard H., et al. "Prevention of Coprophagy in the Rat." *Journal of Nutrition* 63: 489–498 (1957).

Bertolani, Paco, and Jill Pruetz. "Seed-Reingestion in Savannah Chimpanzees (*Pan troglodytes verus*) at Fongoli, Senegal." *International Journal of Primatology* 32 (5): 1123–1132 (2011).

Bliss, D. W. *Feeding per Rectum.* Washington, D.C.: D. W. Bliss, M.D., 1882.

Bouchard, Charles. *Lectures on Autointoxication in Disease*. Philadelphia: F. A. Davis, 1898. Lecture 9, pp. 94–96.

Bugle, Charles, and H. B. Rubin. "Effects of a Nutritional Supplement on Corprophagia: A

Study of Three Cases." *Research in Developmental Disabilities* 14: 445–446 (1993).

Dawson, W. W. "Bowel Exploration, Simon's Plan, Experiments upon the Cadaver." *Cincinnati Lancet and Clinic* 53 (14): 221–226 (1885).

Furst, Peter T., and Michael D. Coe. "Ritual Enemas." *Natural History*, March 1977. pp. 88–91.

Herter, Christian Archibald. *The Common Bacterial Infections of the Digestive Tract and the Autointoxications Arising from Them.* New York: Macmillan, 1907.

Jones, L. E., and W. E. Norris. "Rectal Burn Induced by Hot Coffee Enema." *Endoscopy* 42: E26 (2010).

Kellogg, J. H. *The Itinerary of a Breakfast.* Battle Creek, Mich.: Modern Medicine, 1918.

Lane, Sir William Arbuthnot. "The Results of the Operative Treatment of Chronic Constipation." *British Medical Journal* 1: 126–130 (January 18, 1908).

Madding, Gordon F., Paul A. Kennedy, and R. Thomas McLaughlin. "Clinical Use of Anti-Peristaltic Bowel Segments." *Annals of Surgery* 161 (4): 601–604 (April 1965).

Mutch, N., and J. H. Ryffel. "The Metabolic Utility of Rectal Feeding." *British Medical Journal* 1 (2716): 111–112 (January 18, 1913).

Onishi, Norimitsu. "From Dung to Coffee Brew with No Aftertaste." *New York Times* (Asia Pacific), April 17, 2010.

Rabino, A. "Storia della medicina: parabola di un prezioso alleato della vecchia medicina." *Minerva Medica* 43:459–466 (February 3, 1972).

Sammet, Kai. "Avoiding Violence by Technologies? Rectal Feeding in German Psychiatry." *History of Psychiatry* 17: 259–278 (2006).

Short, A. R., and H. W. Bywaters. "Amino-Acids and Sugars in Rectal Feeding." *British Medical Journal* 1 (2739): 1361–1367 (June 28, 1913).

第十六章 阻塞不通

Battey, Robert. "A Safe and Ready Method of Treating Intestinal Obstruction." *Practitioner* 13: 441 (July-December 1874).

Black, Patrick. "Clinical Lecture on Obstinate Constipation and Obstruction of the Bowels." *British Medical Journal*, January 28, 1871. pp. 83–84.

Corman, Marvin. "Classic Articles in Colon and Rectal Surgery: Sir William Arbuthnot Lane, 1856-1943." *Diseases of the Colon and Rectum* 28 (10): 751–757 (October 1985).

Dawson, W. W. "Bowel Exploration, Simon's Plan—Experiments upon the Cadaver—Introduction of the Hand . . ." *Cincinnati Lancet and Clinic* 14 (53): 221–226 (1885).

Formad, Henry F. "A Case of Giant Growth of the Colon, Causing Coprostasis, or Habitual

Constipation." *Transactions of the College of Philadelphia* 14 (Series 3): 112–125 (1892).
Geib, D., and J. D. Jones. "Unprecedented Case of Constipation." *Journal of the American Medical Association* 38: 1304–1305 (May 17, 1902).
Klauser, A. G., et al. "Abdominal Wall Massage: Effect on Colonic Function in Healthy Volunteers and in Patients with Chronic Constipation." *Zeitschrift fur Gastroenterologie* 30 (4): 247–251 (April 1992).
Kollef, Marin H., and David T. Schachter. "Acute Pulmonary Embolism Triggered by the Act of Defecation." *Chest* 99 (2): 373–376 (1991).
Lahr, Chris. *Why Can't I Go?* Charlston, S.C.: Sunburst Press, 2004.
McGuire, Johnson, et al. "Bed Pan Deaths." *American Practitioner and Digest of Treatment* 1: 23–28 (1950).
Nichopoulos, George (with Rose Clayton Phillips). *The King and Dr. Nick: What Really Happened to Elvis and Me.* Nashville, Tenn.: Thomas Nelson, 2009.
Sikirov, B. A. "Cardio-vascular Events at Defecation: Are They Unavoidable?" *Medical Hypotheses* 32: 231-233 (1990).
Sydenham, Thomas. *The Works of Thomas Sydenham*, vol. 1. London: Sydenham Society, 1843.
Thompson, Charles C., and James P. Cole. *The Death of Elvis.* New York: Bantam Doubleday, 1991.
Wangensteen, Owen H. "Historical Aspects of the Management of Acute Intestinal Obstruction." *Surgery* 65 (2): 363–383 (1969).
Wide, Gustaf A. *Hand-Book of Medical and Orthopedic Gymnastics.* New York: Funk and Wagnalls, 1909.

第十七章 噁心因子

Khoruts, A., et al. "Changes in the Composition of the Human Fecal Microbiome after Bacteriotherapy for Recurrent *Clostridium difficile*-Associated Diarrhea." *Journal of Clinical Gastroenterology* 44 (5): 354-360 (May/June 2010).
Martinez, Anna Paula, and Gisele Regina de Azevedo. "The Bristol Stool Form Scale: Its Translation to Portuguese, Cultural Adaptation, and Validation." *Revista Latino-Americana de Enfermagem* 20 (3): 583–589 (May/June 2012).
Offenbacher, S., B. Olsvik, and A. Tonder. "The Similarity of Periodontal Microorganisms between Husband and Wife Cohabitants. Association or Transmission?" *Journal of Periodontology* 56 (6): 317-323 (June 1985).
Parker-Pope, Tara. "Probiotics: Looking underneath the Yogurt Label." *New York Times* (Science Times column "Well"), September 28, 2009.

Silverman, Michael S., Ian Davis, and Dylan R. Pillai. "Success of Self-Administered Home Fecal Transplantation for Chronic *Clostridium Difficile* Infection." *Clinical Gastroenterology and Hepatology* 8 (5):471–473 (May 2010).

Steenbergen, T. J., et al. "Transmission of *Porphyromonas gingivalis* between Spouses." *Journal of Clinical Periodontology* 20 (5): 340-345 (May 1993).

Terruzzi, Vittorio, et al. "Unsedated Colonoscopy: A Neverending Story." *World Journal of Gastrointestinal Endoscopy* 4 (4): 137–141 (April 16, 2012).

Willing, Benjamin P, and Janet K. Jansson. "The Gut Microbiota: Ecology and Function." In *The Fecal Bacteria*, edited by M. J. Sadowsky and R. L. Whitman. Washington, D.C.: American Society for Microbiology, 2011.

科學天地 175

深入最禁忌的消化道之旅

Gulp: Adventures on the Alimentary Canal
（原書名：大口一吞，然後呢？）

原著 — 瑪莉・羅曲（Mary Roach）
譯者 — 黃靜雅
科學天地叢書顧問群— 林和、牟中原、李國偉、周成功

總編輯 — 吳佩穎
編輯顧問 — 林榮崧
主編／責任編輯 — 林文珠（第一版）
責任編輯 — 楊雅馨（特約）
校對 — 呂佳真
封面設計暨美術編輯— 江儀玲

出版者 — 遠見天下文化出版股份有限公司
創辦人 — 高希均、王力行
遠見・天下文化・事業群 董事長 — 高希均
事業群發行人／ CEO — 王力行
天下文化社長 — 林天來
天下文化總經理 — 林芳燕
國際事務開發部兼版權中心總監 — 潘欣
法律顧問 — 理律法律事務所陳長文律師
著作權顧問 — 魏啟翔律師
地址 — 104095 台北市松江路 93 巷 1 號 2 樓
讀者服務專線 — 02-2662-0012 ｜ 傳真 — 02-2662-0007, 02-2662-0009
電子郵件信箱 — cwpc@cwgv.com.tw
直接郵撥帳號 — 1326703-6 號　遠見天下文化出版股份有限公司

電腦排版 — 極翔企業有限公司
製版廠 — 東豪印刷事業有限公司
印刷廠 — 柏晧彩色印刷有限公司
裝訂廠 — 聿成裝訂股份有限公司
登記證 — 局版台業字第 2517 號
總經銷 — 大和書報圖書股份有限公司　電話／ (02)8990-2588
出版日期 — 2020/07/27 第二版第 1 次印行

國家圖書館出版品預行編目(CIP)資料

大口一吞,然後呢? / 瑪莉.羅曲(Mary Roach)著 ; 黃靜雅譯. -- 第一版. -- 臺北市 : 遠見天下文化, 2020.07
面； 公分. --(科學天地 ; 175)
譯自 : Gulp : adventures on the alimentary canal

ISBN 978-986-479-805-6(平裝)

1.消化系統 2.胃腸疾病 3.通俗作品

398.5　　109009867

定價 — NT420
ISBN — 978-986-479-805-6
書號 — BWS175
天下文化官網 — bookzone.cwgv.com.tw

天下文化
BELIEVE IN READING